中央宣传部　新闻出版总署　农业部
推荐“三农”优秀图书

家庭养猪指南

（第2版）

黄维廷　张荣花　主编

中国农业大学出版社
·北京·

图书在版编目(CIP)数据

家庭养猪指南/黄维廷,张荣花主编. —2版. —北京:
中国农业大学出版社,2010.5
ISBN 978-7-81117-986-6
Ⅰ.①家… Ⅱ.①黄… ②张… Ⅲ.①养猪学-指南
Ⅳ.①S828-62
中国版本图书馆CIP数据核字(2010)第053540号

书　　名　家庭养猪指南(第2版)
作　　者　黄维廷　张荣花　主编

策划编辑　赵　中　　**责任编辑**　董　田
封面设计　郑　川　　**责任校对**　陈　莹　王晓凤
出版发行　中国农业大学出版社
社　　址　北京市海淀区圆明园西路2号　　**邮政编码**　100193
电　　话　发行部010-62731190,2620　　读者服务部010-62732336
编辑部010-62732617,2618　　出　版　部010-62733440
网　　址　http://www.cau.edu.cn/caup　　**e-mail**　cbsszs@cau.edu.cn
经　　销　新华书店
印　　刷　北京鑫丰华彩印有限公司
版　　次　2010年5月第2版　2010年5月第1次印刷
规　　格　850×1 168　32开本　11.625印张　289千字
定　　价　20.00元

编审人员

主　编　黄维廷　张荣花

副主编　李升阳　张婷婷　魏中强　于春霞

编　者　（按姓氏笔画排序）

万炳良　于春霞　于振洋　王　鑫
张荣花　张家荣　张婷婷　李升阳
邹庆建　周玉芝　郝　鹏　黄维廷
彭少庆　魏中强

第2版前言

农业是我国国民经济的基础,畜牧业是农业的重要组成部分,而养猪业又在畜牧业生产中占重要地位,有“六畜之首”之称。我国的养猪业历史悠久,品种资源丰富,广大农民在长期的养猪实践中积累了丰富的经验。出栏肉猪数量及其产品均占世界第一。但是我国养猪生产中仍存在许多问题,主要表现在出栏率低,胴体重偏小且品质差异较大,瘦肉率和饲料报酬还有待提高。目前,在养猪生产中,尽管小农户千家万户的分散饲养仍然是主要饲养方式,但是,在一些农区特别是养猪较多的省份,养猪规模生产已经出现逐步提高的趋势。改革开放30年来,占世界养猪数量及其产品近一半的中国开始步入市场经济,不但养猪存栏数和猪肉产量猛增,在猪的品种的结构上也大量引入国外瘦肉型猪种,三元杂交商品猪在经济发达的区域迅速推广,市场经济追求最大的利润。养猪生产以“生长更快、瘦肉更高、产值更多、规模更大”成为一种新时尚。同时大规模养猪业的粪尿污水对环境造成了污染,滥用各种添加剂使猪肉中重金属、抗生素、兴奋剂等有毒有害物质的残留严重超标,危及人类健康。21世纪的农业正由数量向质量转变,利用标准化饲养出没有有害物质残留、绿色健康的猪肉产品,供应国际、国内市场,将是21世纪养猪生产发展的必由之路。为了适应当前养猪业发展的需要,帮助广大养猪生产者学习和掌握养猪生产的新技术、新经验,编者根据从事现代养猪生产的实践经验,编写了《家庭养猪指南》一书。全书内容包括:养猪生产概述、猪的生物学特性、猪的品种、猪品种的选育与杂交利用、猪的营养与饲料、种猪的培育与管理、仔猪的培育与饲养管理、肥育猪的饲养管理、猪舍的设计与建设、猪舍的卫生与防疫、常见猪病的诊断与防治技术等11章,基本覆盖了养猪生产的整个过程。全书的编写理论联系实践，强调实用性，可供农村养猪专业户、基层畜牧兽医人员和从事现代化养猪的技术人员参考使用。

本书在编写过程中，参阅和引用了许多作者的文献资料和有关研究机构的科研报告，作者在此深表衷心的感谢。

由于时间仓促，作者水平有限，书中错误和不妥之处在所难免，恳请养猪界的专家、同行及广大读者，不吝指教。

作　者

2009 年 7 月

第1版前言

农业是我国国民经济的基础，畜牧业是农业的重要组成部分，而养猪业又在畜牧业生产中占重要地位，有“六畜之首”之称。我国的养猪业历史悠久，品种资源丰富，广大农民在长期的养猪实践中积累了丰富的经验。出栏肉猪数量及其产品均占世界第一。但是我国养猪生产中仍存在许多问题，主要表现在出栏率低，胴体重偏小且品质差异较大，瘦肉率和饲料报酬还有待提高。目前，在养猪生产中，尽管小农户千家万户的分散饲养仍然是主要饲养方式，但是，在一些农区特别是养猪较多的省份，养猪规模生产已经出现逐步提高的趋势。21世纪的农业正由数量向质量转变，利用标准化饲养产出没有有害物质残留、绿色健康的猪肉产品，供应国际、国内市场，将是21世纪养猪生产发展的必由之路。为了适应当前养猪业发展的需要，帮助广大养猪生产者学习和掌握养猪生产的新技术、新经验，编者根据从事现代养猪生产的实践经验，总结近年来国内外有关养猪生产的最新技术和科研成果，编写了《家庭养猪指南》一书。全书内容包括：养猪生产概述、猪的生物学特性、猪的品种、猪品种的选育与杂交利用、猪的营养与饲养、种猪的培育与管理、仔猪的培育和饲养管理、肥育猪的饲养管理、猪舍的设计与建设、猪舍的卫生与防疫、常见猪病的诊断与防治技术等11章，基本覆盖了养猪生产的整个过程。全书的编写理论联系实践，强调实用性，可供农村养猪专业户、基层畜牧兽医人员和从事现代化养猪的技术人员参考使用。

本书在编写过程中，参阅和引用了许多作者的文献资料和有关研究机构的科研报告，作者在此深表衷心的感谢。

由于时间仓促，作者水平有限，书中错误和不妥之处在所难免，恳请养猪界的专家、同行及广大读者，不吝指教。

作　者

2003年2月

目 录

第一章　养猪生产概述

阅读指南

本章主要介绍近年来世界养猪生产趋势及衡量养猪生产水平的综合指标、出栏率、胴体重等情况，同时介绍我国养猪生产的现状、养猪生产存在的问题及发展中国养猪生产的措施。通过阅读使读者真正了解中国养猪生产与世界养猪业发达国家之间存在的差距，了解中国养猪生产存在的问题，哪些是人为因素问题，通过科技手段可以解决；哪些是环境因素问题以及哪些是资源因素问题，这些问题的存在利用什么方法和措施加以解决，采取什么措施尽快缩小与世界养猪发达国家的各项综合指标的差距，使我国的养猪生产尽快得到发展。

农业是国民经济的基础，畜牧业是农业的重要组成部分，而养猪业又在畜牧业生产中占重要地位，有“六畜之首”之称。它对于我国经济发展和人民生活水平提高有着十分重要的作用。猪肉生产在人类的生活中有着极其重要的地位，据2003年联合国统计表明，人类肉食消费中，猪肉占38.4%左右，居首位。在我国，猪肉的领先地位更加突出，占我国人民肉食品消费的65%左右，因此，大力发展养猪生产，高效、高产生产优质猪肉是提高人民生活水平的需要，同时对支援我国社会主义现代化建设，增加出口创汇，具有重大的经济意义和政治意义。

第一节 世界的养猪生产

一、出栏率、胴体重水平

近30年来，世界各国的养猪生产发展很快，向着高产、高效和优质的方向迅速发展，生产水平大幅度提高。科学技术的发展及其在养猪生产中的应用，使得全面综合反映养猪生产水平的出栏率指标稳步提高。

2003年全世界存栏猪9.56亿头，出栏猪12.436 2亿头，全世界的猪肉产量为9 846.4万t。2003年中国生猪出栏率为124.68%，比20世纪八九十年代提高很多，但与同期的美国(169.78%)、加拿大(152.29%)、法国(175.91%)、日本(168.44%)等国比较，相差30～40个百分点，甚至不及世界平均率(130.44%)。2003年中国每头存栏猪所提供的猪肉产量为98.06 kg，与同期美国(146.3 kg)、加拿大(150.81 kg)、法国(174.66 kg)、日本(129.36 kg)等国相比，相差30～60 kg。

二、世界养猪生产的增长趋势

1. 近20年来世界年出栏肉猪和年猪肉产量的增长主要是由于中国养猪生产的增长。1980年，中国出栏肉猪数仅占世界出栏肉猪数的25.2%；到2000年中国的这一比重已达到47.4%。在此期间，世界年出栏肉猪数增长3.87亿头，其中中国占3.58亿头，占92.4%；世界年猪肉产量增长3 625.1万t，其中中国增长了3 166.3万t，占87.34%。

2. 中国年出栏肉猪和猪肉产量的增长，不仅是人口增长的需要(1980 年中国人口为 9.87 亿,2000 年达 12.65 亿,增长了 2.78 亿人口),而且人均猪肉占有量大幅度提高,1980 年为 11.49 kg,2000 年达 33.72 kg,增长 22.23 kg。我国养猪生产的快速发展,使猪肉的数量从供不应求变成基本满足需要,在有些地区出现相对过剩的状况。

3. 在近 20 年来的世界养猪生产中,美国的年出栏肉猪数一直在 8 500 万～9 800 万头之间,占世界的 10%左右。年猪肉产量在 750 万～820 万 t 之间。美国近 20 年来人口增长了 800 多万,人均猪肉占有量有所下降(1980 年为 33.87 kg,2000 年为 28.92 kg)。值得注意的是,虽然美国的存栏猪数 20 年来下降了 800 多万头(1980 年为 6 735 万头,2000 年为 5 933 万头),但出栏猪反而增长 146 万头,说明其出栏率有较大的提高。

4. 日本的养猪数量一直不多,近 20 年来日本人口增加 772 万(2000 年人口有 1.263 亿),但其每年出栏肉猪数一直稳定在 1 960 万头左右,存栏猪数下降 1.8 万头,年猪肉产量下降 20 万 t,人均猪肉占有量 2000 年只有 9.99 kg,在世界平均水平之下,20 年来下降了 2.45 kg。日本一直是猪肉进口国,猪肉价高量少,是国际猪肉市场的重要竞争对象。

5. 加拿大是一个人少地多的国家,近 20 年来,虽然其人口增加了 691 万左右(2000 年达到 3 075 万人),其每年猪肉产量也有很大提高,1980 年为 90.1 万 t,2000 年达到 198 万 t,增加 119.8%,人均猪肉占有量从 1980 年的 37.8 kg 增至 2000 年的 64.4 kg。其猪肉主要是出口,而西欧、日本等地是加拿大的主要猪肉销售对象。

三、世界肉类生产结构

2002 年世界肉类结构是:猪肉 9 418.6 万 t,占 38.4%;牛肉 5 788.4 万 t,占 23.6%;羊肉 1 154.9 万 t,占 4.7%;禽肉 7 386.9

万 t,占 30%。可见,猪肉仍是世界最常见的肉食品,人类近 40%的肉食来自猪肉,养猪在不同的国家的地位不同,大体分为下述 4 种情况。

1. 养猪产业比重大,具有发达养猪业的国家

这些国家的猪肉占肉类的比重超过 60%。典型的国家是丹麦,猪肉占全部肉类生产的 82.3%;还有奥地利,占 73.1%;荷兰占 53.3%。它们也是重要的猪肉出口国。这类国家活猪和猪肉质量很高,养猪产业化、科学化、商品化程度很高,具备完整的育种体系。这些国家的养猪业是我们学习的对象,它们有条件向世界提供优秀的种猪、饲养经验、先进加工方法、产品检验仪器和相关设备。

2. 养猪产业比重虽大,但畜牧业不发达的国家

这些国家利用养猪适应性广,解决人民肉食短缺,亚洲不少国家属这种类型。如:越南猪肉占肉类的 73.1%,朝鲜占 68.1%。为满足市场需求,利用猪的杂食性、饲养要求不高、繁殖快的特点,大力发展生产猪肉。这些国家和我国 20 世纪五六十年代的养猪业类似,还在发展改造阶段。我国有些成功的技术、种猪和设备,无论在软件和硬件上,都能够为它们做出贡献,出口推广给这些国家,技术虽不算很先进,但经济实惠,很适合这些国家引进。

3. 养猪产业比重大,但发展水平不平衡的国家

我国以及波兰、韩国等国家属此种类型。我国猪肉占肉类的 62.5%,波兰占 61.3%,韩国占 61.6%。由于地区经济发展不平衡,市场和质量要求也十分复杂。部分地区养猪业比较先进,但山区和经济欠发达区较落后,猪肉比重大是为了满足低收入人群消费。波兰经验是质量高的产品用来出口到发达国家,质量相对低的供应本国市场。我国也有类似情况。

4. 养猪产业比重很小,猪肉产量也不多的国家

主要集中在以草原为主的国家或穆斯林国家。猪肉只是市场的补充和调剂。如全非洲猪肉只占肉类的 6.5%,阿根廷占 5.3%,新西兰 3.6%，埃及 0.22%。由于地区经济特点，养猪不一定合算。我们和这些国家之间可实施贸易互补。我们从这些国家进口羊毛、牛肉、矿产，向它们提供猪肉，以扩大拓宽我国猪肉市场。

第二节　中国的养猪生产

一、中国养猪生产的现状

2007 年，全国生猪存栏 4.40 亿头，出栏 5.65 亿头，猪肉产量 4 287.8 万 t。猪肉占全国肉类总产量的 62.5%，生猪产值 6 443.5 亿元，占畜牧总产值的 48.4%。我国生猪生产主要集中在长江流域、中原、东北和两广等地区，其猪肉产量占全国总量的 80%以上，是我国主要的生猪、猪肉生产区和调出区。在这些区域中，2007 年出栏生猪 4 000 万头以上的有四川、湖南和河南 3 省，年出栏猪在 2 000 万～4 000 万头的有河北、山东、湖北、广东、广西、江苏等省，东北已成为我国生猪生产的新产区。

(1)规模养猪发展迅速　2007 年全国出栏 50 头以上的规模养猪专业户和商品猪场共有 224.4 万个，出栏肉猪占全国出栏总量的比例达到 48.4%。其中年出栏万头以上的规模猪场有 1 800 多个。京、津、沪 3 市生猪生产基本实现规模化。规模化养猪场和养殖小区正成为生猪主产区规模化养猪的新趋势。

(2)生产水平不断提高　通过良种和先进技术的推广应用，提高了良种覆盖率、胴体瘦肉率和饲料转化率，大大缩短了饲养周期。2007 年全国生猪出栏率达到 135%，出栏生猪平均胴体重 75.9 kg。

(3)猪肉消费　我国是猪肉消费大国。2007 年全国人均占有肉类 52 kg，其中猪肉占 64.5%。城镇居民每年人均购买猪肉（不含户外消费量和肉制品)为 20.15 kg,占肉类购买量的 62.4%;农村居民人均消费猪肉约 13.6 kg,占肉类消费的 80%左右。农村居民人均猪肉消费量仅为城镇居民人均购买量的 67.5%。随着城乡居民收入水平的提高,猪肉消费正逐渐由追求数量的温饱型向追求质量安全的小康型转变。

(4)进出口贸易情况　生猪、猪肉及其副产品一直是我国传统的出口产品。2007 年,生猪产品出口金额达到 9.08 亿美元,占畜产品出口总额的 22.4%,是畜产品中出口额最大的产品。在出口产品结构方面,活猪出口呈下降趋势,冷鲜冷冻猪肉和加工猪肉出口不断增加。生猪产品主要出口到香港地区、日本、朝鲜,出口金额占总额的 84.1%。2007 年生猪产品进口金额为 4.7 亿美元,占畜产品进口总额的 7.3%,其中猪杂碎和冷鲜冷冻猪肉是主要进口产品,主要来自法国、美国、丹麦等。

我国的良种繁育、饲料加工供应、疾病防治、加工流通四大体系的建设已具有相当的规模,这些方面为我国养猪生产水平的提高提供了重要保证。

一是养猪生产方式的转变为四大体系建设奠定了良好的基础。长期以来,千家万户的零星散养是我国养猪生产的基本形式。20 世纪 80 年代以来,一大批养猪专业户出现,改变了千家万户零星散养的格局;专业户养猪以商品生产为目的,改变了养猪肥田作为副业生产的目的;专业户大多采用良种、配合饲料以及科学养猪技术,提高了劳动生产率和经济效益,出栏率和商品率大大提高。集约化养猪也已初具规模,集约化猪场科学养猪技术和生产水平更高。此外,养猪生产产销一体化的组织也已开始出现,随着这些新型养猪生产方式的发展壮大,我国养猪生产格局发生了深刻的变化,养猪生产水平将有大幅度的提高。

二是良种繁育体系的建设为养猪生产水平的提高提供了良好基础。全国已基本形成以国家级育种中心、良种场、繁育场、人工授精站为主的繁育体系，一批国家重点种猪场不仅加强了从国外引进良种的力度，而且先后建立了种猪性能测定站，开展了种猪性能的选育提高工作，为大面积养猪生产提供良种，为开展猪的杂种优势利用打下了坚实的基础。

三是饲料加工体系的建设为养猪生产提供了饲料保证，全国已建成一大批大中型饲料加工企业，销售网点遍布广大乡镇与农村，形成饲料生产供应体系，同时国家、省级和地市级为体系，饲料质量监测网已初步形成，配合饲料、添加剂，预混料、浓缩饲料生产已开始走上科学化和规范化的轨道。

四是疾病防治体系的形成为养猪生产的健康发展起到了保驾护航的作用。全国有乡镇畜牧兽医站近 6 万个，形成了以中央、省、地市、县兽医防治机构和乡镇畜牧兽医站为体系的畜禽疫病防治网络，有国家和集体兽医技术人员近 30 万，是疫病防治的主要力量。各地还建立了兽药质量监测和卫生防疫机构，有效地控制了疾病，在一些疾病的诊治和预防免疫方面达到了世界先进水平。

五是完善加工流通体系，解决养猪生产产品的销售问题。近 20 年来，我国引进近 1 000 条生猪屠宰加工成套生产线，700 多条高温火腿肠生产线。目前全国有生猪屠宰场 3 万多个，其中年屠宰能力在 10 万～50 万头的有 1 500 余家，年屠宰在 50 万～100 万头的有 200 余家，年屠宰量在 100 万头以上的有 100 余家；年销售额 500 万元以上的加工企业有 500 余家，年加工猪肉制品 1 200 万 t，约占全国总产量的 24%，加工品种除传统的白条肉、香肠、火腿外，近几年来又开发出新鲜、方便、卫生的多种猪肉小包装产品，增加了猪肉制品的花色品种，繁荣了市场。

二、中国养猪生产存在的问题

(1)出栏率低　如前所述我国猪出栏率尚低于世界平均水平

5.76个百分点，与发达国家的差距更大，低50个左右的百分点，我国猪出栏率低的直接原因是饲养周期长、增重慢。造成饲养周期长，增重慢的原因是多方面的，主要有以下几个方面：①用于育肥的猪种本身生长速度慢；②肥育猪的饲粮不是按猪的营养需要配制，大多饲用营养不全的简单混合料；③简单的猪舍，冬不防寒、夏不能避暑也是增重慢的主要原因之一；④采用传统的育肥方法也拉长了饲养期；⑤起伏波动的市场价格也影响了部分养猪户利用猪日粮配合质量的优、劣来调剂饲料价格，从而延长了猪的饲养周期；⑥疾病因素影响了猪的生长发育及饲料转化率。

(2)瘦肉率低、胴体品质差　我国地方猪种，由于长期饲喂以碳水化合物为主的饲粮，猪体脂肪沉积较多，瘦肉率不高，平均40%左右，低的（两广小花猪）仅有34.2%，高的（原东北民猪）也只有46.13%。地方猪种与引入猪杂交，其后代瘦肉率有所提高，一般二元杂种为48%～52%，三元杂种可达53%～56%，仍难以达到外来猪种的水平。胴体瘦肉率低，不仅影响了市场销售与群众对肉食品的选择，更影响了出口贸易。

(3)经济效益低　长期以来由于猪粮比价不合理，导致我国养猪业是一种微利甚至无利的生产行业。我国的猪粮比价不仅长期偏低，仅为(4～5)∶1，而且时有波动，明显影响了养猪业的正常发展。在发达国家，猪粮比价为(7～10)∶1，只有在这个比价时养猪生产才能健康地发展。

(4)科学养猪水平跟不上　中国不仅是一个养猪大国，而且众多的农户从事这一产业，从而导致了养猪水平的参差不齐，致使各项指标的平均数降低，其主要表现在：①防疫卫生制度不严，导致病死数量的上升；②饲料配合不合理，使饲养周期加长；③盲目杂交导致了猪种的混杂。

(5)资源环境约束日益明显　一是饲料价格持续上涨。玉米等饲料原料价格持续高价位运行，加之国内深加工消耗玉米量的增加，加剧了饲料用玉米的供应紧张状况，但这种趋势短期内难以缓解。二是劳动力成本增加。随着工业化、城镇化进程的加快，农村劳动力转移进一步增加，发展生猪养殖劳动力成本明显加大。三是用地难。多数地区没有把生猪规模养殖用地纳入乡镇土地利用总体规划，用地问题已成为加快规模养殖发展的制约因素。四是粪尿污水处理难。养猪业污染问题已被关注，环保压力日益增大，排污投入不断增加，行之有效的养殖场大中型沼气发展缓慢。

(6)基础设施和服务体系不健全　一是良种繁育体系不完善，层次结构不分明，种猪场基础设施薄弱，选育水平低，供种能力小，难以适应生产发展需要；同时，地方猪种资源开发利用也不够。二是技术服务机构不完善、技术服务设施和手段不完备，制约了新品种、新产品、新技术的推广应用。三是产销信息网络不完善，不适应市场经济形势下养猪业发展的需要。四是养猪业发展信贷机制不健全。由于圈舍和牲畜不能作为资产抵押，农民无法从银行借贷到扩大养猪生产规模所需的资金。

(7)产业化程度低　龙头企业带动力不强，公司与生产基地、农户结合不紧密，没有形成真正的利益共同体，各环节的利益分配矛盾突出，产、供、销一体化经营尚未形成。养猪业中千家万户小规模分散养殖仍占很大比重，规模化、专业化、组织化程度不高，小生产与大市场脱节，抗风险能力较弱。

(8)生猪疫病防控形势依然严峻　近几年来，我国生猪常见病呈多发态势，由 4～5 种增加至 12 种左右，增加了养殖户疫病防治的难度。重大动物疫病时有发生，2005 年部分地区发生的猪链球菌病和 2006 年以来部分省份发生的高致病性猪蓝耳病疫情，对生猪生产构成了严重威胁。

三、发展中国养猪生产的措施

(一)基本思路

为了提高我国的养猪生产水平和经济效益,养猪生产应在保证肉猪出栏数不减少或增长的前提下,稳定或适当减少存栏数和能繁母猪数,依靠科学技术提高母猪和肉猪的生产力,提高胴体重和瘦肉率,以达到增加猪肉产量和提高胴体质量,降低成本,提高经济效益的总目标。

以科技为支撑,以资源为依托,优化区域布局,加强基础设施建设,组建具有较强竞争力的大型种业集团,大力推行规模化经营、标准化生产、组织化管理,壮大龙头企业,培育产品品牌,完善生猪生产市场预警体系,把握市场周期性波动规律,促进我国生猪及产品质量和市场竞争力的全面提高,发展生猪优势产区的示范带头作用,推进我国现代化养猪业的持续健康发展,保障城乡居民猪肉消费安全。

(二)发展养猪生产的措施

为使养猪生产满足国民经济和社会长远发展的需要,适应人们对衣食住行和环境安全以及全球市场一体化的巨大挑战的要求,中国的养猪生产须采取下列措施。

1. 以内涵扩大再生产为主

目前,我国养猪年末存栏头数已近 5 亿头,但在平均出栏率、产品率、商品率和经济效益方面,同国际先进水平相比仍有较大差距。今后要在稳定存栏头数的基础上,通过采用先进的科学技术,革新挖潜,在提高出栏率、产品率和商品率上大做文章。

2. 发展适度规模和集约化养猪,转变养猪生产方式是发展生产力的必经之路

中国现阶段的养猪生产,农户分散饲养是主体,仍从属于副业产品经济的地位，不利于科学养猪技术的推广，生产水平难以提高。目前，我国已出现了一批适度规模、集约化养猪和生猪产销联合体的养猪生产方式，尽管所占比例不大，但它们是先进的生产方式，是提高养猪生产水平、劳动生产率和经济效益的必由之路。在市场经济条件下，只有走产业化的道路，从生产者变成生产经营者，才有竞争力，只有这样，我国的养猪生产才能适应激烈的市场竞争。

3. 推行科技进步，提高科技含量和生产水平，依靠科技进步提高养猪生产水平，降低成本，提高经济效益，是发展我国养猪生产的根本途径

根据养猪生产自身发展的需要，组织科研力量对生产中亟待解决的问题进行攻关，如高产优质杂优猪的培育、无特异病原猪的培育与推广、重大疾病防治技术的研究等；以高产、低耗、高效的重大养猪生产实用技术项目为主线，加强现有科研成果的推陈出新和推广应用，如瘦肉型猪高产模式饲养技术，新品系选育及配套技术，依靠科学技术提高猪出栏率和猪肉品质。提高母猪和肉猪的生产力，要依赖于品种改良，繁殖技术、营养与饲养、环境控制及疫病防治等科学技术的推广和应用。

4. 进一步强化基础设施建设，促进养猪生产的可持续发展

基础设施建设包括良种繁育体系、饲料生产体系、环境工程体系、疫病防治体系、技术服务体系、产品流通体系和加工储运体系等。这些是我国养猪生产进一步发展的保证，只有强化上述基础设施的建设，才能提高我国养猪生产产品的国际竞争力，实现养猪生产的持续发展。

5. 增加投入

其中包括资金投入和物质投入，借以改善养猪生产的基础设施。

6. 加强猪肉品质的监测手段，控制有害物质的残留

21 世纪的农业正在由数量向质量转变，人们对猪肉品质会有更高的要求，不仅要求瘦肉多、脂肪适度，而且要求猪肉中没有有害物的残留。所以要求我们要加强猪肉品质的监测手段，控制有害物残留。生产绿色健康猪肉将是21世纪养猪生产发展的必由之路。

思考题

1. 世界养猪生产发达国家主要体现在哪几个生产指标？

2. 中国养猪生产与世界养猪生产发达国家的差距主要体现在哪几个方面？

3. 中国养猪生产目前存在的问题有哪些？

4. 根据当地情况，简述养猪生产中哪些问题可以解决，哪些问题难以解决？

5. 你认为当地养猪生产中存在的最主要的问题是什么？怎样解决比较合理？

第二章 猪的生物学特性

阅读指南

本章主要介绍猪在进化过程中所形成的生物学特性，以及各品种之间生物学特性的差异。只有真正掌握和了解了猪的这些生物学特性和习性，读者才能充分利用各品种猪的特性和习性，制定本场的饲养管理、经营管理方案，提高养猪的经济效益。

猪的生物学特性是在进化过程所形成的。不同的猪既具有共性，又各有独特之处。在生产实践中，我们要不断认识猪的生物学特性，并加以充分利用和改造，只有这样才能获得较好的饲养和繁育效果。

第一节 猪的生物学特性

一、多胎高产，世代间隔短，周转快

猪一般 4～5 月龄达性成熟，6～8 月龄就可以初次配种。妊娠期短，只有 114 d 左右，母猪 1 岁时或更早可以第一次产仔，经产母猪 1 年能分娩 2 胎，若缩短仔猪哺乳期进行激素处理可以达到 2 年 5 胎或 1 年 3 胎。

经产母猪平均每胎产仔 10～12 头，比其他家畜要高，母猪一个发情期可排卵 12～20 枚，而产仔大大低于排卵数量，由此可见，猪的繁育效率并不算高，但潜力很大，只要采取适当的措施就有可能提高

母猪的产仔数。

猪性成熟早，妊娠期短，生长发育又快，因而世代间隔短，一般平均为1.5～2年，若从头胎中选优良个体作种用，则世代间隔可缩短到1年，即1年1个世代，是牛、马的1/3，羊的1/2。同时，由于周转快，短期内能繁殖大量后代。

二、生长期短，发育迅速，沉积脂肪能力强

与马、牛、羊相比，猪的胚胎生长期和生后生长期最短，但生长强度最大。猪胚胎期3.8个月，牛9.5个月，羊5个月，马11.34个月，猪的生后生长期1.5～2年，牛、羊、马、分别为3年、4～5年。

猪由于胚胎期短，同胎仔猪数量多，出生时发育不充分，头的比例大，四肢不健全，初生重小，占成年体重不足1%。各系统发育也不完善，对外界环境抵抗力低。

猪的生长强度大，出生后的仔猪，为补偿胚胎期内发育不足，生后2月龄内生长发育特别快。1月龄体重为初生重的5～6倍，2月龄体重又为1月龄体重的2～3倍，这样迅速的生长发育，使它的各系统器官发育趋向完善，能很快适应生后的外界环境生活。断奶后到8月龄以前，生长仍然迅速。

猪在生长初期骨骼生长强度大，以后生长重点转移到肌肉，再晚则强烈地沉积脂肪。“小猪长骨，大猪长肉，肥猪长膘”之说是对猪生长发育规律的科学概括。脂肪是晚熟组织，猪于6月龄后，在体内强烈沉积脂肪，同时，猪利用饲料转化为脂肪的能力较强。猪食入1 kg淀粉，沉积脂肪356 g，为牛的1.43倍，食入1 kg糖，沉积脂肪281 g，为牛的1.49倍；食入1 kg脂肪，沉积脂肪880 g，为牛的1.55～1.86倍；食入1 kg蛋白质，沉积脂肪363 g，为牛的1.54倍。

三、杂食，饲料转化率高

猪是杂食动物，可食饲料的范围很广，能够充分利用各种动植物和矿物质饲料。猪吃得多，但很少过饱，消化快，能消化大量的饲料，所以猪对饲料的转化率较高。饲喂配合饲料，猪的料肉比为(2.7～3.5)∶1，仅次于鸡，而大大超过牛、羊。猪对精饲料中的有机物消化率可达75%以上，而且也能较好地消化青粗饲料，青草和优良干草的有机物消化率分别为64.6%和51.2%。猪消化饲料中的粗纤维，几乎全靠大肠内微生物的分解作用，比不上反刍家畜的瘤胃；因而猪不仅对含有粗纤维多的饲料消化较差，而且日粮中粗纤维含量越高，猪对日粮的消化率也就越低，所以给猪配备饲料时，应注意日粮的全价性和易消化性。

四、耐热能力差

大猪怕热，小猪怕冷。猪的汗腺不发达，皮下脂肪厚，故不能大量散发体热，又因猪的皮肤表层薄，被毛稀少，对光照射的防护能力差，故猪不耐热。大猪一般以10～20℃为宜，若气温超过35℃，相对湿度为65%以上，猪就难以忍受，猪为了散热会四肢张开，大口喘气；气温达到40℃，猪就支持不了，甚至中暑死亡。仔猪因体温调节机能差，皮下脂肪少，皮薄毛稀，故怕寒冷和潮湿。新生仔猪需要温度33～35℃，以后随着年龄增长弱减，但以25～30℃为宜。

五、嗅觉和听觉灵敏，视觉不发达

猪的嗅觉发达。仔猪在生后几个小时便能鉴别气味，猪依靠嗅觉能有效地寻找到地下埋藏的食物，识别群内的个体，在性本能中也起到很大作用。如发情母猪闻到公猪特有气味，即使公猪不在场，也会表现出“发呆”反应。

猪的听觉分析器很完善，能仔细鉴别声音的强度、音调和节律，容易对呼名、各种口令和声音刺激的调教养成习惯。仔猪生后几个小时就对声音有所反应，但要到 2 月龄时，才能分辨出不同声音刺激物，到 3～4 月龄时就能较快地分辨出来。利用这一点，饲养人员可对猪进行各种调教。

猪视觉很弱，不靠近物体就看不见东西，对光刺激一般比对声刺激出现的条件反射要慢得多，对光线强弱和物体形象的分辨能力不强，分辨颜色的能力也差。猪对痛觉刺激特别容易形成条件反射。

六、群体位次明显，爱好清洁，喜欢争斗

仔猪同窝出生，过群居生活，合群性较好，当它们分散开时，彼此距离不远，若受惊吓，会立即聚集一起或成群逃走，群居生活加强了它们的模仿反射。

不同窝的断奶仔猪合圈喂养时，刚开始会激烈斗架，并按不同来源分小群躺卧，经过几天以后，才会形成一个群居集体，并建立位次关系。在年龄较大的猪群里，特别在限量喂饲时，这种位次关系更明显。在遗传结构相似的群内，体重较大的猪往往排在前列。若猪群由不同品种或不同品系组成，位次排在前列的猪，不一定体重较大，而是战斗力强的品种或品系的个体。位次建立后，就开始按正常秩序生活。若生活环境变化很大或一头猪健康水平下降，位次有可能发生变化。若猪群内头数过多，就难以建立位次，则互相斗架频繁，影响休息和采食。群饲的猪比单饲的猪吃得快、吃得多，增重也较高，群体异化作用明显。

猪的活动大部分在白天，在温暖季节和夏天，夜间也活动和采食，遇上阴冷天气，活动时间则缩短。猪是多相睡眠动物，1 d 内活

动与睡眠交替几次。猪有爱好清洁的习性，不在吃睡地方排泄粪尿，喜欢排在墙角、潮湿、避阴、有粪便气味处。若猪群过挤或圈栏过小，它就无法表现出好洁性。

第二节　中国地方猪的特性

中国地方猪种既有猪的共性，经过劳动人民长期的精心培育又形成自身的特点。了解这些特点，对我国地方猪种的保种、选育和开发有重要作用。

一、性成熟早，繁育率高

我国的许多地方猪种具有卓越的繁育品质，表现出产仔多、母性强、繁育利用年限长、性早熟和发情征状明显等特点。

我国地方猪种在断奶前后 2 月龄即有性欲表现，最早的 80 日龄即有性表现，平均在 100 日龄，而国外主要品种（如长白猪、杜洛克猪、大约克猪）的初情期在 200 d 左右。

中国猪以产仔多而驰名中外，我国地方猪种的产仔数一般都在 14 头左右，比国外猪种每胎多产 3～5 头，是世界上产仔数量最多的品种。与国外猪种不同的是，我国猪种的初产和经产母猪产仔数相差较大，可相差 3～4 头，至 4～5 胎时方可达到高峰。

中国地方猪种发情时，其表现十分明显，如跳圈呼叫、爬跨其他猪、阴户红肿等，一般不易错过配种机会，受胎率高达 90％以上。而国外猪种发情征兆不明显，易发生失配、漏配现象。

中国地方猪种性情温顺，带仔期间走卧十分谨慎，不断用嘴将仔猪拱出卧区，然后慢慢卧下，从而减少仔猪被母猪压死的机会，一般哺育率可达到 90％左右。

二、耐粗饲，适应性强

中国地方猪种对不良环境有较强的抵抗性，主要表现在抗寒耐热、抗饥饿、耐粗饲、耐粗放管理等。

中国大部分地方猪种具有较强的抗寒耐热能力，在炎热和严寒的环境中，均能正常生活，而国外猪种和国内培育猪种往往会出现心跳加快、呼吸频率增加、厌食、鸣叫、身体发抖等不适现象。

中国地方猪种具有耐粗饲的优良特性。在生产中经常可以观察到在以青粗饲料为主的饲养条件下，我国优良地方猪种比引入的国外培育品种日增重高，生长发育好。据试验报道，在日粮含粗纤维9.13%的情况下，东北民猪对粗纤维的消化率为17.93%，由丹麦引进的长白猪仅为7.94%。在含粗纤维15.99%日粮的饲养条件下，河北猪能吸收利用饲料中的粗蛋白为45.16%，粗纤维为36.54%，糖为75%，而由英格兰引进的巴克夏猪相应为38.55%，29.57%和75.56%，河北猪比巴克夏猪日增重高19%。我国地方猪种耐粗饲的特性是劳动人民长期充分利用青粗饲料喂养的结果。

三、饲养期长，肉质好而瘦肉率低

中国地方猪种普遍体格小，生长缓慢，一般8～10月龄才能达到出栏体重，而外国猪5月龄左右即可达到出栏体重。我国地方猪种的肉品味道更鲜美，并且肌纤维细而密，肌间脂肪丰富，肌肉大理石纹明显，这可能是由于我国地方猪种肉品含水分少，脂肪熔点高，并由于肌肉充满脂肪颗粒，使肉质细嫩多汁，烹调时产生香味。中国地方猪种腹内贮脂能力特别强，一般腹内脂肪比外国猪高出1倍以上。但是胴体脂肪很少，低于40%，瘦肉率仅为40%左右，低于国外猪种20%以上。

第三节　瘦肉型猪的特性

所谓瘦肉型猪是指瘦肉率较高并达到胴体重55%以上的猪。随着消费者对含脂肪少、胆固醇低的猪肉的需求量增加，经过改良与选育，猪种逐渐由脂肪型转变为瘦肉型，其种质特性也随之发生较大变化，形成了瘦肉型的特性，具体表现如下。

一、生长速度快，饲料报酬高

瘦肉型猪的生长速度快，肥育期日增重可达650～800 g，几乎是脂肪型猪的2倍。由于瘦肉型猪长得快，饲养周期短，减少了活猪维持生命的消耗量，同时由于瘦肉型猪脂肪含量少，减少了合成脂肪的消耗量。因为生产1 kg脂肪所需的饲料相当于生产等量瘦肉的2.6倍，所以瘦肉型猪的饲料报酬高，在适当营养水平下，瘦肉型猪增重1 kg，消耗配合饲料2.8～3.4 kg，而脂肪型猪增重1 kg消耗配合饲料3.5～4.2 kg。

二、瘦肉率高而肉质差

在合理的饲养条件下，瘦肉型猪体重90 kg，屠宰时的胴体瘦肉率在55%以上，而我国地方猪种胴体瘦肉率仅为40%左右。瘦肉型猪的肉质较差，主要表现在肌纤维较粗，肌肉内脂肪较少，系水力差，肉色较浅，易出现灰白颜色，肉质松软和汁液渗出肌肉的现象。

三、母猪发情不明显，产仔少，护仔力差

瘦肉型猪发情不如中国地方猪种明显，从外形观察很难掌握配

种时间，一般采取本交的办法进行配种效果更佳，并且瘦肉型猪性成熟晚，一般来说，母猪 6 月龄、体重 90 kg 以上才发情。

瘦肉型猪一般产仔数较地方品种少，平均 10 头左右，瘦肉型猪由于体形大，行动不灵活，容易出现压死仔猪的现象，表现为母猪的母性差。

思考题

1. 简述猪的生物学特性。

2. 地方品种猪与瘦肉型猪的特性有什么不同？

3. 根据猪的生物学特性，如何制定本猪场的饲养管理、经营管理方案？

第三章 猪的品种

阅读指南

本章主要介绍目前我国猪的品种，各品种的分布，代表品种的外貌特征、适应性、生产性能。通过充分认识品种的特性，使读者根据当地的自然资源条件来筛选养猪所需品种。

中国不但是一个养猪大国，同时也是世界上猪种资源最丰富的国家。据目前初步统计全国列入《中国畜禽遗传资源状况》2004 版的猪种名称有 99 个。不仅拥有相当多的地方品种，近几十年来各地又相继培育了一批新猪种。此外，我国先后从国外引进了一些优良猪种。因此，到目前为止，我国根据种猪来源，可区分为 3 大类，即地方品种、培育品种和引入品种。其中地方品种占 73%，培育品种占 19%，引入品种占 8%，目前饲养和推广数量最多的是引进品种。保护和合理利用这些猪种，对提高我国养猪生产水平有极其重要的意义。

第一节 地方品种

我国养猪历史悠久，生态环境多样而复杂。几千年来，在复杂的生态环境作用和我国劳动人民的精心培育下，逐渐形成了丰富多彩的地方猪种资源。这些地方猪种虽然生长速度慢，胴体瘦肉率低，脂肪较多，但是其繁育性能好，发情明显，配种容易，肉质好，肉色鲜红，肌肉脂肪含量较高，对当地适应性强，在优质猪肉的生产中具有不可代替的作用，是世界猪种基因库中的宝贵资源。

一、地方品种的分类与分布特点

我国养猪历史悠久，加之幅员辽阔，地势和气候条件复杂多变，各地的自然资源条件、耕作制度、作物种类和副产品利用方法等存在差异，从而导致猪的饲养条件不一，加之社会经济条件不同，人们对猪种的需求也有很大差异，因此在长期的自然选择和人工选择下，我国各地形成了许多各具特色的地方猪种，仅列入《中国猪品种志》的地方品种就有 48 个。

我国的地方品种，根据其生产性能、体形和外貌特征，并结合考虑其起源及当地的自然环境、农业生产和饲养条件以及人们的流动等情况，再进行系统分析，找出其共同特点及差异之后，经整理归纳，将我国地方品种大致分为 6 个类型：

（一）华北型

华北型猪主要分布于淮河、秦岭以北。华北型猪种一般体躯较大，背腰窄而平直，四肢粗壮，腹略下垂，头较平直，嘴筒长，耳大、下垂，额部多纵行皱纹，全身皮厚多皱褶，被毛黑色，冬季生绒毛，抗寒力强。该型猪性成熟较晚，繁殖性能较强，乳头数多为 8 对，产仔数一般在 12 头以上，母性强，泌乳性能好，仔猪育成率高，耐粗饲，消化能力强，肥育性能良好。代表性的品种有：东北民猪（图 3-1、图3-2）、内蒙古的河套大耳猪、西北的小眉猪、山西的马身猪、河北的深远猪、山东的莱芜黑猪（图 3-3、图 3-4）、汉江黑猪等。

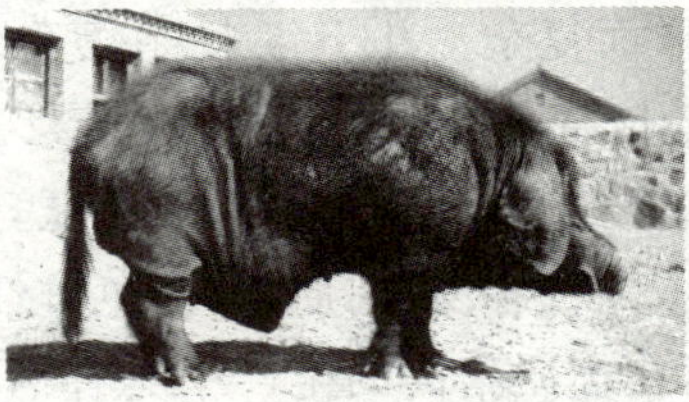

图 3-1 东北民猪公猪

图 3-2 东北民猪母猪

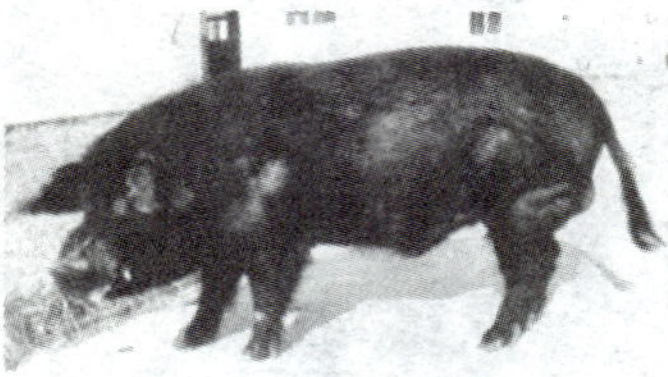

图 3-3　莱芜黑猪公猪

图 3-4　莱芜黑猪母猪

(二)华南型

华南型猪主要分布于云南省西南和南部边缘南岭和珠江流域以南。华南型猪种早熟疏松,易于沉积脂肪,繁殖性能差,体躯短、矮、圆、肥,骨骼细小,背腰宽而下凹,腹下垂,臀部较丰满,四肢粗短,头短小、面凹,额部多横行皱纹,耳小直立或向两侧平伸。毛稀疏,颜色多为黑白斑块,亦有全黑色,乳头多为5～7对,性成熟早,产仔每胎约10头。代表性的品种有广西的陆川猪(图 3-5、图 3-6)、福建的槐猪(图 3-7、图 3-8)、台湾的桃园猪、两广小花猪、海南岛的海南猪(图 3-9)等。

图 3-5　陆川猪公猪

图 3-6　陆川猪母猪

图 3-7　槐猪公猪

图 3-8　槐猪母猪

母猪

公猪

图 3-9　海南猪

(三)华中型

华中型猪主要分布在长江中下游和珠江流域的广大地区。华中型猪体形比华南型大,体质疏松,骨骼较细,背腰较宽且下凹,腹大下垂,头不大,额部皱纹较多,呈菱形,耳中等大小且下垂。被毛稀疏,无绒毛,全身毛色多为黑白花,但也有全黑者。生长发育快,早熟易肥,肉质细嫩,繁殖性能较好,乳头多为 6～8 对,每窝产仔 10～13 头。代表性的品种有浙江的金华猪(图 3-10、图 3-11)、广东的大白花猪、湖南的宁乡猪等。

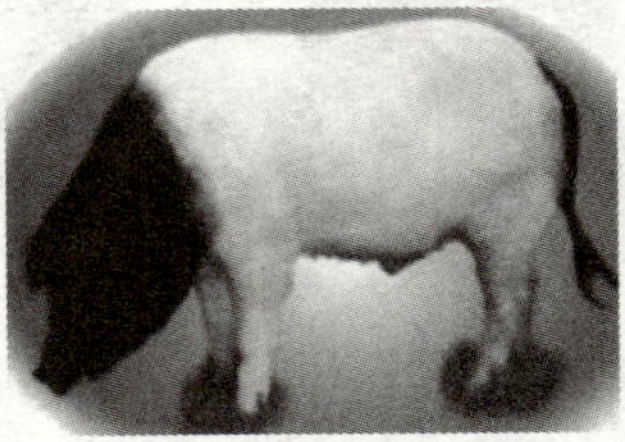

图 3-10　金华猪公猪

图 3-11　金华猪母猪

(四)江海型

江海型猪主要分布在华北型和华中型两大类型、分布区之间,地处汉水和长江中下游沿岸以及东南沿海地区。江海型猪属于华中型和华北型两大类型之间的过渡型,体质外形、生产性能等方面变化较大，但都介于两者之间，毛色以黑色居多，头大小适中，额较宽，皱纹有纵有横，也有呈菱形的，耳大下垂，背腰稍宽，平直或下凹，腹大下垂，骨骼粗壮，皮厚而松疏，多皱褶。繁殖性能极高，乳头数多为8对，每窝产仔都在15头以上，此外还有早熟易肥，肉质好等特点。代表性品种有太湖流域的太湖猪、江苏的江曲猪。太湖猪包括二花脸猪（图3-12、图3-13）、眉山猪（图3-14、图3-15）、嘉兴黑猪（图3-16、图3-17）等几个类群。

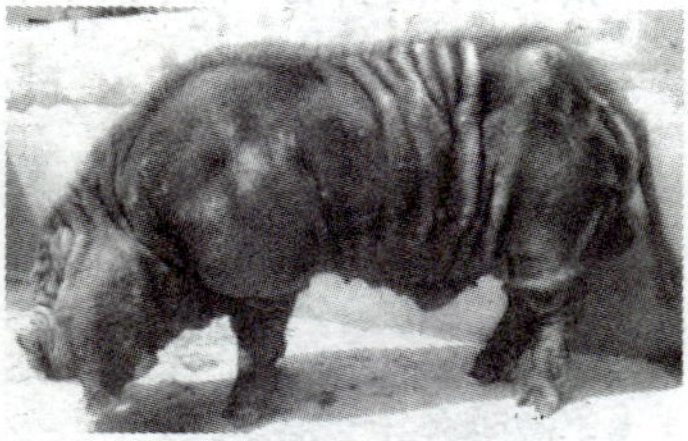

图3-12　二花脸猪公猪

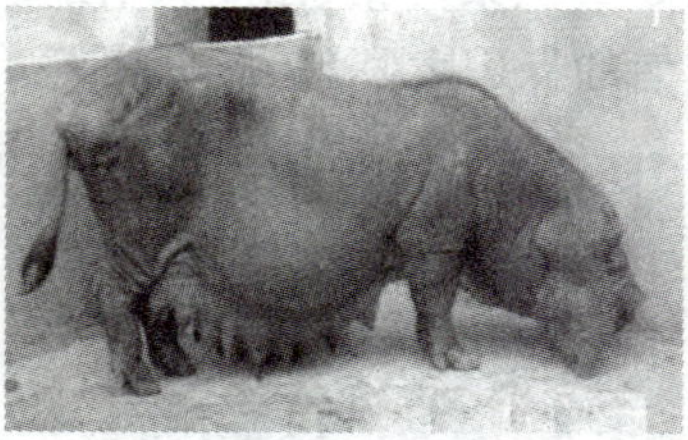

图3-13　二花脸猪母猪

图3-14　眉山猪公猪

图3-15　眉山猪母猪

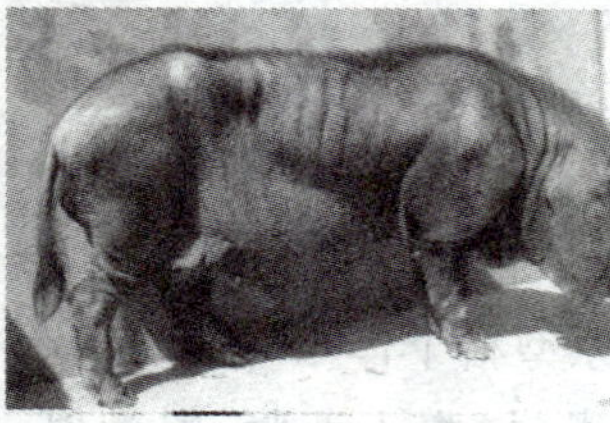

图3-16　嘉兴黑猪公猪

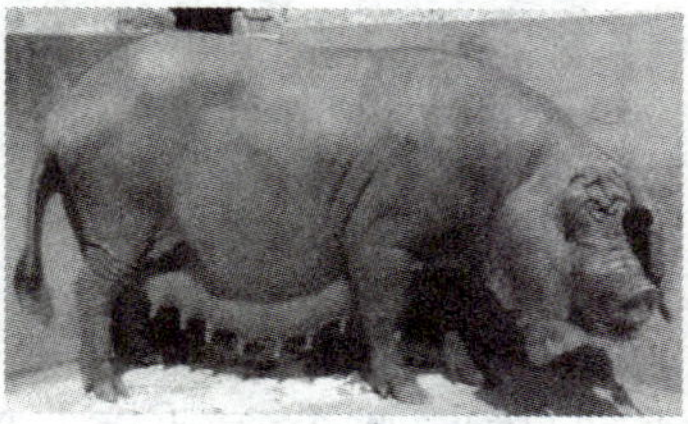

图3-17　嘉兴黑猪母猪

(五)西南型

西南型猪主要分布于四川盆地和云贵的大部分地区以及湖南、湖北的西部。西南型猪一般体大,头大,颈粗短,额部多呈横行皱纹,且有旋毛,背腰宽而凹,腹大略下垂。毛色复杂,以全黑居多,也有相当数量的黑白花和少量红毛或白毛猪,繁殖性能一般,乳头数多为6～7对,每窝产仔8～10头。代表性品种有四川的内江猪(图3-18、图3-19)、荣昌猪(图3-20、图3-21)、成华猪,贵州的柯乐猪、凉伞猪,云南的保山大耳猪、撒贝猪等。

图3-18　内江猪公猪

图3-19　内江猪母猪

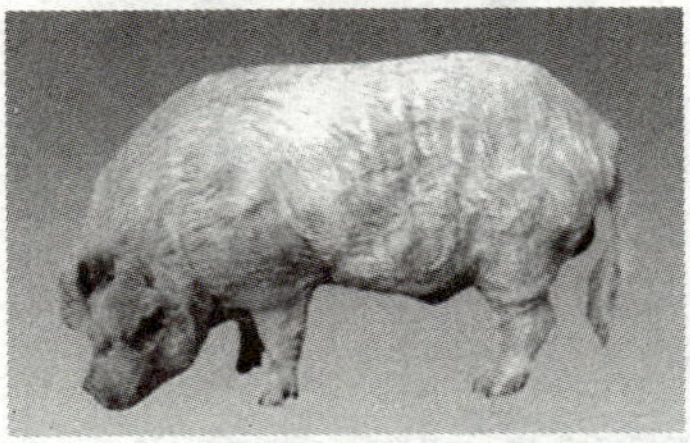

图3-20　荣昌猪公猪

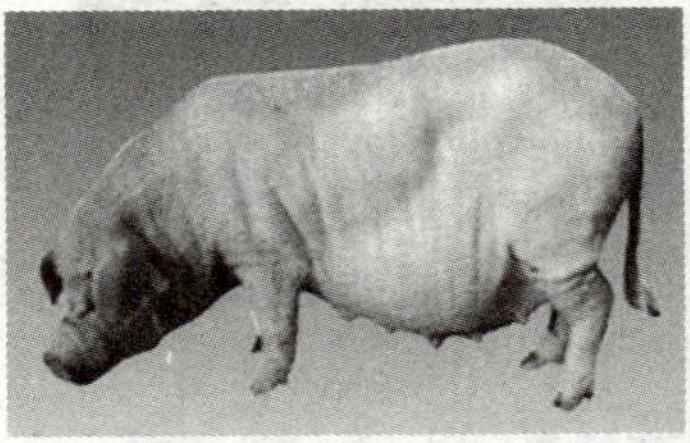

图3-21　荣昌猪母猪

(六)高原型

高原型猪主要分布于青藏高原。高原型猪个体小,形似野猪,头狭长,呈锥形,嘴尖,耳小而上竖,背窄而微拱,腹小而紧,臀微斜,四肢强健,蹄小而结实,反应灵敏,善于奔跑,皮薄而紧,鬃毛长而密,丛生绒毛，毛色多为黑色或黑灰色。繁殖率低，乳头数多为5对，每窝产仔5～6头。生长缓慢、晚熟，能耐饥寒，抗逆性强。代表性品种以藏猪为主，还有甘肃的合作猪和云南的迪庆藏猪（图3-22、图3-23）等。

图3-22　迪庆藏猪公猪

图3-23　迪庆藏猪母猪

二、地方品种资源的保存和利用

畜禽品种是畜牧生产的工具，较大程度上决定着畜牧业的生产力水平，优良的品种不但可在相同的条件下生产更多更好的畜产品，而且可大大提高畜牧业的劳动生产率。育种工作就是要根据人类社会的要求进一步改良提高现有品种，不断培育新品种，认真保护和合理利用品种资源是一项长期重要任务。

（一）地方猪种资源的保种

保存我国地方猪种，包括大量的主要生产性能不高的原始品种或地方品种，有着以下几方面的重要意义：一是这些品种可为将来的育种工作提供素材；二是人类对各种家畜的利用方式以及对各类畜产品的需求是在不断发展变化的；三是不同品种对各种疫病的抵抗力不同；四是现代良种的经济优势固定地联系着优良草地或高度集约化的饲养体制，离开固定条件，往往并无优势，这就是所谓“良种必须良养”；五是丰富的品种资源也是为了克服将来可能出现的选择极限,而且可为动物科学的教学、生物进化、生理生化等基础生物学的研究提供材料。

随着高产品种和专门化品系的大量育成,以及养猪生产体系的集约化,生产上大量使用的是经济价值高的品种或其杂交种,在养猪生产中占支配地位,使原有的地方品种数目迅速减少。一些发展中国家,由于引进外来品种杂交改良或保种不当,造成原有品种质量退化和数量减少或消失。吸取国外大量地方品种灭绝的教训,结合我国实际情况开展有效的保种工作,无疑对我国今后养猪生产的发展起着重要作用。

猪种资源的保存基本性质是:从遗传学角度"保种是保存基因";从育种学角度"保种是保存性状";从畜牧学角度"保种是保持品种";从社会学和生态学角度"保种是保护资源"。要达到保种的这个目的,应从避免群体混杂,控制选择,实行随机交配,减少遗传漂变等多方面着手,采取有效的保种措施,把那些具有重要经济价值或者在某一方面具有突出表现,或者杂交改良有良好效果的品种保存下来。

(二)地方品种的利用

(1)作为经济杂交的母本　良好的繁殖性能,是杂交利用母本品种的必备条件。我国地方猪种普遍具有性成熟早、产仔多、母性强、抗逆性强、肉质优良、储脂能力强等优良特性,因此可以作为经济杂交的母本品种使用。但是我国地方猪种肥育性能和胴体性状均较差,主要表现为生长速度慢,饲料利用率低,胴体瘦肉率不高,故不能作杂交父本品种使用。

(2)开发新产品　部分地方猪种在某些方面具有独特的表现,可以开发出新的产品。如香猪经济早熟,胴体瘦肉含量较高,肉嫩味鲜,断奶仔猪及乳猪无腥味,加工烤猪别有风味,又由于香猪是一种特有的小型猪,还能作实验动物。

(3)作为育成新品种(系)的原始素材　我国地方品种对当地环境的适应性强,因此在育成新品种时,为使培育品种(系)对当地环境条件和饲养管理条件有良好的适应性，经常利用地方猪种与外来品种杂交，如培育新淮猪就是采用当地淮猪与大约克夏猪杂交而得。哈尔滨白猪是采用当地民猪先后与俄国猪、大约克夏猪、苏联大白猪杂交而来。

第二节　培育猪种

我国在鸦片战争后，特别是新中国成立以来，根据国家经济发展和人民生活的需要，有目的、有计划、有组织地进行新品种的培育工作。利用从国外引入的猪种与地方猪种杂交而育成新的猪品种(系)有 48 个，这是我国养猪业上的重大成就，育成的新品种猪既保留了我国地方猪的特性，又兼有了国外品种的特点，丰富我国猪种资源，对我国猪的育种科学的进步起到了推动作用，而且这些新品种在我国普遍地方应用在商品猪生产中。

中国培育种猪的培育过程可以分为 19 世纪 50 年代的引入杂交和 20 世纪 50 年代以后的培育阶段。1949 年中华人民共和国成立后，国家政府十分重视家畜家禽品种资源的开发利用工作。1972—1982 年，全国猪育种科研协作 10 年中，经有关省、自治区、直辖市科委或主管部门鉴定验收的有 15 个新品种。1983—1990 年，又有 23 个品种(系)通过各地有关部门鉴定。1996 年 1 月农业部批准成立了国家家畜家禽遗传资源管理委员会，从 1997 年至 2005 年，又有 10 个猪种(系)，通过国家家畜家禽遗传资源管理委员会的审定。

我国培育猪品种(系)是在地方猪种与外来猪种的杂交基础上形成的，其形成过程，大体上可以归纳为 3 种方式：一是利用原有血统混乱的杂种猪群，加以整理选育而成。这类新品种(系)在选育前已经受到外来品种的影响。二是以原有杂种群为基础，再用一个或两个外国品种杂交后自群繁育。三是按照事先拟定的育种计划和方案，有计划地进行杂交、横交和自群繁育。培育品种（系）既保留我国地方猪种的优良特性，又具有外来猪种生长快、耗料省、胴体瘦肉率高的特点。

一、培育猪种的类型

培育品种期间，由于地方品种存在着类型差异，从外引进品种的经济类型不同，杂交方式和选育方法各具特点，因此表现出不同的类型，根据培育品种的毛色特点和亲本来源可将培育猪种分为白色、黑色和黑白花 3 个类型。

（一）白色品种

这一类培育猪种是以大白猪、苏联白猪、长白猪、约克夏猪等白色外引猪为父本，以我国地方猪种为母本，进行杂交选育而成的。这类猪被毛全白，有的皮肤上有少量黑斑，头较长直，颜面和额部平直少皱纹，耳中等大小，背腰长而平直，腹部不下垂，后腿丰满，繁殖力比黑色品种高，一般产仔数为 10～12 头，个别可达到 13～14 头，初生重 1.1～1.2 kg，瘦肉率和生长速度也优于黑色品种，平均日增重 600 g 以上，胴体瘦肉率可达 53%左右。属于这类品种（系）的有湖北白猪、哈尔滨白猪、上海白猪、伊犁白猪、汉中白猪、二江白猪等 20 多个。

（二）黑色品种

这一类培育猪种是以巴克夏猪为父本，以本地黑猪血统为母本杂交选育而成的。这类品种毛色多为全黑，少数品种在鼻端、尾尖和四肢下部有“六点白”特征。黑色品种与白色品种相比，头较粗重，面额多皱纹，嘴较短，背腰宽广，胸较深，腹较大但不下垂。繁殖力、日增重、胴体瘦肉率较白色品种低，平均产仔 9.5～10.9 头，瘦肉率 52%左右，属于这类品种（系）的有北京黑猪、山西黑猪、新金猪、吉林黑猪、福州黑猪等18个。

(三)黑白花品种

这一类培育猪种,一是由巴克夏猪和苏联大白猪为父本与本地母猪杂交选育而成的。这类品种(系)有北京花猪Ⅰ系、山西瘦肉型猪SD-Ⅰ系、泛农花猪。二是由克米洛夫猪为父本,东北民猪为母本杂变选育而成的,这类品种(系)有:吉林花猪、黑花猪、沈农花猪。此类品种很多性状介于白色品种和黑色品种之间。

二、培育品种简介

(一)哈尔滨白猪

哈尔滨白猪(图3-24、图3-25)是当地民猪先后与俄国猪、大约克夏猪、苏联大白猪等杂交选育而成的。

图3-24　哈尔滨白猪公猪

图3-25　哈尔滨白猪母猪

这种杂交开始于1869年,1951年由东北农业科学院选育一批杂种白猪进行选育。1958年成立哈白猪育种领导小组,用苏白公猪级进杂交二代后横交固定。1975年经省级鉴定宣布为品种。

(1)产地与分布　哈尔滨白猪产于黑龙江省南部和中部地区,以及哈尔滨市周围各县(市),曾推广到全国20余个省、市、区。

(2)品种特征　体形较大,头中等大小,两耳直立,背腰平直,腹略大但不下垂,腿臀丰满,四肢强健,体质结实,全身被毛白色,成年公猪体重225 kg,母猪体重180 kg。该品种具有较强的抗寒能力和耐粗饲性能，但群体体形不很整齐。

(3)生产性能 在配合饲料按营养标准配制进行喂养的条件下，肥育猪从断奶体重 15～120 kg 阶段，需 7～8 个月，日增重 587 g，饲料转化率为 3.4～3.8，屠宰率可达 75%左右，胴体瘦肉率 45%。母猪一般在 8 月龄，公猪 10 月龄开始配种。初产母猪平均产仔 9.4 头，经产母猪产仔平均 11.3 头。

(4)杂交利用 哈白猪与东北民猪、三江白猪和东北花猪进行正反杂交，其杂种一代猪在肥育期的日增重和饲料利用率上均表现较强的杂种优势，日增重优势率为 4.5%～17.2%。

(二)三江白猪

三江白猪原产于黑龙江东部地区的一个培育品种。它是我国第一个按计划培育成的肉用型新品种。1973 年开始，在黑龙江国营农场总局领导下，由红兴隆农场管理局科研所、东北农学院和各有关农场组成育种研究协作组，制定育种目标及方案。采用长白猪于民猪正反交，然后再与长白猪回交，所得后代组成零世代，经连续五六世代的横交与选择，到 1982 年达到选育指标。

(1)产地与分布 三江白猪(图 3-26、图 3-27)原产于黑龙江佳木斯地区，现主要分布在黑龙江省东部的三江平原地区，在广东深圳和山东潍坊等地也有少量分布。

图 3-26 三江白猪公猪

图 3-27 三江白猪母猪

(2)品种特征 被毛白色，头轻，嘴直，鼻长，耳下垂，背腰平宽，腿臀丰满，四肢粗壮，蹄质结实，具有较典型的肉用型体质结构，成年公猪体重 275 kg，母猪体重 225 kg 左右。

(3)生产性能　该品种初情期 4 月龄左右，适宜配种年龄 8 月龄，发情表现明显，初产母猪平均产仔 10.17 头，经产母猪产仔在 12 头以上。6 月龄育肥猪体重达 90 kg，日增重 650 g，饲料转化率为 3.5 以下，90 kg 体重屠宰胴体瘦肉率 58%。

(4)杂交利用　三江白猪与杜洛克猪、汉普夏猪、长白猪杂交具有很好的配合力，尤其与杜洛克杂交杂种优势更为显著，一代杂种日增重 650 g，饲料转化率为 3.3，瘦肉率 62%左右。

(三)北京黑猪

它是由北京市国营农场双桥农场和北郊农场育成的一个品种。1949 年前，上述农场曾饲养过巴克夏猪，中约克夏猪和通县、平谷县的本地猪。1949 年后又引进过定县、逐县、深县、新金、吉林黑、高加索等多种猪杂交。1963 年，由北京农业大学、中国农业科学院畜牧研究所、北京市农业科学院畜牧兽医研究所等单位参加的养猪领导小组制定了育种方案，1972 年统称为北京黑猪，开始计划选育，1982 年 12 月，经市级鉴定达到预定选育目标。

(1)产地与分布　原产于北京市北郊农场和双桥农场。北京黑猪(图 3-28、图 3-29)是用巴克夏猪、苏联白猪及河北黑猪通过复杂杂交选育而成的，主要分布于北京各郊区县，近年来河北、河南、山东等 20 多个省、市、自治区都有引进。

图 3-28　北京黑猪公猪

图 3-29　北京黑猪母猪

(2)品种特征　北京黑猪为肉脂兼用型，全身被毛黑色，头大小适中，两耳向前上方直立或平伸，面部微凹，额较宽，颈肩结合良好，背腰平直且宽，四肢健壮，腿臀较丰满，体质结实，结构匀称。成年公猪体重 250 kg，成年母猪体重 210 kg 左右。

(3)生产性能　母猪初情期 6～7 月龄，初产母猪平均产仔数为 10.5 头，经产母猪平均产仔 12 头左右。生长肥育猪的体重在 20～90 kg 阶段，日增重 600 g 以上，饲料转化率 3.2～3.5；体重 90 kg，屠宰率为 74%，胴体瘦肉率平均 52%左右。

(4)杂交利用　用杜洛克猪或大约克猪作父本，长白公猪配北京黑猪杂种母猪作母本，进行杂交有较好的配合力，其杂种猪在 20～90 kg 阶段，日增重在 650 g 以上，饲料转化率为 3.2～3.5，胴体屠宰瘦肉率在 58%以上。

(四)山西瘦肉型 SD-I 系

(1)产地与分布　山西瘦肉型 SD-I 系于 1990 年在太原种猪场培育而成，是我国首批育成的瘦肉型猪母本专门品系之一，主要分布在太原市南北郊区、清徐县、阳泉市郊区，平定县，盂县，长治市各县和晋中地区。

(2)品种特征　毛色白黑花或黑白花。头大小适中，嘴筒直，耳中等大，平直立稍前倾，体形较大，体躯较长，四肢高而结实，背腰平直，腹不下垂，腿臀丰满，结构匀称，体质结实，成年公猪体重210 kg，母猪 170 kg 左右。

(3)生产性能。6 月龄体重达 90 kg，生长肥育猪的体重在 25～90 kg 阶段，日增重 670 g，饲料转化率为 3.4，90 kg 屠宰率为 75%，瘦肉率为 56%左右。

(4)杂交利用。以山西瘦肉型 SD-I 系为母本，分别与长白猪、杜洛克猪父本杂交，杂种猪育肥期日增重分别为 675 g 和 670 g，饲料转化率分别为 3.2 和 3.3，胴体瘦肉率分别为 57.6%和 58.3%。

第三节　引进猪种

我国从19世纪末开始，从国外引进的外来猪种（现称引入品种）有10多个。最早引进的猪种有巴克夏猪、大约克夏猪，此后陆续引进了中约克夏猪、波中猪、汉普夏猪、杜洛克猪、长白猪（兰德瑞斯猪）、苏联大白猪、克米洛夫猪等猪种，最近又引进了皮特兰猪。其中有许多品种在改良我国地方猪种中产生过极重要的作用，但由于人们的习惯改变，有些引进品种逐渐消失。目前在我国影响较大的瘦肉型猪有大约克夏猪（大白猪）、长白猪、杜洛克猪、汉普夏猪和皮特兰猪等。上述这些猪种在我国各地不断繁育和驯化，成为我国种猪资源的一部分。

一、大约克夏猪

（一）产地与分布

大约克夏猪（图3-30、图3-31）原产于英国北部的约克郡及其邻近地区。有大、中、小3个类型，大型为瘦肉型，中型为兼用型，小型为脂肪型，大约克夏猪是世界著名品种之一，因其体形大、适应性强、增重快，几乎世界各地均有饲养，对其他猪种改良起了重要作用。20世纪初，我国先后从英国、澳大利亚等国引入大约克夏猪，目前大约克夏猪在全国各地均有饲养。

图3-30　大约克夏公猪

图3-31　大约克夏母猪

(二)品种特征

大约克夏猪是瘦肉型猪的代表品种，全身被毛白色，体大且匀称，耳直立，背部平直而稍呈弓形，四肢较高，后躯宽长且丰满。成年公猪体重在 350 kg 以上，成年母猪体重在 250 kg 以上。

(三)生产性能

20 世纪 90 年代我国引进的大约克夏猪生产性能进一步提高，后备公猪 6 月龄体重可达 100 kg，母猪可达 90 kg。生长育肥猪 25～90 kg 阶段，日增重达 800 g 左右，饲料转化率 2.8～3，体重 90 kg屠宰率 72%，胴体瘦肉率 63%，眼肌面积 34.29 cm^2，肉质优良。初产母猪产仔数平均为 10 头，经产母猪产仔数平均为 12 头。

(四)杂交利用

大约克夏猪与我国地方品种猪进行杂交都能取得良好的效果，如与民猪、荣昌猪、内江猪等杂交，其杂种一代的日增重都较母本提高 20%以上。大约克夏猪无论作杂交父本或母本，还是在三元杂交中作第一父本或第二父本，其杂交效果都很好，故有“万能品种”之称。

二、长白猪(兰德瑞斯猪)

(一)产地与分布

长白猪(图 3-32、图 3-33)原产于丹麦，是世界上分布最广的著名的瘦肉型品种，原名是兰德瑞斯，我国自 1964 年起先后多次从瑞典、英国、法国、荷兰、日本等国引进，1980 年后又从丹麦引进，目前是我国引进品种数量最多的猪种，分布在全国各地。

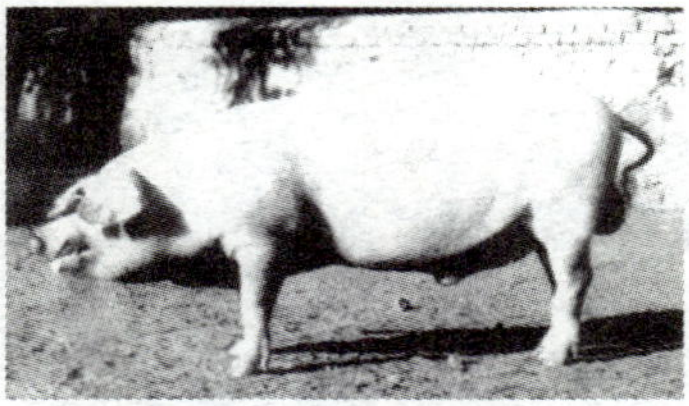

图 3-32　长白猪公猪

图 3-33　长白猪母猪

(二)品种特征

全身被毛白色，头狭长，颜面直，耳大向前倾，背腰长，腹线平直而不松弛，体躯长，前躯窄，后躯宽呈流线形，大腿丰满，蹄质坚实，乳头多为 7～8 对，成年公猪体重可达 300 kg，母猪体重 260 kg 左右。

(三)生产性能

在良好的饲养条件下，公母猪 6 月龄体重可达 100 kg 左右。肥育期生长速度快，平均日增重在 790 g 左右，饲料转化率为 2.7～3.1，体重 90 kg，屠宰率为 72%～74%，胴体瘦肉率 65%左右，该品种性成熟较晚，6 月龄开始出现性行为，9～10 月龄开始配种，初产母猪产仔数为 8～9 头，经产母猪平均产仔数为 11.33 头。

(四)杂交利用

长白猪与我国地方品种猪均有较好的配合力，用长白猪作父本与我国培育品种(系)猪进行二元杂交，肥育期日增重可达 600 g 左右，胴体瘦肉率达 54%～62%。在三元杂交中多以长白猪为第一父本与本地母猪交配，其杂交后代与第二父本杜洛克猪交配效果最佳，三元杂交商品猪日增重可达 650～800 g。

三、杜洛克猪

(一)产地与分布

杜洛克猪(图 3-34、图 3-35)原产于美国东北部的新泽西州,为世界著名鲜肉型品种,现在世界分布很广。中华人民共和国成立前已有引进,1978 年开始从美国批量引进,以后相继从日本、匈牙利和美国都有引进,在我国各地均有饲养。

图 3-34 杜洛克公猪

图 3-35 杜洛克母猪

(二)品种特征

杜洛克猪体形大,耳中等大小,向前倾,颜面稍凹,体躯宽广,肌肉丰满,毛色呈红棕色,但颜色深浅不一,从金黄色到棕褐色均有,四肢粗壮结实,蹄呈黑色,成年公猪体重 400 kg,母猪体重 350 kg 左右。

(三)生产性能

杜洛克猪生长发育快,饲料转化率高,抗逆性强,肥育猪 25～90 kg阶段日增重为 700～800 g,饲料利用率 28～3.2,后备公猪 6 月龄体重达 100 kg,母猪达 95 kg 左右。90 kg 屠宰时,屠宰率为 72%以上,胴体瘦肉率 61%～64%。杜洛克猪产仔数较少,母猪一般 6～7 月龄开始发情,8 月龄后方可配种,平均产仔 8～9 头。

(四)杂交利用

杜洛克猪与地方品种或培育品种的二元或三元杂交，都优于其他猪种。由于杜洛克猪与我国地方猪种杂交，一代杂种猪毛色多为黑色，加之产仔数不多等原因，杜洛克猪作二元杂交的父本不受欢迎，一般在三元杂交中作第二父本使用；用其作终端父本的三元杂交猪，日增重达 700 g 以上，胴体瘦肉率可达 56%～58%。

四、汉普夏猪

(一)产地与分布

汉普夏猪(图 3-36、图 3-37)原产于美国肯塔基州的布奥尼地区，是北美分布较广的一个品种。1983 年我国少量引进，其数量和利用不如长白猪、大约克夏猪和杜洛克猪。

(二)品种特征

被毛黑色，在肩颈结合处有一条白带，头中等大，嘴较长而直，耳直立中等大小，体躯较长，肌肉发达，成年公猪体重 350 kg，母猪体重 280 kg 左右。

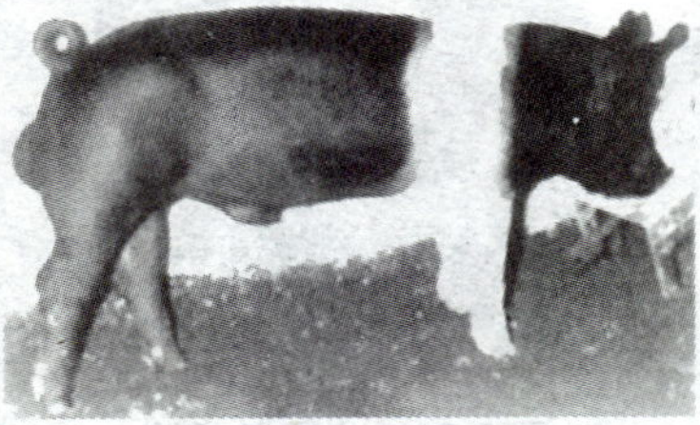

图 3-36　汉普夏公猪

图 3-37　汉普夏母猪

(三)生产性能

汉普夏猪与国外其他瘦肉型猪相比，生长速度稍慢，饲料报酬稍低，但眼肌面积较大，在良好的饲养条件下，6 月龄体重可达 90 kg，饲料利用率 3.0 左右，屠宰率 72%～75%，眼肌面积 32 cm^2 以上，胴体瘦肉率 60%以上。汉普夏猪性成熟晚，母猪一般 6～7 月龄开始发情，初产母猪平均产仔 7～8 头，经产母猪平均产仔 8～9 头。

(四)杂交利用

以汉普夏猪作父本，地方品种或培育品种作为母本杂交后能显著提高商品猪的瘦肉率，优于杜洛克猪和大约克夏猪，但杂种猪生长速度较慢。

五、皮特兰猪

(一)产地与分布

皮特兰猪(图 3-38、图 3-39)产于比利时的布拉邦特省，是由法国的贝叶杂交猪与英国的巴克夏猪进行回交，然后再与英国大白猪杂交育成的。1955 年被欧洲各国公认。最近 10 多年，在欧洲颇受欢迎。我国上海农业科学院畜牧兽医研究所在 20 世纪 80 年代首次从法国引进，以后其他省、直辖市亦多次引进。

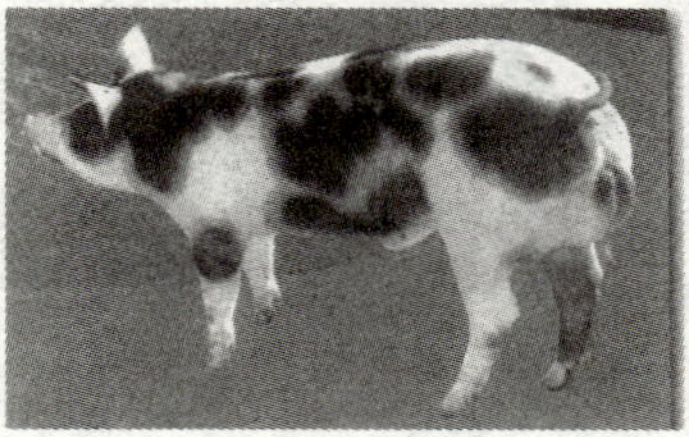

图 3-38 皮特兰公猪

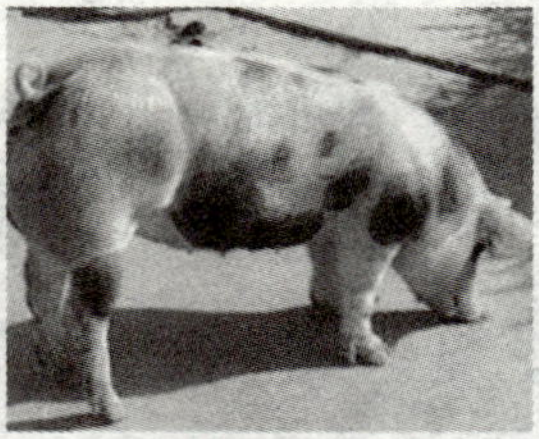

图 3-39 皮特兰母猪

(二)品种特性

毛色呈灰白色，并带有不规则的深黑色斑点，偶尔出现少量棕色毛。头部清秀，颜面平直，嘴大且直，双耳略微向前；体躯呈圆柱形，腹部平行于背部，肩部肌肉丰满，背直而宽大。体长 1.5～1.6 m。

(三)生产性能

在较好的饲养条件下，皮特兰猪生长迅速，6 月龄体重可达 100 kg。肥育期平均日增重 850 g，饲料利用率 2.5 左右，屠宰率可高达 70%以上。种公猪性欲较强，一次射精量为 250～300 mL，母猪母性不亚于我国地方品种，仔猪育成率在 92%～98%。母猪的初情期一般 6～7 月龄，经产母猪窝产仔数为 10～11 头。

(四)杂交利用

由于皮特兰猪产肉性能高，但肉质较差，PSE 肉发生率几乎 100%。在肉猪配套系生产中常作为父本，或与杜洛克杂交生产出皮杜公猪，用于杂交生产商品猪。

思考题

1. 通过对猪的品种了解，你认为饲养什么品种猪最适应于你的猪场？

2. 根据你猪场现有的母猪，引进什么品种猪作父本，才能使你猪场的商品猪达到最佳的杂交组合？

3. 地方品种、培育品种、引进品种在生产性能上有什么不同？

第四章　猪品种的选育与杂交利用

阅读指南

猪品种的选育是纯繁群体中选择优秀个体作为种用，是品种之间杂交利用的基础。杂交是充分体现杂种优势的手段。杂种优势是利用不同种群、品种、品系间的个体杂交产生的杂种，在生活力和生产性能等方面优于其双亲纯繁群体的现象。在同等饲养管理条件下，其杂交后代表现出繁殖力强，生长发育快，饲料报酬高，肉质品质好的生产性能，所产生的经济效益远比纯种品种高，因此在养猪生产中被广泛应用。

任何猪的品种都是在一定的社会经济条件和自然条件下形成的，其适应性有一定的局限性。随着社会的发展，特别是经济的发展，消费者的需求在不断改变，品种的原有生产方向和性能不能满足社会的需要，就要求加以改良和提高。一个品种即使能够满足国民经济发展的需要，不必改变其生产方向，也应对其进行经常性的选育提高工作，不然由于遗传漂变、突变、自然选择等自然因素，以及近亲繁殖、盲目引种、无计划杂交等人为因素的影响，优良基因频率降低，品种就会退化。所谓品种选育是指在本品种内部通过选种、选配、品种繁育、改善培育条件等措施，以提高品种性能的一种繁育方法。实践证明，只要加强本品种选育，就可迅速提高现有品种的生产性能。

第一节　猪的生产性能测定及方法

猪的生产性能主要是指猪所产肉类以及为人类提供服务的能力，是一种生产产品的表型值。它包括两个方面：一是生产产品的数量与质量；二是生产产品的效率，也就是生产产品过程中利用饲料和设备的能力。

一、猪肉用性能的测定及方法

（一）经济早熟性

它是指在一定的饲养条件下，能早期达到一定体重的能力，通常以达到适宜屠宰体重时的年龄作为经济早熟性的指标。我国适宜的屠宰体重一般在 90～100 kg。

（二）日增重

一般指仔猪从断奶至屠宰整个肥育期间的平均日增重。由于绝对增重先随年龄增加而增高，其后又随年龄增大而下降，因此日增重显著地受结束时体重大小的影响，为了准确地测定日增重的快慢，可用体重达到 100 kg 的日龄作为生长速度指数，或用达到一定日龄时的体重作为指标来计算。

$$平均日增重(g)=\frac{结束重(g)-起始重(g)}{育肥天数}$$

（三）饲料利用率

由于饲料量对猪的生长速度有很大影响，一般生长快的猪饲料利用率也高，这项指标在我国多以肥育期中平均每单位增重的饲料消耗量来表示。具体有料肉比和转化率两种形式：

$$料肉比=\frac{肥育期中消耗的饲料量}{肥育期中的总增重}$$

$$饲料转化率=\frac{肥育期中的总增重}{肥育期中消耗的饲料量}\times 100\%$$

(四)胴体重

屠宰后去头、蹄、尾及内脏，保留板油和肾脏的躯体重量为胴体重。去头蹄尾的方法是，头从耳根后枕寰关节及下颌上的自然皱褶切下；前蹄从腕关节处切下，后蹄从跗关节处切下；尾从紧贴肛门处切下。

(五)屠宰率

屠宰率是指胴体重占屠宰前空腹体重的百分率。屠宰率高说明产肉量高，一般屠宰率应不低于70%，高的可达到80%。

$$屠宰率=\frac{胴体重}{宰前空腹体重}\times 100\%$$

(六)背膘厚

宰后胴体背中线肩部最厚处、胸腰椎结合处和腰荐椎结合处3点膘厚的平均值，为平均背膘厚，以厘米为测量单位。膘厚与瘦肉率成负相关，膘越薄说明瘦肉率越高。

(七)眼肌面积

一般在屠宰测定时测量左半片胴体胸腰椎结合处背最长肌的横断面的面积，以平方厘米为单位。可用求积仪或用坐标纸计算面积。无求积仪或坐标纸可用下式计算：

$$眼肌面积(cm^2)=宽度(cm)\times 厚度(cm)\times 0.7$$

(八)腿臀比例

腿臀比例是沿腰椎与荐椎结合处的垂直线切下的腿臀重量占胴

体重的比例。

$$腿臂比例=\frac{腿臀重}{胴体重}$$

(九)瘦肉率

瘦肉率是猪的重要经济指标,该指标是胴体全部瘦肉量占胴体重(除板油和肾脏)的比率。

$$瘦肉率=全部瘦肉重\div胴体重\times100\%$$

(十)胴体长

在胴体倒挂时,从耻骨联合前缘至第一肋骨与胸骨联合点前缘间的长度,称为胴体长或胴体斜长,是影响瘦肉率的重要指标,通常用厘米来表示。

(十一)肉脂的品质

在提高猪的产肉能力的同时还必须重视肉和脂肪的品质,肉和脂肪的品质包括肉的颜色、大理石状、细嫩度、系水力、熟肉率和肉味,脂肪的颜色、硬度和碘价等。

(1)肌肉 pH 值　测定部位是背最长肌胸腰椎结合处以及半膜肌。测定时间是宰杀后 45 min 以及 24 h,采用酸度计将电极直接插入测定部位测量。用背最长肌的 pH 值来判定 PSE 肉(灰白肉),用半膜肌的 pH 值来判定 DFD 肉(暗黑肉)。

(2)肉的颜色　肉的颜色主要由血红蛋白和肌红蛋白的含量决定。幼龄猪肉的颜色较淡红,成年猪的瘦肉颜色显得较深。正常猪肉颜色要求鲜红,这点可作为瘦肉等级的评价。对于肉的颜色评定,可鉴别背最长肌或股二头肌的色泽。按五级评分:一级灰白色;二级微红色;三级正常鲜红色;四级微暗红色;五级暗红色。理想的肌肉颜色是三级,一级是灰白多水肉(PSE),五级为红干肉(DFD)。

(3)细嫩度　猪肉的细嫩度主要是由肌纤维的粗细决定的,由大量较细肌纤维组成的瘦肉比粗肌纤维组成的瘦肉更为细嫩，因此研究肌纤维直径的大小，可以作为评定肌肉细嫩度的指标。测定方法是从最后肋骨处眼肌中取样，用10%福尔马林溶液固定，并在甘油中将其撕成分散的纤维，用400倍显微镜检查，以测微计测量肌纤维的直径。

二、猪的繁殖性能的测定

猪的繁殖性能是指成年猪维持正常繁殖机能生育后代的能力。测定它的繁殖性能，可随时掌握猪群的增殖水平，并采取相应措施来提高和改善猪群的数量和品质，以达到特定的育种和生产目的。

(一)产仔数

它指母猪一窝所产仔猪数。这是一项主要的繁殖性能指标。它与品种、类型、胎次、配种技术、饲养管理都有一定关系。产仔数包括总产仔数和产活仔数。前者包括死胎、木乃伊胎在内，后者指出生时全部存活的仔猪数。

(二)初生重

初生重指仔猪出生后12 h内的活重，包括个体重和窝重。窝重是每个个体重的总和。初生重受品种、胎次、妊娠期的营养状况等因素的影响。

(三)泌乳力

母猪的泌乳力用20日龄的窝重来表示。它包括带乳仔猪，但不包括已寄养出去仔猪的体重。母猪的泌乳力受哺乳期间的饲养管理条件的影响。

(四)断奶重

断奶重包括断奶个体重和断奶窝重。个体重是指仔猪断奶时每个个体的平均体重；窝重是指断奶时全窝仔猪，包括寄养仔猪的总体重。称重应空腹进行，并注明断奶日龄。

(五)初产日龄和产仔间隔

初产日龄即母猪头胎产仔的日龄。产仔间隔时间指母猪相邻两胎次间的平均间隔期,即:产仔间隔=妊娠期+空怀期。

第二节　种猪的选择方法

对种猪的选择叫选种。选种是品种改良和培育工作的一个重要环节,是人工选择的理论和实践,其目的是提高猪的生产性能。选种方法多种多样,用不同的标准或不同的方法选种,中选的个体往往不一样,但最终是对猪遗传性的选择。因为种猪的主要价值,不在于它本身的生产性能的高低,而在于能否生产品质优良的后代。群体遗传学和数量遗传学的不断发展,以及测定表型值的方法的不断改进,大大提高了选择的精确度。近年来,把个体表型值结合亲系亲属遗传信息的合并选择方法已被世界多数国家所采用,并公认它是目前选种工作的有效方法。猪的选种方法基本可分为:个体选择、同胞选择、系谱选择、后裔测验和合并选择等。但是,不管哪种方法所取得的遗传进展,都取决于选择差(选择强度)的大小、性状的遗传力及母代间隔的长短等。

一、种猪的选择要求

(1)体型外貌的要求　猪的外貌在整体上要求具有本品种的特征,符合该品种的经济类型,体格健壮结实,采食量好,健康无病,无遗传缺陷,公、母猪均要求有 7 对以上排列均匀的乳头,公猪雄性特征明显,睾丸大小一致,阴囊有弹性不下垂;母猪保仔性好,乳房和乳头发育良好。

(2)生长发育的要求　被选个体要求各阶段体重、体尺符合选种要求,肥育期平均日增重高,饲料报酬率高。

(3)繁殖性状的要求　繁殖力要求产活仔数多,断乳仔数多,断奶窝重大,泌乳力高,凡产仔畸形、脐疝、隐睾、毛色和耳形不合育种要求的母猪不能留种,另外,公猪要求性欲旺盛,精液质量高。

(4)胴体性状的要求　胴体性状要求屠宰率高、胴体长、眼肌面积大、瘦肉率高、后腿比例大、肉质好。

(5)系谱中出现遗传缺陷的个体不能留种用

二、种猪的选择方法

(一)个体本身表型选择

个体选择对于猪的胴体品质和生长速度等这些属于高或中等遗传力的性状是有效的。选择时要注意选留个体必须符合选育的品种特征,并对个体的外形特征进行肉眼鉴别,从体躯结构到乳头和性器官发育,作整体和局部的观察。应当注意的是,个体选择对于遗传力低的性状,通过表型选择所获得的效果不够明显,如:母猪的繁殖性能通过个体选择长时间内也难以达到理想结果。为充分发挥个体选择的作用,必须注意解决下述几项问题。

1. 采用个体表型选择,缩短了世代间隔,加速了世代更替,因此猪场成年猪数量比数降低,青年猪数量相应加大,增加了猪场的经济负担。

2. 选种的主要性状为日增重和 6 月龄的背膘厚,这样,在仔猪断奶时,不应大量淘汰,必须多留后备猪参加发育测定。

3. 现场测验:定期称个体重,按群体统计饲料,在测定期间,发现病猪或中途死亡猪,应及时全群称重,结算饲料消耗。

(二)系谱选择

系谱选择在猪的选种工作中的应用不够广泛,其主要原因是它是根据父本或母本或双亲,以及有亲缘关系的祖先表型值进行选择的,这种选择方法根据祖先的表型值估计一个个体育种值的准确性是较低的。但是,在个体发育的早期阶段和仔猪断奶时期,对于仔猪本身尚未表现的性状,系谱选择则为主要依据。对于仔猪的选择是从父母品质优秀、同窝仔猪多而均匀、断奶窝重大的窝中,选留初生重和断奶重大的个体。另外,对于公猪不表现的性状的选择则需参考系谱选择。

(三)同胞选择

双亲对于同窝兄妹具备同等遗传关系,因此有可能参照同胞兄妹的生产性能的表现,对一个个体的遗传品质作出评定。同样,也可参照半同胞兄妹(同父异母或同母异父)的生产性能对一个个体作出遗传判断。同胞选择就是根据同胞或半同胞的平均表型值进行选择。这种选择方法的特点就是能够在被选择的个体作种用之前,即可根据其同胞或半同胞的肥育性状和胴体品质性状的测定材料作出判断,缩短了世代的间隔,对于一些不能从公猪本身中测得的性状,如产仔数、泌乳力等性状,也可借助于同胞或半同胞姐妹的成绩作为选种的依据。

(四)后裔选择

后裔选择是在条件一致的情况下,对亲本的后裔进行比较测验,按后裔的平均成绩来评定亲本的方法,后裔选择法一般用于公猪的选种。因为公猪的后代数较多,后裔选择法在公猪的选种准确度比母猪高。利用此方法选种已有较长的历史,我国于 20 世纪 70 年代利用后裔选择法对上海猪的育肥性能进行测定。在评定种公猪时,以每头猪所配的 20 头母猪的全部后裔(每窝 2 头公猪,去势)的平均日增重及胴体品质作为评定的标准。

(五)基因型选择

在猪的育种过程中,育种工作者发现应用表型值选择常常会导致错误的结果,这是因为一个性状的表型值与其可遗传的基因型值之间出现不一致。表型值与基因型值分离的情况普遍存在,为了克服表型值的选种缺点,人们开始利用基因型选种。一是育种值。育种值是亲代传给下一代的基因型值,即支配一个数量性状的全部基因的加性效应值。猪个体某个性状的育种值,从理论上讲应该是由它传递给后代的基因来决定的。在实际工作中,人们总希望选择那些具有可能高的育种值的个体作为种猪。然而猪的育种值是无法直接度量的,只能根据猪本身或它的亲属、后裔的性状表型值来估计它的育种值。二是采用最佳线性无偏估计法,即 BLUP 法来估计猪的育种值。20 世纪 80 年代中后期 BLUP 法应用于猪育种值估计。由于 BLUP 法能够准确可靠地估计育种值,因而已逐渐成为猪育种值估计的常规方法。猪经济性状表型值受遗传和环境的共同影响。育种值估计的根本任务就是要尽可能地将影响性状表型值的各种环境因素及非加性遗传效应(显性和上位效应)剔除出去,从而得到育种值的可靠估计。

三、单个性状的选种方法

(一)个体选择

个体选择是指根据个体表型值进行选择,适用于遗传力较高、方差比较大的性状。个体选择法简单易行,可加大选择强度,缩短世代间隔。在育种工作中,选择生长速度和饲料利用率以及瘦肉率时常用此法。

(二)家系选择

家系选择是指根据家系的平均表型值进行选择,选留家系均值高的家系。家系选择的适用条件是:遗传力较低、家系大、家系间差异由共同环境造成的部分小。对产仔数的选择常用此法,有较好的选择效果。

(三)家系内选择

家系内选择是指根据个体表型值与家系均值的差进行选择,从每个家系中选留表型值最高的个体。家系内选择的适用条件是:遗传力低、家系大、家系间的差异是由共同环境造成的。这种方法实际意义不大,但可减少近交的机会。

(四)合并选择

合并选择方法能够有效地利用两种来源的信息,即来自个体表型值的信息与来自个体亲属的信息。这种选择就是根据个体本身的资料,并结合同胞资料进行选择。这种方法的具体实施是在对公猪进行本身测定的同时,对其他两头同胞进行育肥测验。因此,可以对公猪的利用价值尽早地作出评价,并可以达到与后裔测验相似的准确性,但是计算比较麻烦。

四、多个性状的选择方法

在猪育种工作中,需要选育提高的性状往往不止一个,常常有2～4个性状需要同时选择,目前对多个性状的选种方法有下述几种。

(一)顺序选择法

这种方法是有次序地按主次一个一个性状进行选择。选择一个性状,待其提高之后,再来提高另一个性状。这种选择方法对一个性状来说遗传进展是较快的,但多个性状一个一个地选需要很长时间,更重要的是没有考虑到性状间的相关,所以在育种工作中很少使用。

(二)限值淘汰法

这种方法是对每个性状都制定好一个表型值的允许下限值,凡任何一个性状达不到所规定的最低标准,不管其他性状如何,均予淘汰。这种方法的缺点是:往往会把某些性状表现突出,而个别性状上存在不足的种猪淘汰掉，选留下来的都是各种性状表现平常的种猪；这种选择方法的优点是：可以在猪的各个不同发育阶段和年龄时期较早随时进行选择，不必等待，凡不合标准者一律淘汰，所以，这种方法在一定条件下不失其实际应用价值。

(三)选择指数法

选择指数法是按所选择的每个性状的相对经济重要性、遗传力以及性状间的遗传相关和表型相关，对各性状的表型值进行适当加数，合并成一个选择指数，而后根据这个指数进行选留或淘汰。更准确地说，对每个个体所计算出来的指数值就是对该个体的总评价和选择标准。选择指数法比限值淘汰法更有效。

制定选择指数有各种方法，如百分法、加数系数法。百分法是对每个所选择的性状，根据其重要性给予一定的比例分数，最后根据被选择个体各性状的合计分数高低来评定个体的种用价值。加数系数法是根据每个性状的相对重要性给以不同的加数值，选择那些总分多的个体留作种用。

理论上，综合选择指数法是科学的，选择效果优于其他方法，但是在实际育种工作中，难以达到理论上所期望的效果，其主要原因是：遗传参数的估计误差较大；各目标性状的经济加数值的制定带有主观性，不够准确；群体小，近亲交配程度增高；选择性状与目标性状不一致等。

第三节　品 系 繁 育

在品种选育过程中，要想迅速提高品种的性能，必须建立品系，这样既可以较快地达到品种内部相对的一致性，又能有计划地造成某些有益性状的异质性，促进品种的不断发展。品系繁育不仅用于纯种繁育，而且用于杂交。品系繁育可以比较有效地控制猪群，更快地改良和提高猪群质量。

一、品系繁育的概念与特点

(一)品系繁育的概念

对品系繁育概念的理解,应该分为两个方面:一是品系;二是品系繁育。在不同的社会经济和不同的育种工作的发展时期,二者在内容和目的上具有新含义,并不断得到发展和完善。

1. 品系

品系指一些具有突出优点,并能将这些优点相对稳定地遗传下去的种用畜群。一般人们又将其分为广义和狭义两种概念。广义的品系是指一些性能突出,高产稳产,个体间不一定具有亲缘关系,但能够稳定地将其优点遗传下去的种用畜群。狭义的品系是指品种来源于同一头有突出特点的优秀公猪,并与其有类似的体质和生产力的种用畜群。这一头优秀的种公猪就是该品系的系祖。

2. 品系繁育

品系繁育是为了使畜群内后代与某些理想的祖先保持亲缘关系而选配种畜。品系繁育是围绕品系而进行的一系列繁育工作,其主要内容包括品系的建立、品系的延续和品系的利用等。

(二)品系繁育的特点

品系繁育方法的目的与作用的体现是基于此方法本身所具有的特点。具体特点如下:

(1)速度快　由于是小群,可使群体平均性能较快提高,遗传性很快趋于稳定,当组建的原始群比较理想时,3～5 个世代就可培育出高产品系。

(2)效果具体、明显　整个小群均能充分表现出来,且一致性强。如专门化品系,即突出一个优点,起到改良提高的作用,也可被选为杂交亲本,开展品系间杂交。

(3)群小,工作效率高　容易进行调整转向,在猪的品系繁育中选50～60头的猪群就可以开展工作,省时、省力,灵活机动,便于适应市场变化的需要。

(4)突出优良性状　把原始基础群分化为各具突出性状的小群。选配工作以各小群的主选性状为对象,突出重点,以促进品种的发展和利用。

二、品系繁育的方法

人们在育种实践中发现,小群闭锁群繁育的选纯速度快,重要经济性状的遗传进展亦快,同时它们之间的杂交,杂种的产量高,优势明显,商品杂种动物整齐一致。所以,现代动物育种转向小群育种,培育各种品系,并用于品系间杂交。可以说,现代动物育种工作的特点之一就是把以品种为单位的育种工作推进到以品系为单位的育种工作。品系繁育所使用的方法主要包括系祖建系法、近交建系法和群体继代选育法(闭锁群繁育)3种。

(一)系祖建系法

系祖建系法主要是选定系祖,系祖应具有突出的优点,最好经过后裔测定,然后为系祖选配相对同质的母猪群,并在后代中选出继承者,3代后采用中亲交配,使后代群与这一优秀的系祖保持较高程度的亲缘关系,并保持或积累其祖系的优秀品质,使群体具有共同祖先的优良特性。这种建系方法很明显要求后代与优秀系祖保持联系,而不是考虑近交的程度。因此,这种建系方法,其优秀祖先影响经过3～4个世代之后就消失。为此,需要通过系间杂交、分化,选择更具有特点的优秀个体建立新品系。系祖建系法具有下述优点:一是方法灵活,不拘一格,简单易行,可以在小规模的猪群进行;二是易于固定某一个体或几个个体的优良性状;三是便于保持血缘。但是,该法也具有遗传基础太窄,可能降低成功率,而且掌握不好,易造成近交衰退;系祖继承者的选择需要较大的选择强度,且不易选中;品系不易保持,寿命不长等缺点。

(二)近交建系法

近交建系法的特点是利用高度近交,如亲子、全同胞或半同胞交配,使优秀性状的基因迅速得到纯合,其目的是进一步提纯品种,为杂种优势利用提供配合力高的杂交亲本。该法与系祖建系法的区别不仅是近交程度不同,而且近交方式也不同。它不是围绕一头优秀个体,而是从一个基础群开始高度近交。但是,由于基因的纯合,隐性有害的基因暴露,在培育近交系的过程中淘汰有害基因的同时,伴随而来会出现后代群体的生活力减退,即近交衰退,繁殖性能和生产性能下降等现象,因而需要大量地淘汰,增加了培育成本,降低了性状选择强度,为此,目前在猪的育种上已很少采用。

(三)群体继代选育法(闭锁群繁育)

所谓群体继代选育法就是根据血统、表型性状,以零世代的遗传基础作为选择的基础,通过有效的选择方法,改变基因组合,再通过选择调整基因频率。经数世代的选育之后,选出表型一致、性能高的群体。群体继代选育法集中了各个祖先的各种优良性状,通过一定程序的选育获得逐代提高的高产群体。

具体的选育方法和步骤是:

1. 组建基础群

基础群的遗传质量直接影响到世代选育进展和群体建成的质量。所以,基础群的选育集中非常关键,是决定品系质量的关键,必须按照建系的目标,将制约品系预定的每项特征和特性的基因汇集在基础群的基因库内。基础群内个体要具有该品种共有的特性,必须要有突出的特点,使群体间差别明显。特点是基础群必须是由优秀亲本同期产生的大群断奶仔猪中,经同期、同条件测定后,根据类型划定的成绩进行分群分系,以某一特定性状为目标组成群体的基础群，而某一特定性状必须高于全群平均数以上。其他次要性状的表型成绩也应不错，这是选择的起点，必须引起重视。群内种公猪要求没有亲缘关系，基础群一经选择和确立，从此不同群体各自闭锁，不引进外血，也不再互交，连续选择若干世代，直至达到选育目标为止。

2. 闭锁繁育方式

采用全封闭即组群后将畜群严格地封闭起来，以后不允许引入任何来源的种畜，一世代种畜均来自零世代基础群，以后各世代的畜种均来自上一世代，每一代的组群数量始终保持基础群原有数量。封闭后，基础群内的近交系数随世代自然上升，逐步使群体趋向纯合。基础群经过5～6个世代选育后，使原来有一定差异的群体成为具有共同优良特点的优秀群体。在选配过程中采用不同家系间的随机交配，避免全同胞和亲子交配。对质量已符合品系选育标准的优秀个体可采用同质选配。

由于闭锁群内各世代群体含量不变，所以基本上是采用家系等数留种法，而不是择优留种法。家系等数留种法就是每个家系均按家系公母畜数等量留种。这种选种方式的畜群近交率增量较低。

3. 严格选种及方法

(1)按选育目标严格选种　每一世代的后备猪种尽量选取集中于一个时期内出生、在相同条件下培育和生产的猪。以后根据本身和同胞的性能严格选留。每世代的选种标准和选种方法始终保持不变。

(2)分级留种　种猪选留应使各阶段的选择强度随年龄增大而加大。幼年时期只淘汰很差的个体，养到能较准确地选择时，再进行大批淘汰。

(3)尽量照顾每个家系　一般每个家系都留下后代。如果某个家系成员普遍很差或发现有遗传缺陷，则全部淘汰。在世代选育过程中，会有一些家系后代留下较多，另一些家系后代留下较少，个别家系可能最终被淘汰。

(4)改进选种,缩短世代间隔　后裔鉴定虽然准确可靠,但不利于缩短世代间隔。为缩短世代间隔,加快遗传进展速度,采用种猪本身和同胞性能测定,也能准确选择种公猪,确保猪群一代好于一代,可以做到1年1个世代,使猪群加速更新,避免世代重叠。

三、品系的发展与利用

品系育种的最终目的在于不断地提高选育,合理又相对地维持及最大限度地推广、利用和发展提高。

一个品系育成后,它不可能也不应该长期存在。品系消亡的原因有多种,但主要的原因有:①品系在配合力竞争中失败;②继承者出现更新的突出特点,发展成另一个新品系;③品系原有生产方向和类型不适应需要而必须改变;④品系间杂交形成新品系。这是品系发展的基本规律。

在建立若干个品系之后,应有计划地合理而综合地利用,使品系繁育工作在综合新品系的基础上,进一步发展为专门化的品系及合成系的培育配套。为此,品系既不断地被利用,又不断地被更替,当原有的品系不能满足需要时,就用新的品系来取代。这样随着品系的不断更替,品系在生产性能等方面的表现将得以改进和提高。

品系主要用作杂交亲本,获取最大的杂种优势和杂交互补效应。其次是合成新品系。将两个或更多的品系杂交,将各品系的优点汇集在一起,形成新的品系,是保持品系旺盛生命力,不断向前发展的重要途径。

第四节　杂种优势及配套系利用

充分利用猪的杂种优势是育种工作的重要任务,也是发展现代化畜牧业商品生产的重要途径，以不同的品种、品系，不同的杂交方式将取得不同的杂交效果。为此要充分利用品种资源，系统地开展杂交试验，加速建立杂交的繁育体系，并选出配合力高的亲本系。

一、猪的杂交与纯繁

杂交是不同品种、品系或品群间的相互交配。在遗传上可以理解为有关位点基因型不同的两个个体间的交配或有关位点基因频率不同的两群间的交配。

杂交在养猪生产中有着十分重要的作用。杂交的目的是希望生产比原有品种或品系更能适合特殊环境条件和高产的杂合类型。根据杂交目的的不同应用杂交分两个方面：一是杂交改良育种或杂交合成育种，即综合不同来源的优良性状进行杂交；二是利用杂种优势，能在短时期内大量生产高性能的商品母猪。杂交能充分利用各品种的加性效应以及非加性效应，所以它已成为发展现代化养猪生产的重要途径。

纯繁与杂交是相互依存的两个方面。没有纯种，也就不可能产生杂种；相反，不搞杂交，纯繁也就不能进一步提高生产力。通过研究发现，通过纯繁把许多优良性状固定在一个品种上是不容易的。于是出现了培育专门化品系再来杂交的方法。实践证明，纯繁和杂交的相互运用是提高生产力的有效方法。生产纯种是为了生产高性能的杂种，没有纯就没有杂。纯繁主要是利用加性基因的效应，杂交主要是利用非加性基因的效应而获得杂种优势。不同的经济性状受不同基因类型的制约，因而有些性状应在纯繁中选育提高，有些性状提高应采取杂交的办法，所以说纯繁和杂交在育种工作中的作用仍然是互相联系，互相配合，互相补充，而又不能相互代替的。

二、表现杂种优势的一般规律

(一)获得高性能的杂种优势取决于杂交方案的制定

杂种优势的生产取决于基因间相互作用的方式和程度。如显性、超显性及上位基因都是由于杂交增加了杂合基因对的频率而提高杂种优势。杂种优势的强弱随着两个群体间的遗传基因基础的不同而变化。因此,杂种优势表现程度取决于杂交亲本的差异程度。一般来说,亲本差异愈大,杂交效果愈明显。所以,应该选择那些在遗传上、来源上和亲缘关系上差异较大的品种或品系进行杂交。

(二)不同经济性状表现的杂种优势不同

猪的许多经济性状如产仔数、泌乳力、生长速度、饲料利用率、体质、抗病力等是由许多对不同遗传类型的基因决定的,因此杂种优势的表现程度也不一样。近亲繁殖时容易出现退化的性状,遗传力高的性状不易呈现杂种优势。如:猪的繁殖性能这个性状的遗传力低,但杂交时很容易出现杂种优势;断奶后的日增重和饲料利用率属于遗传力中等的性状,杂交仅有少量优势;对于胴体品质性状,大部分遗传力似乎是高的,近亲和杂交影响很小。

(三)具体经济性状杂交效果的表现

(1)最易获得杂种优势的性状　抗逆性、产仔数、泌乳力、育成仔数、断奶重和断奶窝重等。

(2)比较容易获得杂种优势的性状　断奶后日增重和饲料利用率等。

(3)不易获得杂种优势的性状　外形结构、胴体长、屠宰率、膘厚及肉的品质等。

三、配合力测定

不同种群间杂交效果的好坏，取决于亲本群体基因加性互补效应以及基因间的显性和上位效应。要预测基因间的加性互补效应、非加性效应或杂种优势的大小，通常采用杂交试验，进行种群间的配合力测定，为筛选最佳杂交组合提供依据。

人们在未找到准确预测杂种优势的简捷方法之前，配合力测定仍是研究杂种优势的主要方法。配合力分为一般配合力和特殊配合力两种：一般配合力指一个品种（系）与其他种群杂交所能获得的平均效果。一般配合力的遗传基础是基因的加性效应。特殊配合力是指两个特定品种之间杂交所能获得超过一般配合力的杂种优势。它的基础是基因的非加性效应即显性效应和上位效应。

配合力测定时，一般配合力采用某种群与其他种群杂交的后代平均值与所有种群两间杂交的后代平均值之间的差异。特殊配合力等于两种群特定杂交组合的后代平均值减去两群一般配合力和所有种群间杂交后代的平均值。

四、配套系利用

配套系是指若干个系，通过杂交组合试验，选出具有最佳特殊配合力，即杂交优势很高的 2 系、3 系或 4 系配套，以获得最佳的生产效果。

曾祖代：配套系的原种可进行纯繁，向祖代提供各原种（系）的单一性别的原种。2 系配套没有曾祖代，3 系配套和 4 系配套各有 2 个和 4 个原种系在祖代。

祖代：2 系配套时为原种，可进行纯繁，向父母代提供单一性别的种源。3 系配套时，父本品系只有一个为原种，可纯繁提供父母代的父本种源，母本是两个单性别品种(系)，只能进行杂交，生产父母代所需的杂交母本种源。4系配套时，父母本均是两个单性别品种(系)，杂交生产父母代所需的杂种父母本种源。

父母代：2系配套时，为两个单性别品种(系)，杂交生产二元杂优商品仔猪提供商品代。3系配套时，父本为纯种(系)，母本为杂种，父母本杂交生产三元杂优仔猪提供商品代。4系配套时，父母本均为二元杂种猪，杂交生产四元杂优仔猪提供商品代。

商品代：进行二元、三元、四元杂优猪的商品生产，提供商品肉猪。

目前实际生产实践证明，3系配套的综合经济效益最佳。

第五节　杂交方式

充分利用各种杂交方法，发挥不同杂交组合及其亲本品种或品系间所产生的杂种优势，是发展现代化养猪生产的重要途径。

一、二元杂交

二元杂交也可称为简单杂交或单杂交，这种方式是选用能够产生最大特殊配合力的两个品种或品系杂交一次，一代杂种无论公母，全部作为商品猪利用，其基础父母群始终保持纯种状态。

这种杂交方式是我国养猪生产应用最多的一种杂交方法，特别适合我国农村的经济条件，一般农户家中饲养本地母猪与外引公猪，如长白公猪、大约克夏公猪、杜洛克公猪，杂交生产商品肉猪。

这种杂交方式简单，杂种优势表现明显，特别是生活力、初生重、生长速度和饲料报酬率等性状表现突出。但是二元杂交存在着父本和母本品种均为纯种，不能利用父体，特别是母体的杂种优势，并且杂种的遗传基础不广泛等缺点，因而也不能利用多个品种的基因加性互补效应。

二、三元杂交

由3个品种(系)参加的杂交称为三元杂交。它是先利用两个种群杂交,产生在繁殖性能方面具有显著杂交优势的母本群体,再与作为终端父本的第三个种群进行杂交,产生的三元杂种作为商品肉猪。

三元杂交在现代化养猪生产中被广泛利用,中国农村家庭和专业户常采用本地母猪与外种公猪,如约克夏公猪或长白公猪杂交,生产的杂种母猪再与作为终端父本的外种杜洛克公猪杂交,生产出三元杂种商品肉猪。

三元杂交的优点主要在于它既能获得最大的个体杂交优势,也能获得效果十分显著的母体杂种优势,并且遗传基础也较广泛,可以利用3个品种(系)的基因加性互补效应。一般三元杂交方法其杂种优势都超过二元杂交。使用三元杂交应特别注意品种的选择与组合。良好的品种组合可以使不同的3个品种其不同性状相互取长补短,得到理想的杂种优势。尤为关键的是确定第一父本和第二父本(终端父本)。三元杂交的缺点主要表现为在其组织工作上,要比二元杂交更为复杂,因为它需要有3个种群的种猪来源,而且需要进行两次配合力测定以确定生产二元杂种母本和三元杂种商品肉猪的最佳组合,不能利用父本的杂种优势。

三、四元杂交

四元杂交又称双杂交,即先以4个品种或品系分别两两杂交,获得杂种父本和母本,再杂交获得四元杂交的商品肉猪。

四元杂交的优点是遗传基础更广泛,有更多的显性优良基因互补的机会和更多的互作类型的可能,从而造成较大的杂种优势;可以充分利用杂种公猪的优势；由于大量利用杂种繁殖，可以少养纯种，降低成本。其缺点是它需涉及 4 个品种或品系，组织工作比较复杂。

四、轮回杂交

轮回杂交又称轮替杂交，即利用两个或两个以上品种（系）有计划地轮流杂交，每次轮回杂交过程中部分杂种继续繁殖，杂种公猪和另一部分杂种母猪作为商品肉猪。轮回杂交有二元轮回和多元轮回两种。

（一）两品种轮回杂交

从两品种简单杂交所得到的杂种一代母猪中，选择优良个体逐代分别与两个亲本品种的公猪进行杂交，从而不断保持子代的杂种优势。杂种公猪一律不留种。轮回杂交 3 代之后，后代所含两品种的血缘基本趋于平衡，即保持 1/3 或 2/3，逐代互变。这种方法的优点是可以充分利用杂种母猪的杂种优势，饲养场只需饲养两个品种的少量公猪。组织这种杂交方法比较简单。

（二）多品种轮回杂交

选用两个以上的优良品种，先用（A）品种公猪与（B）品种母猪杂交，从杂种一代中选留部分优良母猪再与（C）品种公猪杂交，从杂种二代中选留母猪再与（A）品种公猪杂交，如此轮流进行下去。杂种公猪和部分母猪用作肥育。采用这种轮回杂交的方式，能防止杂种优势退化。这主要是充分利用了杂种母猪繁殖性状的杂种优势，充分综合了几个品种的优良性状，但存在着品种繁多、不易保存以及杂交繁琐的缺点。

五、专门化品系杂交

通过培育各具有特点的专门化品系(父系和母系),通过配合力测定,选择优良的杂交组合和杂交方式,生产高效优质的商品肉猪,即瘦肉组织的生长效率、繁殖性能、胴体品质、抗逆性、产品的一致性高,单位产品的生产成本低的商品肉猪。所谓专门化品系就是具有一二个突出的性状,其他性状保持在一般水平以上的品系。专业化品系一般分父系和母系。父系重点选择生长速度、饲料利用效率、瘦肉率和胴体品质等性状。母系主要选择产仔数、生活力和母性等性状。各系间无亲缘关系,然后开展系间杂交。专门化品系杂交所产生的杂交猪可获得显著而稳定的杂种优势,其杂交效果优于品种间杂交。

第六节 杂交繁育体系

繁育体系的建立和完善是现代化养猪生产取得高效益的重要组织保证。猪的杂交繁育体系通常由原种猪群、种猪群、商品猪繁殖群和肥猪群组成,形似一个“金字塔”。一个完整的良种繁育体系可概括为核心群、繁殖群和生产群3大部分。

一、核心群

主要是对经济杂交所用的父本和母本品种进行选育和提高,为繁殖群和生产群提供优良的杂交父本和母本。我国进行猪的经济杂交,一般多以本地猪和肉脂型培育品种猪作母本,国外引进和国内培育的优良瘦肉型猪种一般多作父本。因此,对母本的选育重点应放在繁殖性能上,对父本的选育重点应为生长速度、饲料利用率和胴体品质等方面。

二、繁殖群

主要任务是扩大繁殖杂交用的父、母本种猪，提供给生产群所需要的后备母猪。母本种猪包括纯种和杂种母猪，选育重点应放在繁殖性能上。

三、生产群

生产群的任务是利用从繁殖群得到的母本与从核心群或繁殖群得到的父本进行经济杂交，生产商品育肥猪。

总之，通过系统的育种措施，使培育的猪能在未来预期的生产条件下，获得尽可能高的经济效益。育种的最终目标应该是生产群，而不是核心群，因为大多数肥育猪是杂种猪，既存在基因型与环境因素的互作，又存在纯种与杂种性能的遗传相关。

思考题

1. 猪肉用性能的测定包括哪些项？各用什么方法进行测定？
2. 猪的繁殖性能的测定包括哪些内容？
3. 选择种猪应根据哪些方面进行工作？其选择步骤怎样实施？
4. 品种选育的方法和步骤有哪些？
5. 表现杂种优势的一般规律是什么？
6. 杂交方式有哪几种？

第五章 猪的营养与饲料

阅读指南

营养是猪在生产和繁殖过程中最重要的因素，全面了解不同品种、不同阶段、不同用途猪的营养要求，是确定饲养标准、合理配合日粮，进行科学化养猪的依据，也是维持猪的健康及其生产性能的基础。饲料是养猪生产的物质基础，猪只所需的各种营养物质必须由饲料供给。因此，了解不同饲料的性质和营养特点，根据不同品种、不同阶段、不同用途猪只营养需要进行合理加工、配制饲料，是提高饲料利用率，降低饲料成本，增加养猪生产效益的主要生产环节之一。了解猪的消化生理特点，才能根据营养需要，制定出合理的饲料配方。

第一节 猪的消化生理特点

一、结构特点

猪是杂食动物，其消化道结构同单胃动物，但它不同于马属动物，盲肠不发达，也称盲肠无功能动物。猪的上唇短而厚，与鼻连在一起构成坚强的吻突，能掘地觅食；猪的下唇尖小，活动性不大，但口裂很大，牙齿和舌尖露到外面即可采食。猪有发达的犬齿和臼齿，靠牙齿的上下活动，将坚硬的食物嚼碎。猪的唾液腺发达，能分泌较多含淀粉酶的唾液，淀粉酶的活性比马、牛强 14 倍。唾液除能浸润饲料便于吞咽外，还能将少量淀粉转化为可溶性糖。猪舌长而薄，主要由横纹肌组成，表面有一层黏膜，上面形成有不规则的舌乳头，大部分舌乳头有味蕾，能辨别口味。猪胃的容积是介于肉食动物的简单胃和反刍动物的复杂胃的中间类型。猪的小肠很长，大约是体长的15倍。猪的大肠较短，是体长的3.8～4.8倍，包括盲肠和结肠两部分。

二、消化生理特点

(一)口腔的消化

饲料在口腔中经咀嚼磨碎并与唾液充分混合，然后进行吞咽。口腔的咀嚼动作可促进消化液的分泌。猪是杂食动物，对饲料的咀嚼比较完全。口腔内分泌的唾液主要作用是湿润饲料，便于咀嚼和吞咽。唾液中淀粉酶将糖类中的淀粉分解为糊精和麦芽糖，饲料在口腔中停留时间短，很快进入胃，口腔的消化能力也比较弱。

(二)胃的消化

胃的入口与食道相连，称贲门；胃的出口与十二指肠相连，称幽门。胃是储存食物的主要场所，胃壁有节律地收缩蠕动，使胃内容物充分搅拌混合。胃壁黏膜的主细胞分泌胃蛋白酶、凝乳酶、脂肪酶，壁细胞分泌盐酸。这些分泌物(胃液)与食物充分混合，使食物软化形成糜状物，并进一步消化。饲料中的真蛋白质在胃中经过胃蛋白酶的作用，降解为朊和胨。猪采食的饲料蛋白质大部分是由胃蛋白酶进行分解的。凝乳酶可使乳中的酪蛋白凝固，猪胃液具有较强的凝乳作用。初生仔猪的胃液即含有凝乳酶，凝乳酶可使乳汁凝固，有利于蛋白酶对乳汁的消化分解。脂类在胃脂肪酶的作用下分解为甘油和脂肪酸。猪胃液中含有0.35%～0.7%的盐酸，它在消化过程中具有重要作用，可激活胃蛋白酶元，促进蛋白质的分解，还可使蛋白质膨胀变性，有利于蛋白质酶的作用，促进蛋白质的消化。盐酸还有杀菌作用,防止食糜腐败。胃液中不含有消化糖的酶,对糖没有消化作用,胃中的糜状物经胃的收缩和蠕动,经幽门进入小肠。

(三)小肠内的消化吸收

小肠由十二指肠、空肠和回肠3部分构成,是消化道最长的部分,食物停留的时间最长,各种养分主要在小肠内被消化吸收。食物经胃消化后以半流体状态的食糜进入小肠。小肠内消化液包括肠液、胰液和胆汁等。肠液是由十二指肠腺和肠腺分泌的。肠液呈碱性反应,其中含有多种消化酶,如肠激酶、蛋白酶、脂肪酶、淀粉酶、麦芽糖酶、蔗糖酶、纤维二糖酶、过氧化物酶、过氧化氢酶和碱性磷酸酶等。肠液中肠激酶具有致活酶元,使其变为呈现活性的酶,其他种类的酶均可消化分解相应的营养物质。

胰液呈碱性反应。它是一种最重要的消化酶,其中含有许多种酶,主要有胰蛋白酶、胰肽酶、胰脂肪酶和胰淀粉酶等。胰蛋白酶和胰肽酶经肠激活酶后,可将蛋白质、脲和胨分解成为可被吸收的氨基酸。胰脂肪酶经胆盐致活后,可使脂肪分解成为能被吸收的甘油和脂肪酸。胰淀粉酶则能将淀粉分解成麦芽糖和葡萄糖。

胆汁在肝脏中生成,经胆管流入胆囊。食道消化时胆囊收缩,胆汁流入十二指肠。胆汁含有3%干物质,其中含有胆酸盐、胆色素、胆固醇、脂肪、磷脂和无机盐等。它除可增进胰液中酶的活性和促使脂肪的乳化、分解和吸收外,还可促进脂溶性维生素的吸收。

糖类在胰淀粉酶、乳糖酶、麦芽糖酶、葡萄糖淀粉酶的作用下分解为葡萄糖被吸收。胃中未被分解的蛋白质继续分解为脲和胨,再经肠蛋白酶分解为氨基酸被吸收。脂类在胆汁、胰脂肪酶和肠脂肪酶的作用下,分解为脂肪酸和甘油被吸收储存于脂肪组织中变成体脂肪。在小肠内未被消化的物质随小肠的蠕动进入大肠。

(四)大肠内的消化

进入大肠的物质,主要是未被消化的纤维素以及少量的蛋白质或未被吸收的氨基酸、淀粉和葡萄糖。大肠黏膜分泌的消化液含消化酶很少，其消化作用主要靠随食糜来的小肠消化液和大肠微生物的作用。蛋白质受大肠微生物作用分解为氨基酸和氨，为微生物利用转化为菌体蛋白，不再被吸收，与未消化的蛋白质一起随粪便排出。淀粉和葡萄糖经微生物作用，产生挥发性脂肪酸和气体，脂肪酸被吸收参与代谢，气体随粪便排出。纤维素在胃和小肠中不发生消化作用，主要靠盲肠和结肠内分解纤维素的微生物，将纤维素分解成挥发性脂肪酸和二氧化碳，前者被吸收，后者经氢化变为甲烷由肠道排出。水分在大肠内被吸收，大肠内未被消化和吸收的物质，逐渐浓缩成粪从肛门排出体外。

从猪对饲料的消化过程看，猪对纤维素的消化能力极其有限。猪是杂食单胃家畜，对粗纤维的消化功能很弱，消化能力仅在10%左右，不像反刍动物（牛、羊等）的瘤胃存在大量分解纤维素的微生物，也是天然的发酵缸，对粗纤维有较强的消化作用。猪饲粮中粗纤维比例是影响饲粮消化率的重要因素，因此，猪饲粮中粗纤维含量不能过高。

第二节　猪的营养需要

营养需要是指用以满足生存、生长、泌乳和繁殖等机体多种代谢功能的营养物质需要。营养物质包括蛋白质、碳水化合物、脂肪、矿物质、维生素和水等6大类，猪对各种营养物质的需要因其品种、年龄、性别、生产状态和生产性能等不同而有差异。

一、蛋白质

蛋白质是构成猪体组织最重要的营养物质之一，是各种组织细胞的重要组成部分，是生命的基础，没有蛋白质就没有生命。

(一)蛋白质的作用

(1)它是构成和修补组织的必要物质　猪的肌肉、皮肤、结缔组织、神经、血液等都以蛋白质为基本成分构成,体表的保护组织如被毛、蹄也是由蛋白质组成的,它也是体内酶、激素、抗体和色素等的组成部分。构成器官组织的蛋白质通过新陈代谢不断更新,由新的蛋白质替代。

(2)它能提供能量　在碳水化合物及脂肪不足时,蛋白质可氧化释放能量以补充能量不足,或将过量的蛋白质经脱氨作用转化为脂肪储存。

(3)参与体内新陈代谢的调节作用　除酶、激素等参与新陈代谢调节外,蛋白质可直接参与新陈代谢的调节。

(4)当饲料中蛋白质供应不足时,可能产生各种缺乏症　猪血液中的血红蛋白和血浆蛋白降低,会导致贫血;血液中抗体含量降低,会使猪体的抗病能力减弱,母猪和公猪繁殖力降低,母猪发情表现不正常,妊娠期易出现死胎,产后母猪泌乳力下降,仔猪体弱,公猪精液品质下降。但是某些氨基酸过量,不仅使蛋白质的利用率降低,还会造成浪费,在脱氨过程中加重肝脏的负担。

(二)蛋白质的来源与组成

动物蛋白不同于植物蛋白,但动物蛋白质来源于植物性蛋白质,动物所需蛋白质中30～70%由谷实类饲料供给,其余必须由植物性饼粕类饲料来满足。饲料中蛋白质包括纯蛋白质和氨化物合称粗蛋白,一般称为粗蛋白质,由蛋白质、氨基酸、含氮有机物和氨化物等组成。蛋白质的平均含氮量为16%,所以将饲料的含氮量乘以6.25(100/16=6.25)即为饲料中的粗蛋白质含量。

(三)蛋白质的消化吸收

猪属于单胃家畜,不能利用非蛋白氨化物,只能消化吸收纯蛋白质,饲料中20%的蛋白质在胃中经胃蛋白酶和盐酸的作用被降解为多肽和少量的游离氨基酸，这些分解产物连同未经消化的蛋白质进入小肠进一步消化为游离氨基酸。大部分氨基酸在小肠内吸收进入血液，经肝脏随血液循环进入各组织细胞中合成体蛋白质。

（四）蛋白质的代谢

蛋白质在猪体内不断进行分解和合成。饲料蛋白质和体组织蛋白质均首先分解成氨基酸，然后进行代谢。蛋白质代谢包括合成和降解两个过程。蛋白质沉积量等于合成量与降解量之差，但合成量与降解量远远大于沉积量。研究表明，生长猪体蛋白日沉积量为（20～30 kg 体重，88 g、30～40 kg 体重 103 g、40～50 kg 体重116 g、50～60 kg 体重 119 g、60～90 kg 体重 125 g），而合成量约为沉积量的 9.5 倍。饲料中的蛋白质只有 40%左右转化为体蛋白，其余少量以各种形式从粪尿排出体外，大部分转化为能量被猪利用。日粮蛋白质利用效率随猪体重增加而下降，体重 20 kg 时 51%，90 kg 时降为 20%。

（五）必需氨基酸与非必需氨基酸

蛋白质的营养价值取决于氨基酸的组成，氨基酸是构成蛋白质的基本单位，蛋白质营养本质上是氨基酸营养。根据氨基酸在猪体内的营养特性，分为必需氨基酸和非必需氨基酸。

组成动物体蛋白的氨基酸有 20 多种，有一些在动物体内合成，还有一些不能合成，必须由饲料中供应。体内不能合成或不能由别的氨基酸转变而来或合成的数量不能满足猪的营养需要，必须由饲料中提供的氨基酸称为必需氨基酸。猪的必需氨基酸随猪的生理阶段不同，需要的种类不完全相同。生长猪一般需要 10 种氨基酸，即赖氨酸、蛋氨酸、色氨酸、精氨酸、组氨酸、异亮氨酸、亮氨酸、苯丙氨酸、苏氨酸、缬氨酸。猪成年后，体内组氨酸和精氨酸合成能力有所增强，而相对需要量下降。上述 10 种氨基酸都是定量参加体内代谢的，缺少任何一种或含量不足都会限制蛋白质中其他氨基酸的利用。

一般来讲,必需氨基酸的缺乏,将导致猪的生长限制在供给量最少的那种必需氨基酸所决定的水平。通常将饲料或日粮中不能满足猪需要的氨基酸称为限制性氨基酸,最易缺少的氨基酸称为第一限制氨基酸,其次为第二、第三……限制性氨基酸。凡肉畜和肉禽,对赖氨酸需要量较高,故赖氨酸是养猪的第一限制氨基酸。

生长猪能合成机体所需60%~75%的精氨酸,成年猪能合成足够需要的精氨酸,猪对蛋氨酸需要量50%可用胱氨酸代替,苯丙氨酸需要量的30%可用谷氨酸代替,所以,称胱氨酸和苯丙氨酸等为半必需氨基酸。非必需氨基酸并不是猪营养上不需要,而是猪体内可由其他的氨基酸或氨源合成而满足需要。猪对蛋白质的需要量就是猪对必需氨基酸和合成非必需氨基酸氨源的需要。因此,在饲料中提供足够的必需氨基酸和非蛋白氨合成非必需氨基酸的能力,决定了饲料蛋白质水平的合适程度。

蛋白质是由氨基酸组成的,因此,蛋白质的营养实质是氨基酸的营养。蛋白质质量的优劣,取决于各种氨基酸的种类是否全面及其相互间的比例是否协调,尤其是必需氨基酸的含量及比例更为重要。动物性饲料如鱼粉和肉粉,所含氨基酸都很充足、齐全,比例平衡,被称为全价蛋白质饲料。而植物性饲料其蛋白质所含氨基酸一般不齐全,比例也不平衡,因而品质也差。因此,在猪的饲养中饲料要多样化,以达到互补作用,从而保证必需氨基酸的平衡,一般禾本科籽实如玉米、高粱、小麦等粗蛋白质不宜超过粗蛋白总量的60%,其余部分应由蛋白质饲料如鱼粉、豆粕、花生粕、棉粕等补充。

(六)提高饲料蛋白质利用的措施

1. 日粮能量水平适当

当能量水平能满足需要时,蛋白质才能作用于本身的用途,若能量不足或过低,蛋白质首先用于补充能源,用于氨沉积部分减少,利用率随之下降。而高能量水平不但能提高增重,也增加体蛋白的沉积。如育肥猪,每日采食(消化能水平)23 MJ 的饲料,猪日增重 388 g,体蛋白沉积 69 g,而每日采食 42 MJ 消化能水平的饲料,猪日增重 834 g,体蛋白沉积 160 g。粗纤维高的日粮,能量水平低,也影响日粮消化率。粗纤维每增加 1 个百分点,蛋白质消化率下降 1~1.5 个百分点,因此,合理的日粮能量水平是影响蛋白质利用的重要因素。

2. 日粮蛋白质水平要合理

合成体蛋白的强度有一定的限制,食入过多的蛋白质时,多余部分不能用于沉积体蛋白而转化为能源物质,过低则影响生长和氮沉积。

3. 饲料多样化

单一饲料蛋白质的氨基酸达不到猪所需的恰当比例,但搭配使用可提高蛋白质的利用效率。多种饲料搭配,利用氨基酸的互补作用能有效地提高蛋白质利用率。植物性蛋白搭配 10%~15%的动物性蛋白饲料,蛋白质利用率可提高到接近动物蛋白的利用率。

4. 补加限制性氨基酸

根据饲料类型补加限制性氨基酸,是提高饲料蛋白质利用率的有效措施。在猪的常用饲料中,要特别注意补加赖氨酸、蛋氨酸和色氨酸。

(七)影响氨基酸吸收利用的因素

1. 棕色反应

大豆、花生等进行高温榨油时,会发生棕色反应。蛋白质中赖氨酸的 ε 氨基与还原糖发生反应,生成一种不能被利用的氨基酸-糖复合物,从而降低赖氨酸的利用率。

2. 赖氨酸与棉酚的反应

棉籽中的棉酚具有两个游离的醛基,榨油时很容易与赖氨酸结合而降低赖氨酸的利用率。

3. 氨基酸之间的拮抗作用

过量的中性氨基酸会阻碍赖氨酸的利用；精氨酸与赖氨酸通常具有拮抗作用；赖氨酸与谷氨酸、天门氨酸或酰胺发生反应，使消化率降低；苏氨酸与赖氨酸发生反应后也降低其有效性。

4. 加热处理

对饲料（原料）特别是禾本科籽实和动物性饲料长时间加热可使蛋白质变性，从而降低氨基酸的利用率。但某些豆科籽实经蒸煮或焙炒后，可以提高氨基酸的利用率。

5. 粉碎程度

使用没有粉碎的饲料，如完整的谷物，会减少蛋白消化酶的作用面积，对氨基酸消化利用不良；相反，较小的颗粒对酶的作用提供了较大的表面积，所以更容易消化。

二、碳水化合物

猪的生活、生长发育、繁殖和生产过程中都需要能量，能量不足就会影响生长和繁殖，没有能量，猪就无法生存。因此，能量是饲养标准中特别重要的部分，许多营养物质的需要量都与热能成一定比例，它不仅决定着猪的采食量，也决定着每千克日粮应含有的营养物质的水平。碳水化合物是植物饲料含量最多的一种营养成分，是猪的主要能量来源。

（一）碳水化合物的构成

碳水化合物是由碳、氢、氧 3 种元素组成的，其中，氢和氧的比例与水相同，为 2∶1，故由此得名。碳水化合物包括无氮浸出物和纤维素，无氮浸出物又称为可溶性碳水化合物，主要包括淀粉和糖类，是植物籽实的主要成分。粗纤维由纤维素、半纤维素和木质素等组成，是细胞壁的主要成分。

(二)碳水化合物的功能

(1)提供热能　饲料中的碳水化合物在体内经过生理氧化作用，分解出二氧化碳和水，同时产生热能，是猪进行呼吸、运动、循环、消化、吸收等各种生命活动的能源。

(2)是构成体组织的重要成分，如五碳糖是核酸的组成成分　许多糖与蛋白质结合成糖蛋白，糖蛋白是一些激素的主要成分，半乳糖是神经组织的必要物质。

(3)转化为体脂肪储存　碳水化合物中的糖类在满足正常生命活动所需能量后，多余部分转变为体脂肪增加体重，使肌肉品质得以改善。体脂肪也是能源的储备形式。

(4)转化为糖原作为能源储备　碳水化合物中的糖类，在供给维持需要和生产需要外，多余的糖类转化为肝脏中的肝糖原和肌肉中的肌糖原，作为能源物质储备，以备能源不足时分解提供能量。当糖类供给不足时，猪便分解糖原和脂肪提供能量，维持正常的生命活动，进而消耗体蛋白，使代谢失去平衡，影响健康、生长和繁殖，甚至危及生命，为此说糖类是猪最基本的营养物质。

(5)碳水化合物之中所含的粗纤维在猪的饲养中是必要的　因为粗纤维除能提供部分能量外，还能促进胃肠蠕动，有利于消化和排泄以及具有填充作用，使猪具有饱感。

三、脂肪

脂肪是热能来源的重要原料，饲料中的脂肪被吸收经氧化可产生能量，供机体生命活动需要。脂肪的产热效率是同量碳水化合物的 2.25 倍。当饲料中供给能量不足时，猪体内所储存的脂肪就要被动用。脂肪是猪体组织的重要组成部分，猪体内的神经、肌肉、骨骼、血液、皮肤等组织均含有脂肪，各种组织的细胞膜都是由蛋白质和脂肪组成的。脂肪是必需脂肪酸的来源，亚油酸、亚麻油酸和花生油酸在猪体内不能合成，并且对幼龄猪的生长发育非常重要，必须由饲料供给，这类脂肪酸称为必需脂肪酸。猪对脂肪的需要量很少，一般不会缺乏，只有当日粮中的脂肪含量低到0.06%时，才会出现皮肤发炎、脱毛、甲状腺肿大等症状。脂肪是脂溶性维生素和激素的载体，饲料中维生素A、维生素D、维生素K和维生素E被采食后，只有溶解在脂肪中，才能被猪消化吸收和利用，同时一些生殖激素如雌素酮、睾丸素酮等必须有脂肪参与才能发挥作用。猪体内的脂肪是一种很好的绝缘物质，皮下脂肪可以防止猪体内热量的损失。

四、矿物质

矿物质是体组织和细胞的组成部分，能维持血液的酸碱平衡，调节血液和淋巴结渗透压的稳定，保证细胞获得营养，还具有活化酶和激素的作用。总之，矿物质是猪维持健康、正常生长和繁殖所必需的营养物质。

动物组织约含45种矿物元素，依其在动物体内含量多少，分为常量元素和微量元素。其中含量多于万分之一的矿物元素称常量元素，包括钙、磷、镁、硫、钠、钾、氯。含量少于万分之一的称微量元素。与动物营养有关的主要有铁、铜、锰、锌、硒、碘、钴、钼、氟、锡、镍、硅、砷、铬、钒等。

（一）常量元素

1. 钙和磷

钙和磷是构成骨骼和牙齿的主要结构物质，并对能量代谢及维持组织细胞正常生理状态等具有重要生理作用。钙是第一限制性矿物元素。猪的钙、磷营养受钙、磷供给水平及钙、磷比例，饲料中维生素D水平及体重等因素影响。依据生长性能、骨骼发育血清和外观指标的不同，猪对钙、磷需要量也不同。研究表明，饲料不同钙

(0.13%～0.80%)及有效磷(0.11%～0.41%)水平对8～20 kg杜大长三元杂交仔猪生长性能、骨骼发育及血清生化指标的影响，其结果随饲料中钙和有效磷水平的分别升高，生长性能，单位体重脱脂干股骨重量及骨中灰分，钙、磷含量，血清钙及无机磷浓度各指标均升高，碱性磷酸酶活性下降，分别在饲粮钙水平0.74%，有效磷水平0.36%时趋于稳定。继续提高饲料钙、磷水平，各指标均发生逆转，从而提出8～20 kg仔猪饲料钙含量为0.74%，有效磷需要量0.36%(总磷0.58%)，相应钙、磷比为1.21∶1。钙比有效磷比为1.94∶1。以同样方法研究提出其他体重阶段饲粮钙和有效磷需要量，4～9 kg仔猪分别为0.99%和0.55%(总磷0.75%)；20～50 kg生长猪分别为0.6%和0.23%(总磷0.48%)；50～90 kg肥育猪分别为0.54%和0.19%(总磷0.43%)。

适宜的钙、磷比对猪的生长和骨骼发育至关重要，过量钙或过量磷都会导致钙和磷的吸收率降低。高钙、磷比降低磷的吸收，尤其磷处于营养需要临界水平时。生产中低钙、磷比一般不会发生，往往出现高钙、磷比的问题，饲料纤维水平过高降低猪对钙、磷的吸收，粪便中钙、磷排泄量增加。

天然植物饲料中含钙量以苜蓿干草为高，但因相对富含有植酸而利用率较低，远不能满足需要，必须向饲料中添加钙源饲料，主要有石粉、生石膏粉、方解石、高美石灰石、白云石等，同时贝壳粉、牡蛎壳粉、骨粉、鱼粉也是生物学效价较高的钙源饲料。

饲料用磷源饲料主要有磷酸氢钙、磷酸三钙、脱氟磷灰、石粉等无机磷源，以及鱼粉、骨粉、肉骨粉等有机磷源。

饲料钙、磷水平过量不会引起组织器官明显的急性中毒病变，但却影响肥育猪的生产性能，甚至出现负增长。猪饲料中磷的最高限量为1.5%。钙和磷缺乏，出现幼猪佝偻病、成猪软骨病、母猪后肢瘫痪。

2. 钠、钾、氯

钠、钾、氯主要参与机体电解质及酸碱平衡、肌肉神经兴奋过程等。猪缺乏钠、钾、氯，出现异嗜、生长受阻；过多则表现为食盐中毒，伴以神经过敏、蹒跚、剧渴、频尿、稀便、呼吸障碍，甚至死亡。植物饲料中含钠、氯少，而含钾多，通常以食盐（NaCl）补充钠、氯的不足，一般添加剂量为0.25%～0.50%。食盐中含钠39.3%，含氯60.7%，氯比钠多，而二者营养需要量恰恰相反，使得调整钠氯平衡在仔猪和高温季节颇为重要，常以小苏打（$NaHCO_3$）或元明粉（Na_2SO_4）配合饲用。基础日粮中钾的含量即可满足猪生长发育的需要，而不需要补钾。

3. 镁

镁是细胞内液的重要阳离子，是许多酶系的辅助因子及骨骼的组成成分，对维持肌肉和神经兴奋性起作用，一般谷物——豆粕型饲粮能够满足猪对镁的需要。镁与钙、磷成拮抗关系，猪缺镁表现为应激过敏、肌肉卷曲、平衡失调、抽搐等。镁的添加物主要有氧化镁、碳酸镁和硫酸镁。饲料中镁的最高限量为300 mg/kg。

(二)微量元素

1. 铁

几乎所有体组织都含有铁，其中以血液含铁最丰富，其次是脾脏、肝脏和肺脏。铁是构成血红蛋白、肌红蛋白、细胞色素、细胞色素氧化酶等的成分，主要参与氧的运转、交换及组织呼吸过程，并对免疫机能产生作用。

猪缺铁多表现为低色素小红细胞性贫血，仔猪虚弱、皮肤苍白、被毛粗糙。哺乳仔猪最为敏感，成猪一般不会缺铁。常以血红蛋白浓度作为指示铁况的可靠指标，血红蛋白水平为0.1 g/mL全血或更高为适宜，0.08 g/mL为临界贫血，0.07 g/mL或更少为贫血。目前仔猪补铁主要有两种途径：一种是仔猪出生后3 d肌肉注射右旋糖酐铁、牲血素等铁剂，此法效果显著稳定，但操作繁琐，对猪产生应激过大。另一种方法是母猪产前2周及产后3周，饲喂螯合铁饲粮，仔猪通过母乳获得铁源，可获得与第一种方法相同的增重和预防仔猪贫血的效果。

饲粮中铁过量会引起免疫系统损伤，慢性铁中毒引起腹泻、生长慢、饲料效率低及类似缺磷症状。铁在猪饲料中最大安全量为3 000 ng/kg，5 000 ng/kg方引起中毒。酸性饲料和维生素C、谷胱甘肽等还原物质的存在能促进铁吸收，饲粮蛋白质不足或棉酚、单宁等抗营养因子的存在会降低铁的吸收。饲粮中钙、磷、铜过高对铁产生拮抗作用。

天然植物性饲料、动物性产品含铁均丰富，饲粮中最常用无机铁源是硫酸亚铁，其生物学效价为100%，还有氯化铁、硫酸铁、碳酸铁，其中碳酸铁效价不及硫酸亚铁，六水氯化铁效价为40%～100%。近年来微量元素的有机酸盐和螯合物以其生物学效价高和抗营养干扰能力强受到重视，如葡萄糖酸铁、富马酸铁、柠檬酸胆碱铁、柠檬酸铵铁及氨基酸螯合铁。

2. 铜

铜几乎在机体所有组织器官中都含有，其中以肝、肾脏、被毛含量居高。铜是许多酶系的活化因子，对骨骼发育、被毛生长、繁殖机能等都必不可少，并可通过T细胞和多形核白细胞影响免疫功能。

猪维持正常生长及生理需要的铜需要量为4～6 mg/kg。生产实践中普遍采用高剂量铜，以促生长，防下痢。多数试验表明，110～250 mg/kg铜均有促生长功效。高铜促生长的机制可能与其对胃肠道微生物区系有关或与相关消化酶活性及生长调控激素的刺激有关，目前还不十分清楚。高铜还能提高仔猪对饲粮中脂肪的利用率，即其与脂肪对仔猪生产性能具有互作效应。另外，高铜的促生长作用还与使用阶段有关，一般以50～60 kg以前的猪使用效果最佳。

铜与其他矿物元素存在相关关系。铜与磷、铁、锌、锰相互拮抗，增加饲粮铁、锌水平，铜中毒剂量下降水平随之升高。如果饲粮中锌、铁添加至150 mg/kg时，425～450 mg/kg铜水平亦不会引起中毒；反之，高铜饲粮喂猪，如不适当提高铁、锌水平，也容易出现皮肤粗糙、被毛脱落等缺锌症状。高铜饲粮中补加适量硒，可进一步改善高铜促生长效应。肝铜与饲粮铜水平呈线性增长关系，因而肝铜是反映饲粮铜水平及体内铜代谢状况的良好指标，一般猪毛含铜量低于8 mg/kg，可视为铜缺乏状态。猪缺铜引起贫血、骨质疏松、色素沉积减退、生长受阻等。

饲粮中铜量过大，大量蓄积于肝脏，会使肝脏发生病理性变化。饲粮中铜含量达350 mg/kg时，猪肝脏组织明显肿大，肝细胞出现轻度变性。因此，猪饲粮中铜的最高限量，仔猪为250 mg/kg，生长肥育猪250～500 mg/kg。

植物饲料中饼类含铜量（10～30 mg/kg）高于谷物（4～10 mg/kg），豆科植物（6～12 mg/kg）高于禾本科植物（4～10 mg/kg）。最常用的铜源为硫酸铜，其效价高达100%，但存在易吸潮结块、吸收率低等缺点。

3. 锰

锰遍布全身，在骨骼、肾脏、肝脏、胰腺中含量最高。锰为骨骼正常生长所必需，是多糖类和糖蛋白合成中许多关键酶的活化剂，在蛋白质、碳水化合物和脂类代谢中起重要作用。

因生产实践中猪缺锰现象比较罕见，有关锰的研究较少。研究表明，以玉米、豆饼为主的常规饲粮含锰量（14 mg/kg）即可满足猪对锰的需要，额外添加锰源被排出体外。饲粮中添加40 mg/kg锰可提高生长猪日增重和饲料利用率。实验发现在含锰27～31 mg/kg，基础饲粮中分别加锰20、40、60、80、160 mg/kg喂30～90 kg杂交猪，不同剂量锰对生长发育无不良影响。锰对增重具有促进作用，被毛锰沉积与饲粮锰水平及其他组织锰的沉积均呈强相关。

缺锰引起骨异常，表现为跛行、腿短、弯曲、关节肿大。锰过量会干扰钙、磷、铁的吸收，引发钙、磷缺乏症，饲粮中含量达 520 mg/kg 时可使生长猪中毒，所以，猪饲粮中锰的最高限量为 400 mg/kg。

锰富集于谷物种皮，麦麸和米糠是锰的丰富来源，动物性饲料含锰量低于植物性饲料。常用锰有氯化锰、硫酸锰、氧化锰、碳酸锰，前二者生物的效价为 100%，后二者分别为 70%、30%～100%，有机态锰生物学效价高于无机锰。

4. 锌

锌广泛分布于机体组织内，肝脏、骨骼、前列腺、被毛及精液中含量丰富。锌是多种酶的组成成分或激活成分，在蛋白质、碳水化合物和脂肪代谢中起重要作用，还与胰岛素、促肾上腺皮质素、唾液、味觉素合成与释放，以及骨骼发育、角质生长、维生素 A 的利用有关。用不同梯度锌(26～146 mg/kg)饲粮喂杂交猪 60 d，生产性能并未改进。但据血液生化指标和组织器官锌浓度，6～20 kg 和 20～43 kg 仔猪锌需要量分别为 114 mg/kg 和 106 mg/kg。经研究表明，9～16 kg断奶仔猪锌需要量为 98 mg/kg，同时发现骨中锌含量是对饲粮锌水平变化的敏感指标。生长快的杂交猪饲粮中锌适宜水平，20～35 kg及 35～60 kg 体重阶段分别为 120 mg/kg 和 90 mg/kg，生长速度慢的本地猪在两体重阶段分别为 90 mg/kg 和 60 mg/kg。母猪饲粮锌含量为 100～110 mg/kg 时，受胎率、产仔数及体重均显著提高，因此，建议仔猪及生长猪饲粮锌需要量为 110 mg/kg，育肥猪为 90 mg/kg。

缺锌典型症状是皮肤角化不全、食欲差、采食量低、血清碱性磷酸酶活性以及锌水平降低；饲粮锌过量则干扰铜、铁代谢，诱发贫血。因此，锌在猪饲粮中最高限量为 200 mg/kg，但在生产及研究试验中用 2 000～3 000 mg/kg 锌防腹泻、促生长已较普遍。

天然植物饲料中锌的生物学效价是豆科高于禾本科，动物饲料中锌比植物饲料锌有效。常用锌补充剂有硫酸锌、碳酸锌、氯化锌、氧化锌等无机锌源及蛋氨酸锌等有机锌源。钙、磷、锰、植酸纤维对锌的利用产生拮抗作用。饲料加工方法及动物本身营养状况,也影响锌的生物学效价。

5. 碘

碘主要存在于动物甲状腺,是构成甲状腺素以及其他甲状腺活性化合物的组成成分,参与基础代谢活动,碘在饲粮中属第二限制性矿物元素。缺碘仔猪生长缓慢、甲状腺肿大;成猪出现黏液肿。母猪缺碘影响胎儿发育或出现死胎,公猪性欲下降,精液品质不良。饲粮中含碘量达 800 mg/kg 时,生长猪的生长速度、血红蛋白水平和肝铁浓度下降。植物中含碘量受土壤和环境影响,一般沿海地区植物碘丰富,内陆地区植物缺碘。碘源补充剂有碘化钾、碘酸钾、次碘酸钙等,但是碘化钾易升华损失,一般添加剂预混料的碘化钾应在原用量基础上多加 30%左右,以保证存放 2 个月以后使用时的有效性。

6. 钴

钴分布于猪体所有组织器官中,以肾、骨、脾及胰腺含量最多。钴在体内存在形式至今不很清楚。钴是维生素 B_{12}的组成部分,通过维生素 B_{12}发挥作用。它参与造血过程。钴活化磷酸葡萄糖变位酶和精氨酸酶等酶类,同蛋白质、氨基酸,辅酶、脂蛋白和碳水化合物的代谢有关。钴可替代肽酶中的锌和部分替代碱性磷酸酶中的锌。猪肠道内的细菌能利用钴合成维生素 B_{12},当饲粮中含有足量的维生素 B_{12}时,可能无必要补钴;维生素 B_{12}不足时,则补钴是有益的,能提高增重和饲料利用率,每千克饲粮添加量为 0.1 mg 左右。

7. 硒

硒遍布机体所有细胞,以肝、肾、肌肉中含量最多。硒是谷胱甘肽氧化物酶的组成成分,具有生物抗氧化功效。硒还参与辅酶 A、辅酶 Q 的合成,同时也是一种与电子传递有关的细胞色素成分,在免疫反应中起着一种免疫佐剂作用,并与吞噬细胞杀菌能力有关,此外,硒还可提高种猪繁殖力。

硒缺乏症状主要表现为心肌变性与坏死、肝营养不良、肌营养不良、贫血以及乳房炎-子宫炎-泌乳缺乏综合征。过量投饲硒可致猪中毒，生长旺盛猪饲喂含硒 10～15 mg/kg 饲粮时，经 2～3 周可发生典型的中毒症状。当饲粮硒水平升达 12.5 mg/kg 时，仔猪出现厌食、脱毛等中毒症状。猪饲粮中硒的最高限量为 4 mg/kg，由此可见，与其他微量元素相比，动物对硒的耐受水平低，在配制预混料时应注意混合均匀，以防中毒。

钙、硫、砷、磷、铜对硒有拮抗作用。维生素 E 对硒具有协同抗氧化功能。一定条件下维生素 E 可代替部分硒，反过来硒对动物有节省维生素 E 的功效，但不能完全代替。二者中任何一种处于临界缺乏时，可通过补充另一种来克服，但如有一种处于临界值，则另一种即便过量也不能预防临床症状的发生。因此，生产实践中硒与维生素 E 同时补加。

8. 铬

铬作为葡萄糖耐变因子的活性成分，与胰岛素协同参与碳水化合物、脂肪、蛋白质及核糖代谢。铬有六价和三价两种常见价态，前者有毒，后者已被视为动物的必需微量元素。铬的来源有无机铬和有机铬两种，前者难以被吸收，后者较易被吸收，主要有吡啶羧酸铬、烟酸铬和酵母铬，其中以吡啶羧酸铬应用最多。铬具有抗应激的功能，迄今猪对铬的需要量尚未定量，因铬的安全量很大，为提高商品猪生产性能和胴体品质，改善母猪繁殖力，饲料中铬添加剂量多为 200～400 mg/kg（有机铬）。

五、维生素

猪体内的一切新陈代谢都离不开酶，有的维生素就是酶的组成部分，有的则直接参与酶的活动，所以当维生素不足时，就会影响猪的正常生理代谢，造成食欲减退、生长停滞，表现出特有的营养性维生素缺乏症。大多数维生素不能在猪体内合成，要靠饲料供给，以保证猪体健康和高度的生产力。

维生素按其溶解的性质分为脂溶性维生素和水溶性维生素，脂溶性维生素包括维生素 A、维生素 D、维生素 E、维生素 K4 种，它们主要由碳、氢、氧元素组成，这类维生素与脂肪相连，随脂肪一起被吸收利用。脂溶性维生素能大量储存于体内，不从尿中排出，可通过胆汁和粪便排出，因此，短期供给不足时，不致出现缺乏症。水溶性维生素包括维生素 B 族、维生素 C 等常用的 9 种。这类维生素组成元素除碳、氢、氧外，还会有氨、硫、钴。水溶性维生素不与脂肪相连，除维生素 B_{12} 外，都不能在体内储存，过量时很快从尿中排出。

（一）脂溶性维生素

1. 维生素 A

维生素 A 又称抗干眼病维生素，是一种最重要的维生素，仅存于动物体内，植物中只有胡萝卜素是维生素 A 的前体。维生素 A 是一组具有维生素 A 生物活性的物质。它可在保护结膜上皮组织和神经系统的健康，维持机体的正常繁殖、生长和抗病力等方面都有重要的作用。缺乏维生素 A 时，猪的被毛失去光泽，易患消化不良、下痢、夜盲、支气管炎、肺炎、跛行、四肢痉挛、瘫痪等症状，导致幼猪生长停滞，种公猪精子畸形、死精、精液品质下降，母猪发情失常、排卵数减少、不孕或胚胎夭亡、流产等情况。

青饲料中的胡萝卜素是制造维生素 A 的主要来源，猪采食后，大部分在肠壁，小部分在肝脏，经由胡萝卜素酶作用转化成为维生素 A，维生素 A 在小肠中经胰脂酶水解，游离出的维生素 A 被肠黏膜吸收并重新酯化为视黄醇软脂肪脂，随后由血液转运到肝脏储存。当体内其他组织需要时，将肝脏储存的维生素 A 释放出来供机体利用。因此，猪常喂青绿饲料不会缺乏维生素 A，一般生长猪每天需要胡萝卜素 4～10 mg，繁殖种猪为 15～35 mg。

2. 维生素 D

维生素 D 又叫抗佝偻病维生素，它的主要功能是降低小肠液的 pH 值，提高酸性，使钙、磷易于溶解吸收和利用，以防止猪的佝偻症和软骨症。当缺乏维生素 D 时，常会表现食欲不振、被毛粗糙，小猪发生软骨病，大猪骨质疏松，严重时出现关节肿大、跛行等。

维生素 D 存在的两种主要活性形式是麦角钙化醇（D_2）和胆钙化醇（D_3）。植物性饲料中含有一种麦角固醇，经照射能形成维生素 D_2，猪的皮肤中含有一种 7-脱氢胆固醇，经紫外线照射可以转化为维生素 D_3。所以每天将猪在阳光和光照下运动 2～3 h，或经常补饲部分干草粉，基本可以满足猪对维生素 D 的需要。一般生长猪每头每天需要量 50 kg 体重以下为 250～300 IU，60 kg 体重以上为 400～450 IU，繁殖种猪每头每天为 500～1 000 IU 或每千克日粮中含 230 IU。

3. 维生素 E

维生素 E 又叫抗不育维生素或称生育酚。它的主要功能是在生殖机能方面。猪对它比较敏感，如公猪缺乏维生素 E 时，睾丸发育不良，精原细胞退化，所产生的精子衰弱或畸形，受精力降低。母猪缺乏时，受胎后胚胎易被吸收或中途流产和死胎。资料报道：幼猪缺乏维生素 E 和硒时，产生白肌病（即营养性肌肉萎缩症），严重时突然死亡。

新鲜的青饲料、禾本科种子胚芽都含有维生素 E，可作为维生素 E 的补充剂，在硒充足的情况下，饲粮中添加维生素 E 10～15 mg/kg。

4. 维生素 K

维生素 K 又名凝血维生素或抗出血维生素。维生素 K 是一类醌衍生物，在自然界中主要存在维生素 K_1 和维生素 K_2 两种，植物中存在的叶绿醌称为 K_1，家畜胃肠中由微生物合成的甲基萘醌类称为 K_2。人工合成的 α-甲基萘醌硫酸氢钠称 K_3，活性大。

维生素 K 的主要功能是形成凝血酶原，缩短凝血时间，是凝血过程中所必需的物质。猪对维生素 K 的需要量为 0.5～1 mg/kg，若饲料中含有维生素 K 拮抗物——双香豆素和磺胺喹沙啉，应增加维生素 K 的供给量，除了在饲粮中添加维生素 K 之外，猪还能从肠道微生物合成的维生素 K_2 或从粪中获得维生素 K。饲料中加入磺胺类和抗生素时能抑制消化道内的微生物形成维生素 K。

（二）水溶性维生素

这类维生素只能溶于水，故称水溶性维生素，包括维生素 B 族及维生素 C。维生素 B 族对猪是极为重要的一类维生素。水溶性维生素除胆碱外都作为酶类的辅酶和辅基存在，它们参与碳水化合物、脂肪和蛋白质的代谢，并在猪体内不能合成。若饲料中缺乏一种或多种水溶性维生素，均能出现猪的食欲下降、生长缓慢、饲料转化率低等现象。

1. 维生素 B_1

维生素 B_1 又叫硫胺素，它的主要功能是只作为一种酶（即羧化酶）参与碳水化合物的代谢，它是一种重要的碳水化合物代谢酶。当维生素 B_1 不足时，首先是食欲减退，胃肠机能紊乱，心肌萎缩或坏死；其次是影响神经系统，发生痉挛、神经发炎、疼痛等，破坏碳水化合物的分解过程，引起氨基酸转化过程受到抑制并降低脂肪合成的能力。

谷实类的外皮及胚等、米糠、麸皮、豆类、青绿饲料中都富含维生素 B_1。它在酸性饲料中相当稳定，加热到 120℃也不会被破坏。但是在碱性饲料中就很容易被破坏。猪胃肠中不能合成维生素 B_1，需从饲料中补充，每千克日粮中应给予 1.1～1.5 mg。

2. 维生素 B_2

维生素 B_2 又叫核黄素。维生素 B_2 是细胞黄素酶——黄素单核苷酸和黄素腺嘌呤二核苷酸的组成成分，它由一个二甲基异咯嗪核和一个核醇结合而成。维生素 B_2 常以黄酶辅基形式出现参与蛋白质、脂肪和核酸以及生物氧化过程的代谢。维生素 B_2 缺乏时可引起代谢紊乱，细胞和卵子缺乏活力，猪生长缓慢，骨骼损害和繁殖力下降。母猪表现为食欲减退，不发情或早产，胚胎死亡和胚胎被吸收或产后 2 d 内死亡。猪对维生素 B_2 的需要量为 2～4 mg/kg。核黄素可由植物、酵母菌、真菌和其他微生物合成，但动物本身不能合成，饲料酵母、鱼粉、糠麸、优质干草及青绿饲料中含量较多。玉米和其他谷物中含量较少，猪对维生素 B_2 的吸收利用较强，但在饲料中，维生素 B_2 的含量少，必须在饲料中加以补充。

3. 维生素 B_3

维生素 B_3 又名泛酸或抗皮炎因子，是辅酶 A 的组成成分。泛酸对碳水化合物和脂肪代谢中二碳单位分解和合成、代谢非常重要；泛酸对皮肤和黏膜的正常生理功能，毛发的色泽及对疾病的抵抗力有很重要的关系。猪泛酸缺乏时，主要症状是运动失调、痉挛、脱毛。母猪怀孕后胚胎夭折被吸收，严重时，母猪基本不能繁殖。长期喂以玉米为主的熟料，易患泛酸缺乏症，可采用生饲料喂猪，并在日粮中搭配豆科青草、糠麸、花生饼等含泛酸较多的饲料，猪对泛酸的需要量为每千克饲料 10～15 mg。

4. 维生素 B_5

维生素 B_5 又名尼克酸烟酰胺、烟酸、维生素 PP、抗癞皮病维生素。维生素 B_5 是脱氢酶——烟酸胺腺嘌呤二核苷酸磷酸酶辅酶的一种组成成分。因此，所有活细胞都需要烟酸或烟酸衍生物，而且烟酸是糖解和组织呼吸中重要酶系统的必要组成部分。缺乏烟酸时，猪表现食欲不振和增重缓慢，发生腹泻或脱毛、皮炎等现象。在禾本科及其副产品中有结合状态烟酸存在，大部分不能被利用。但色氨酸能转变为烟酸。所以，日粮中的色氨酸含量是决定烟酸需要量的主要因素。

生长猪对烟酸的需要量为 10～22 mg/kg，种猪为 17～22 mg/kg。

5. 维生素 B_{12}

维生素 B_{12} 又名氰钴素或钴胺素。在所有的维生素当中它是唯一含有金属元素钴(约 4.5%)的维生素。它的需要量最低,但作用最强。其特点是,在自然界中仅有微生物可合成,在植物性饲料中通常不含有维生素 B_{12},而在动物的肝脏、鱼粉、牛羊粪便、污泥及酵母等中都有一定数量的存在。猪肠道微生物不能合成或合成很少。为了推进微生物合成,可在饲料中加钴。维生素 B_{12} 是幼猪很有效的生长刺激素,繁殖猪添加维生素 B_{12} 也能有效地改善繁殖性能。

维生素 B_{12} 在蛋白质代谢中有重要作用,它能促使血红蛋白的形成。所以,缺少维生素 B_{12} 时表现为正常红细胞、中性白细胞数增加、淋巴细胞数减少、骨髓增生、肝脏和甲状腺增大。生长猪生长停滞、贫血、被毛粗乱、皮炎、运动失调。母猪的受胎率降低。妊娠母猪缺乏维生素 B_{12} 时会导致流产,胚胎异常和产仔数低,泌乳量下降。

维生素 B_{12} 需要量,猪每 100 kg 体重为 0.05～0.2 mg 或每千克饲料添加 11～22 μg。

6. 胆碱

胆碱是脂肪和神经组织的结构成分,主要存在于乙酰胆碱和磷脂中。动物对胆碱的需要量特别高,超过其他维生素的需要量。饲料中的胆碱可满足猪对胆碱的代谢需要,在猪体内也能用游离甲基合成胆碱,甲基可来源于蛋氨酸和其他甲基供体,胆碱可提供甲基。胆碱的主要功能是参与脂肪代谢,抗脂肪肝,在神经传导中起重要作用。

猪对胆碱的需要量为 300～1 250 mg/kg,随饲料中蛋白质和脂肪含量不同而相异。生长猪饲料中缺乏胆碱时,表现为脂肪代谢障碍,脂肪在细胞内沉积,肝脏脂肪浸润、生长缓慢、肾出血、运动失调、贫血等。

7. 维生素 B_6

维生素 B_6 又名吡哆醇。维生素 B_6 为吡啶衍生物,它以吡哆醇、吡哆醛和吡哆胺存在于饲料中。维生素 B_6 的主要功能是充当蛋白质代谢的辅酶，参与红血球的形成，参与脂肪及碳水化合物的代谢。维生素 B_6 缺乏时，导致猪食欲下降、生长缓慢、贫血，严重时出现眼周褐色渗出液、痉挛、共济失调、昏迷和死亡。

猪对维生素 B_6 的需要量为每千克体重 1～2 mg，一般来说，以玉米、豆饼为主的饲料不必添加维生素 B_6，这样的饲料中含有丰富的维生素 B_6，其利用率为 40%～60%，在生产实际中不可能产生明显的缺乏症。

8. 维生素 C

维生素 C 又名抗坏血酸。维生素 C 的主要功能是参与细胞间质的生成及体内氧化还原反应，并有解毒作用。它能促进肠道内铁的吸收，所以在治疗贫血症时，常用它作辅助药物。当维生素 C 缺乏时，动物会降低维生素 A、维生素 E、维生素 B_1、维生素 B_2、维生素 B_3、维生素 B_4 的利用率，从而导致内出血、生长停滞、新陈代谢障碍和感染传染病。

在猪体内能由单糖合成足够的维生素 C，故其在猪体内不易缺乏。但当猪处于高温、生理紧张、运输等逆环境时，就会减少体内合成量和增加需要量，此时需要在每千克饲料中补加维生素 C 50～200 mg，有利于减轻逆境所造成的不利影响。

六、水

水是动物生命活动绝对不可缺乏的物质，动物在绝食的条件下，只要饮水可维持生命达数十天，但如果只喂料不饮水，1～2 d 就会死亡。猪体内水占 55%～75%，猪乳中含 70%～80%的水，仔猪体内 2/3 是水。水在动物体内的主要功能是：水是动物体各种器官、组织的构成成分；水能使机体维持一定的形态，由于水具有调节渗透压和表面张力的作用，使细胞饱满而坚实，从而维持机体的正常形态；

饲料、营养的消化、吸收、运输和代谢，代谢物的排出，还有繁殖及泌乳等生理过程都必须有水参加；动物不仅可以通过血液循环将代谢产生的热传递到机体各部位维持体温，而且可以通过饮水和排尿、排汗等来调节体温；水是一种润滑剂，如关节腔内润滑液能减少关节转动时的摩擦，唾液可软化饲料便于吞咽；水不仅参与体内的水解反应，还参与氧化还原反应、有机物质的合成以及细胞的新陈代谢。

缺水或饮水不足对猪体危害极大，体内水分减少 8%时出现严重干渴感觉、食欲丧失、消化作用减慢；减少 10%时导致严重的代谢紊乱，生理失调；减少 20%时会导致死亡。

猪对水的需要量因其生长发育阶段、生理状况、采食量、饲料性质和环境温度等条件的不同而异。猪的需水量一般是考虑饮水量。冬季为采食饲料干物质的 2～3 倍或体重的 10%左右；春秋季分别为 3～4 倍和 15%左右；夏季分别为 5 倍和 20%左右。

猪从饮水、饲料中水分和养分代谢过程中产生的代谢水 3 个来源获得水。水分经 4 个途径排出，依次是肾脏泌尿，粪便排出，肺脏呼吸和皮肤蒸发。

第三节　猪的饲养标准

饲养标准即营养需要量，根据生产实践中积累的经验和大量的科学实验，科学地规定了不同畜种、性别、年龄、体重、生产目的与生产水平的家畜每头每天应给予的各种营养物质的数量，或每千克饲料中各种营养物质含量或百分比。饲养标准一般包括畜禽的营养需要量、供给量以及畜禽常用饲料的营养价值。科学饲养标准的提出及其在生产实践中的正确运用，是迅速提高我国养猪生产和经济、合理利用饲料的依据，是保证生产、提高生产的重要技术措施，是科学技术用于实践的具体化，在生产实践中具有重要作用。

世界各国甚至某些地区都制定了适合各自畜牧业生产水平的饲

养标准，这些饲养标准内容基本大同小异，可以互相借鉴。饲养标准是科学配制畜禽日粮的依据。但各地猪的品种、生产性能、饲料状况、饲养条件、环境条件不同且经常变化，所以，在具体应用时，可根据实际条件及饲养效果适当调整。

一、仔猪的饲养标准

猪从出生到断奶称为仔猪，处于这一阶段的猪生长发育极其迅速，60 日龄体重为初生重的 11～17 倍，达到 20 kg 左右，需要大量营养物质以保证其生长发育的需要。但是仔猪的营养需要随着日龄的增长而增长。仔猪以自由采食为宜，仔猪的饲粮按每千克饲粮养分含量来配制，仔猪对饲粮的蛋白质水平要求比较高，对氨基酸特别是赖氨酸和蛋氨酸等的要求也较高，只有充分满足仔猪的营养需要，才能发挥其最大的生产潜力。仔猪的饲养标准见表 5-1 和表 5-2。

表 5-1 仔猪每日每头的营养需要量

项 目	体重/kg		
	1～5	5～10	10～20
预期日增重/g	160	280	420
采食风干料量/kg	0.20	0.46	0.91
消化能/MJ	3.35	7.03	12.59
代谢能/MJ	3.00	6.71	12.62
粗蛋白质/g	54	100	175
赖氨酸/g	2.80	4.60	7.10
蛋氨酸＋胱氨酸/g	1.60	2.70	4.60
苏氨酸/g	1.60	2.70	4.60
异亮氨酸/g	1.80	3.10	5.00
精氨酸/g	0.70	1.20	2.09
钙/g	2.00	3.80	5.80
磷/g	1.60	2.90	4.90

续表 5-1

项　目	体重/kg		
	1～5	5～10	10～20
食盐/g	0.50	1.20	2.10
铁/mg	33	67	71
锌/mg	22	48	71
铜/mg	1.30	2.90	4.50
锰/mg	0.90	1.90	2.70
碘/mg	0.07	0.07	0.13
硒/mg	0.03	0.08	0.23
维生素 A/IU	480	10.50	1 560
维生素 D/IU	50	105	179
维生素 E/IU	2.40	5.10	10.00
维生素 K/mg	0.44	1.00	2.00
维生素 B_1/mg	0.30	0.60	1.00
维生素 B_2/mg	0.66	1.40	2.60
烟酸/mg	4.80	10.60	16.40
泛酸/mg	3.00	6.20	9.80
生物素/mg	0.03	0.05	0.09
叶酸/mg	0.13	0.30	0.54
维生素 B_{12}/μg	4.80	10.60	13.70

表 5-2　仔猪每千克饲粮的养分含量

项　目	体重/kg		
	1～5	5～10	10～20
消化能/MJ	16.74	15.15	13.85
代谢能/MJ	15.15	13.85	12.76
粗蛋白质/%	27	22	19
赖氨酸/%	1.40	1.00	0.78

续表 5-2

项　目	体重/kg		
	1～5	5～10	10～20
蛋氨酸＋胱氨酸/%	0.80	0.59	0.51
苏氨酸/%	0.80	0.59	0.51
异亮氨酸/%	0.90	0.67	0.55
精氨酸/%	0.36	0.26	0.23
钙/%	1.00	0.83	0.64
磷/%	0.80	0.63	0.54
食盐/%	0.25	0.26	0.23
铁/mg	165	146	78
锌/mg	110	10.4	78
铜/mg	6.50	6.30	4.90
锰/mg	4.50	4.10	3.00
碘/mg	0.15	0.15	0.14
硒/mg	0.15	0.17	0.25
维生素 A/IU	2 380	2 276	1 718
维生素 D/IU	240	2.28	197
维生素 E/IU	12	11	11
维生素 K/mg	2.20	2.20	2.20
维生素 B_1/mg	1.50	1.30	1.10
维生素 B_2/mg	3.30	3.10	2.90
烟酸/mg	24	23	18
泛酸/mg	15.00	13.40	10.80
生物素/mg	0.15	0.11	0.10
叶酸/mg	0.65	0.68	0.59
维生素 B_{12}/μg	24	23	15

二、生长育肥猪的饲养标准

生长育肥猪是整个养猪生产的最后环节，养好育肥猪不仅关系到市场供应，而且对经济效益有重要的影响。肥育猪的生理特点是：生长速度快、强度大，代谢旺盛，需要营养丰富的饲料。育肥猪60 kg以下，以长瘦肉为主，需要较多的蛋白质，肥育后期，长瘦肉的能力逐渐减弱，长脂肪的能力逐渐增强，这是肉脂型猪的基本生长规律。因此，前期饲料蛋白质含量应高，后期饲料能量饲料应高。

生长育肥猪从饲料中获得的营养物质，一部分用于维持生命需要，一部分用于生长体重。饲养周期越长，维持生命需要消耗的饲料越多，饲养周期短，消耗饲料少，经济效益越高，为缩短饲养周期，就必须按猪的营养需要给料。

目前，我国大部分地区养猪者采取在生长育肥猪的前期敞开饲喂，尽量满足猪的食欲，因为这时猪的饲料利用率最高，机体代谢以氮沉积为主，长得越快瘦肉率越高。试验证明，从 60 kg 活重左右开始限饲的效果比较好，用敞开量的 75%～85%喂限饲的猪，以降低日采食量来达到控制过食的营养水平，可以比全期敞开饲喂的猪平均提高瘦肉率 3.5%左右。

生长育肥猪的饲养标准见表 5-3 和表 5-4。

表 5-3　生长育肥猪每日每头的营养需要量

项　目	体重/kg		
	25～35	35～60	60～90
预期日增重/g	500	600	650
采食风干料量/kg	1.52	2.20	2.83
饲料/增重/(kg/g)	3.04	3.67	4.35
增重/饲料/(g/kg)	329	273	230

续表 5-3

项 目	体重/kg		
	25～35	35～60	60～90
消化能/MJ	19.71	28.54	36.69
代谢能/MJ	18.33	26.61	34.23
粗蛋白质/g	243	308	368
赖氨酸/g	9.7	12.3	14.7
蛋氨酸＋胱氨酸/g	6.4	8.1	7.9
苏氨酸/g	6.1	7.9	9.6
异亮氨酸/g	7.0	9.0	10.8
钙/g	8.4	11.0	13.0
磷/g	7.0	9.1	10.5
食盐/g	4.6	6.6	8.5
铁/mg	84	101	105
锌/mg	84	101	105
锰/mg	3	4	6
铜/mg	6	7	9
碘/mg	0.20	0.29	0.37
硒/mg	0.23	0.33	0.28
维生素 A/IU	1 812	2 622	3 359
维生素 D/IU	278	301	323
维生素 E/IU	15	22	28
维生素 K/mg	2.7	4.0	5.1
维生素 B_1/mg	1.5	2.0	2.8
维生素 B_2/mg	3.6	4.4	5.7
烟酸/mg	20	24	26
泛酸/mg	15	22	28
生物素/mg	1.14	0.30	0.36
叶酸/mg	0.84	1.21	1.56
维生素 B_{12}/μg	15	22	28

表 5-4 生长肥育猪每千克饲粮的养分含量

项目	体重/kg		
	20～35	35～60	60～90
消化能/MJ	12.97	12.97	12.97
代谢能/MJ	12.05	12.09	12.09
粗蛋白质/%	16	14	13
赖氨酸/%	0.64	0.56	0.52
蛋氨酸＋胱氨酸/%	0.42	0.37	0.28
苏氨酸/%	0.41	0.36	0.34
异亮氨酸/%	0.46	0.41	0.38
钙/%	0.55	0.50	0.46
磷/%	0.46	0.41	0.37
食盐/%	0.30	0.30	0.30
铁/mg	55	46	37
锌/mg	55	46	37
锰/mg	2	2	2
铜/mg	4	3	3
碘/mg	0.13	0.13	0.13
硒/mg	0.15	0.15	0.10
维生素 A/IU	1 192	1 192	1 187
维生素 D/IU	183	137	114
维生素 E/IU	10	10	10
维生素 K/mg	1.8	1.8	1.8
维生素 B_1/mg	1.0	1.0	1.0
维生素 B_2/mg	2.4	2.0	2.0
烟酸/mg	13.0	11.0	9.0
泛酸/mg	10.0	10.0	10.0
生物素/mg	0.09	0.09	0.09
叶酸/mg	0.55	0.55	0.55
维生素 B_{12}/μg	10.0	10.0	10.0

三、后备猪饲养标准

留作种用的猪，从断奶开始到进入配种繁殖阶段之前的生长期称后备猪。培育好后备种猪是猪群高产稳产的重要条件之一。后备猪虽然是生长猪，但与生长肥育猪的饲养目的不同。肥育猪生长到 90 kg 左右，完成了整个饲养过程，而后备猪生长到 90 kg，则是生产繁殖的刚刚开始。

断奶后的仔猪应立即选留后备猪，应喂以营养完善的优质日粮才能使后备母猪尽早受孕，后备母猪发育良好。如后备母猪生长期营养不良，即使育成后再喂优质饲料也难以哺育既多又壮的仔猪。因此，饲养后备猪与肥育猪的不同点是，既要防止生长过快过肥，又要防止生长过慢发育不良。防止后备猪生长过快和过慢的方法，主要是控制其营养水平。

后备母猪营养需要与母猪不同之处是：对维生素和无机盐的需要量显著提高。这不仅是正常的生长发育阶段所不可少的，而且是为进入繁殖期正常发情、受孕作必要的准备。为满足对维生素、无机盐的需要，应多喂青绿饲料。但后备公猪不能喂过多的青饲料，以防肚大不利于配种。

后备猪的饲养标准见表 5-5 和表 5-6。

表 5-5　后备母猪每日每头营养需要量

项　目	小型体重/kg			大型体重/kg		
	10～20	20～35	35～60	20～35	35～60	60～90
预期日增重/g	320	380	360	400	480	400
日采食风干料量/kg	0.90	1.20	1.70	1.26	1.80	2.10
消化能/MJ	11.30	15.06	20.05	15.82	22.22	25.48
代谢能/MJ	10.46	14.23	19.25	14.64	20.71	23.81

续表 5-5

项　目	小型体重/kg			大型体重/kg		
	10～20	20～35	35～60	20～35	35～60	60～90
粗蛋白质/g	144	168	221	202	252	273
赖氨酸/g	6.3	7.4	8.8	7.8	9.5	10.1
蛋氨酸＋胱氨酸/g	4.1	4.8	5.8	5.0	6.3	7.1
苏氨酸/g	4.1	4.8	5.8	5.0	6.1	6.5
异亮氨酸/g	4.5	5.4	6.5	5.7	6.8	7.1
钙/g	5.4	7.2	10.2	7.6	10.8	12.6
磷/g	4.5	6.0	8.5	6.5	9.0	10.5
食盐/g	3.6	4.8	6.8	5.0	7.2	8.4
铁/mg	64	64	73	67	79	80
锌/mg	64	64	73	67	79	80
锰/mg	1.8	2.4	3.4	2.5	3.6	4.2
铜/mg	4.5	4.8	5.1	5.0	5.4	6.3
碘/mg	0.13	0.17	0.24	0.18	0.25	0.29
硒/mg	0.14	0.18	0.26	0.19	0.27	0.32
维生素 A/IU	1 400	1 500	1 900	1 462	2 016	2 331
维生素 D/IU	160	210	220	224	234	242
维生素 E/IU	9	12	17	13	18	21
维生素 K/mg	1.8	2.4	3.4	2.5	3.6	4.2
维生素 B_1/mg	0.9	1.2	1.7	1.3	1.8	2.1
维生素 B_2/mg	2.4	2.8	3.4	2.9	3.6	4.0
烟酸/mg	9.5	12.6	17.0	15.1	18.0	18.9
泛酸/mg	9.0	12.0	17.0	13.0	18.0	21.0
生物素/mg	0.08	0.11	0.15	0.11	0.16	0.19
叶酸/mg	0.50	0.60	0.80	0.60	0.90	1.00
维生素 B_{12}/μg	12.0	12.0	17.0	13.0	18.0	21.0

注:后备公猪的营养需要可在大型体重的基础上增加 10%～20%。

表 5-6 后备母猪每千克饲粮的养分含量

项 目	小型体重/kg			大型体重/kg		
	10～20	20～35	35～60	20～35	34～60	60～90
消化能/MJ	12.55	12.55	12.13	12.55	12.34	12.13
代谢能/MJ	11.63	11.72	11.34	11.63	11.51	11.34
粗蛋白质/%	16	14	13	16	14	13
赖氨酸/%	0.7	0.62	0.52	0.62	0.53	0.48
蛋氨酸＋胱氨酸/%	0.45	0.40	0.34	0.40	0.35	0.34
苏氨酸/%	0.45	0.40	0.34	0.40	0.34	0.31
异亮氨酸/%	0.50	0.45	0.38	0.45	0.38	0.34
钙/%	0.6	0.6	0.6	0.6	0.6	0.6
磷/%	0.5	0.5	0.5	0.5	0.5	0.5
食盐/%	0.4	0.4	0.4	0.4	0.4	0.4
铁/mg	71	53	43	53	44	38
锌/mg	71	53	43	53	44	38
锰/mg	2	2	2	2	2	2
铜/mg	5	4	3	4	3	3
碘/mg	0.14	0.14	0.14	0.14	0.14	0.14
硒/mg	0.15	0.15	0.15	0.15	0.15	0.15
维生素 A/IU	1 560	1 250	1 120	1 160	1 120	1 110
维生素 D/IU	178	178	130	178	130	115
维生素 E/IU	10	10	10	10	10	8
维生素 K/mg	2	2	2	2	2	1.5
维生素 B_1/mg	1	1	1	1	1	1.2
维生素 B_2/mg	2.7	2.3	2.0	2.3	2.0	1.9
烟酸/mg	16	12	10	12	10	9
泛酸/mg	10	10	10	10	10	10
生物素/mg	0.09	0.09	0.09	0.09	0.09	0.09
叶酸/mg	0.5	0.5	0.5	0.5	0.5	0.5
维生素 B_{12}/μg	13	10	10	10	10	10

四、种猪的饲养标准

种猪包括妊娠母猪、哺乳母猪和种公猪。

母猪妊娠后，内分泌活动增强，物质和能量代谢率增高，对营养物质的利用率显著提高，体内的营养积蓄也比妊娠前为多。无论初产或经产的母猪，妊娠的全过程，每天喂料要看母猪体况而定，既做到不肥也不瘦，又要膘情适中而健康。妊娠母猪的饲养标准见表5-7和表5-8。

哺乳母猪在泌乳期内的日粮需要量大大超过妊娠期，这是因为母猪只有吃够相应的饲料，才能提供大量泌乳所需的营养物质，母猪带仔如少于6头，应限制饲料量。凡带8头以上仔猪的母猪，只要不是太肥，就不必限量，尽可能提高泌乳量。哺乳母猪的饲养标准见表5-9和表5-10。

种公猪的营养是否适当，对种公猪的精液品质、性欲和配种能力都有影响。种公猪要长期饲养，为了防止种公猪过肥，提高繁殖能力，一般都要限制喂量，但在配种阶段应根据它的饲养标准配制饲料，以满足种公猪的营养需要。种公猪的饲养标准见表5-11和表5-12。

表5-7 妊娠母猪每日每头营养需要量

项目	妊娠前期体重/kg				妊娠后期体重/kg			
	90以下	90～120	120～150	150以上	90以下	90～120	120～150	150以上
采食风干料量/kg	1.50	1.70	1.90	2.00	2.00	2.20	2.40	2.50
消化能/MJ	17.57	19.92	22.26	23.43	23.43	25.77	28.12	29.29
代谢能/MJ	16.65	18.87	21.09	22.18	22.18	24.39	26.61	27.81
粗蛋白质/g	165	187	209	220	240	264	288	300

续表 5-7

项　目	妊娠前期体重/kg				妊娠后期体重/kg			
	90以下	90～120	120～150	150以上	90以下	90～120	120～150	150以上
赖氨酸/g	5.30	6.00	6.70	7.00	7.20	7.9	8.6	9.0
蛋氨酸＋胱氨酸/g	2.90	3.20	3.60	3.8	3.8	4.2	4.5	4.7
苏氨酸/g	4.20	4.80	5.30	5.6	5.6	6.2	6.7	7.0
异亮氨酸/g	4.70	5.30	5.90	6.2	6.2	6.8	7.4	7.8
钙/g	9.2	10.4	11.6	12.2	12.2	13.4	14.6	15.3
磷/g	7.4	8.3	9.3	9.8	9.8	10.8	11.8	12.3
食盐/g	4.8	5.4	6.1	6.4	6.4	7.0	8.0	8.0
铁/mg	98	111	124	130	130	143	156	163
铜/mg	6	7	8	8	8	9	10	10
锌/mg	63	71	80	84	84	92	101	105
锰/mg	12	14	15	16	16	18	19	20
碘/mg	0.16	0.18	0.22	0.22	0.22	0.24	0.27	0.28
硒/mg	0.20	0.22	0.25	0.26	0.26	0.29	0.31	0.33
维生素 A/IU	4 800	5 440	6 100	6 400	6 600	7 260	7 920	8 250
维生素 D/IU	240	272	304	320	320	352	384	400
维生素 E/IU	12	14	15	16	16	18	19	20
维生素 K/mg	2.6	2.9	3.2	3.4	3.4	3.7	4.1	4.3
维生素 B_1/mg	1.2	1.4	1.5	1.6	1.6	1.8	1.9	2.0
维生素 B_2/mg	3.8	4.3	4.8	5.0	5.0	5.5	6.0	6.3
烟酸/mg	12.0	14.0	15.0	16.0	16.0	18.0	19.0	20.0
泛酸/mg	14.6	16.5	18.4	19.4	19.6	21.6	23.5	24.5
生物素/mg	0.12	0.14	0.15	0.16	0.16	0.18	0.20	0.20
叶酸/mg	0.75	0.85	0.95	1.04	1.00	1.10	1.20	1.30
维生素 B_{12}/μg	12	20	23	24	26	29	31	33

表 5-8　妊娠母猪每千克饲粮的养分含量

项　目	妊娠前期	妊娠后期
消化能/MJ	11.72	11.72
代谢能/MJ	11.09	11.09
粗蛋白质/%	11.0	12.0
赖氨酸/%	0.35	0.36
蛋氨酸+胱氨酸/%	0.19	0.19
苏氨酸/%	0.28	0.28
异亮氨酸/%	0.31	0.31
钙/%	0.61	0.61
磷/%	0.49	0.49
食盐/%	0.32	0.32
铁/mg	65	65
铜/mg	4	4
锌/mg	42	42
锰/mg	8	8
碘/mg	0.11	0.11
硒/mg	0.13	0.13
维生素 A/IU	3 200	3 300
维生素 D/IU	160	160
维生素 E/IU	8	8
维生素 K/mg	1.7	1.7
维生素 B_1/mg	0.8	0.8
维生素 B_2/mg	2.5	2.5
烟酸/mg	8.0	8.0
泛酸/mg	9.7	9.8
生物素/mg	0.08	0.08
叶酸/mg	0.5	0.5
维生素 B_{12}/μg	12	13

表 5-9　哺乳母猪每日每头营养需要量

项　目	体重/kg			
	120 以下	120～150	150～180	180 以上
采食风干料量/kg	4.8	5.0	5.2	5.3
消化能/MJ	58.24	60.67	63.10	64.31
代谢能/MJ	56.23	58.58	60.92	60.29
粗蛋白质/g	672	700	728	742
赖氨酸/g	24	25	26	27
蛋氨酸＋胱氨酸/g	14.9	15.5	16.1	16.4
苏氨酸/g	17.8	18.5	19.2	19.6
异亮氨酸/g	15.8	16.5	17.2	17.5
钙/g	30.7	32.0	33.3	33.9
磷/g	21.6	22.5	234	23.9
食盐/g	21.1	22.0	22.9	23.3
铁/mg	336	350	364	371
铜/mg	21	22	23	23
锌/mg	211	220	229	233
锰/mg	38	40	42	42
碘/mg	0.58	0.60	0.62	0.64
硒/mg	0.43	0.45	0.47	0.48
维生素 A/IU	8 160	8 500	8 840	9 010
维生素 D/IU	826	860	894	912
维生素 E/IU	38	40	42	42
维生素 K/mg	8.0	8.5	8.8	9.0
维生素 B_1/mg	4.3	4.5	4.7	4.8
维生素 B_2/mg	12.5	13.0	13.5	13.8
烟酸/mg	43	45	47	48
泛酸/mg	48	50	52	53
生物素/mg	0.43	0.45	0.47	0.48
叶酸/mg	2.4	2.5	2.6	2.7
维生素 B_{12}/μg	62	65	68	69

表 5-10 哺乳母猪每千克饲粮的养分含量

项 目	哺乳期
消化能/MJ	12.13
代谢能/MJ	11.72
粗蛋白质/%	14
赖氨酸/%	0.5
蛋氨酸+胱氨酸/%	0.31
苏氨酸/%	0.37
异亮氨酸/%	0.33
钙/%	0.64
磷/%	0.46
食盐/%	0.44
铁/mg	70
铜/mg	4.4
锌/mg	44
锰/mg	8
碘/mg	0.12
硒/mg	0.09
维生素 A/IU	1 700
维生素 D/IU	172
维生素 E/IU	9
维生素 K/mg	1.7
维生素 B_1/mg	0.9
维生素 B_2/mg	2.6
烟酸/mg	9
泛酸/mg	10
生物素/mg	0.09
叶酸/mg	0.5
维生素 B_{12}/μg	13

表 5-11　种公猪每日每头营养需要量

项　目	体重/kg		
	90 以下	90～150	150 以上
采食风干料量/kg	1.4	1.9	2.3
消化能/MJ	17.97	24.24	28.84
代谢能/MJ	17.14	23.41	27.59
粗蛋白质/g	196	228	276
赖氨酸/g	5.3	7.2	8.7
蛋氨酸+胱氨酸/g	3.1	3.8	4.6
苏氨酸/g	4.2	5.7	6.9
异亮氨酸/g	4.6	6.3	7.6
钙/g	9.2	12.5	15.2
磷/g	7.4	10.1	12.2
食盐/g	5.0	6.7	8.1
铁/mg	99	135	163
铜/mg	7	10	12
锌/mg	62	84	102
锰/mg	13	17	21
碘/mg	0.17	0.23	0.28
硒/mg	0.18	0.25	0.30
维生素 A/IU	4 943	6 709	8 121
维生素 D/IU	248	336	407
维生素 E/IU	12.5	16.9	20.5
维生素 K/mg	2.5	3.4	4.1
维生素 B_1/mg	1.3	1.7	2.1
维生素 B_2/mg	3.6	4.9	6.0
烟酸/mg	12.5	16.9	20.5
泛酸/mg	14.8	20.1	24.4
生物素/mg	0.13	0.17	0.21
叶酸/mg	0.73	0.99	1.22
维生素 B_{12}/μg	18.6	25.4	30.6

注:1. 配种前 1 个月,标准增加 15%～20%。

2. 冬季严寒期(-5℃以下)增加标准 10%～15%。

表 5-12 种公猪每千克饲粮的养分含量

项目	养分含量
消化能/MJ	12.55
代谢能/MJ	12.05
粗蛋白质/%	12
赖氨酸/%	0.38
蛋氨酸+胱氨酸/%	0.2
苏氨酸/%	0.3
异亮氨酸/%	0.33
钙/%	0.66
磷/%	0.53
食盐/%	0.35
铁/mg	71
铜/mg	5
锌/mg	44
锰/mg	9
碘/mg	0.12
硒/mg	0.13
维生素 A/IU	3 531
维生素 D/IU	177
维生素 E/IU	8.9
维生素 K/mg	1.8
维生素 B_1/mg	2.6
维生素 B_2/mg	0.9
烟酸/mg	8.9
泛酸/mg	10.6
生物素/mg	0.09
叶酸/mg	0.52
维生素 B_{12}/μg	13.3

第四节 各种饲料的特点

饲料是养猪生产的物质基础，饲料的养分含量及消化性、利用率和适口性是衡量饲料品质的重要指标，养猪生产的实质是利用猪把饲料转化成人类所需要的畜产品。猪的饲料种类繁多，营养成分和营养价值各不相同，按国际通用的饲料分类法将饲料分成8大类：粗饲料、青绿饲料、青贮饲料、能量饲料、蛋白质饲料、矿物质饲料、维生素饲料和添加剂。现代养猪生产中，饲粮的65%～75%为能量饲料，主要为禾本科籽实及其加工副产品糠麸；18%～27%为蛋白质饲料，主要为饼粕及动物性饲料，再加上添加剂后形成全价配合饲料。在家庭养猪中，还大量利用青粗饲料，现将常用的饲料介绍如下。

一、能量饲料

凡干物质中粗纤维含量低于18%、粗蛋白质含量低于20%的饲料统称为能量饲料，或者说被动物利用的能量（消化能）达到每千克10.46 MJ以上的饲料称能量饲料。能量饲料是养殖业中的一类优质饲料，是饲料工业生产全价配合饲料用量最多的一类饲料，猪维持、生长繁殖等所需能量的2/3以上是由这类饲料提供的。这类饲料主要包括谷实类，如玉米、小麦、高粱、稻谷；糠麸类，如米糠、麸皮；油脂类；富含淀粉、糖类的根、茎、瓜类等。

（一）谷实的籽实

这类饲料属禾本科植物成熟的种子，常用的有玉米、小麦、大麦、燕麦、稻谷、谷子、高粱等。谷实饲料的无氮浸出物含量高，平均占干物质的70%～80%，其中主要是淀粉，占82%～90%，所以消化率很高，消化能大都在12.5 MJ/kg之上。粗纤维含量低，平均占干物质的2%～6%。缺点是：粗蛋白含量低，平均占干物质的10%；蛋白质品质较差，赖氨酸和色氨酸较缺乏；脂肪含量低，平均占干物质的2.5%；矿物质、维生素含量不平衡，一般是钙少磷多，并且利用率低，维生素 B_1、尼克酸和维生素E较丰富，但维生素 B_2 和维生素A、维生素D缺乏。

1. 玉米

玉米是养猪生产中最常用的能量饲料，产区分布广、产量高、种类多、种植面积大，是我国主要粮食之一。玉米含粗纤维较少，仅2%左右，而无氮浸出物高达70%以上，能值为14.5 MJ/kg以上，甚至更高，全玉米中有机物质的平均消化率可达到86%，并且适口性好，易于消化。但玉米蛋白质含量低，仅8.6%左右，并且质量较差，氨基酸不平衡，含色氨酸、赖氨酸、蛋氨酸较少，无机盐及微量元素含量都比较低，所以使用时应与其他饲料合理搭配，取长补短，充分发挥它的特长。据测定：玉米水分含量在14%以上，在储藏过程中温度超过20℃时，极易发生霉变，特别是黄曲霉菌产生的黄曲霉毒素，是一种强烈的有毒致癌物质，对人、畜有很大威胁，所以在配制饲料时，应不用发霉变质的玉米。

2. 高粱

高粱主要产于我国东北地区，营养成分略低于玉米，消化能平均每千克可达到13.8 MJ，粗脂肪含量较高，但高粱所含的蛋白质质量较差，氨基酸也不平衡，无机盐和微量元素含量也低，特别是高粱含有较多的单宁，具有苦涩味，是一种抗营养因子，会阻碍能量和蛋白质及矿物质的利用率，适口性也较差。喂量过多还易引起便秘，影响猪的繁殖能力，所以采用高粱作猪饲料时，应考虑适口性和单宁含量不宜过高，一般以占日粮的10%以下为宜。

3. 小麦

小麦是我国的主要粮食作物之一。小麦有效能值仅次于玉米，粗蛋白质含量高于玉米、高粱，各种限制性氨基酸也高于玉米。小麦中锰、锌、铜、钙、磷含量也较玉米为高，但钙(0.08%)、磷(0.4%)不平衡，维生素A、维生素D、维生素B_2比较缺乏，维生素B_1比较丰富。具有较好的适口性和消化性，但作为猪饲料用量较少。

4. 大麦

大麦分皮大麦和米大麦两种，这两种大麦的有效能值都不如玉米和高粱，与小麦相近，但是大麦蛋白质质量较好，赖氨酸含量比玉米、高粱高1倍，皮大麦中粗纤维和粗灰分含量较高，影响能量的利用率，两种大麦中钙、铜含量较低，但铁含量比较高。大麦整粒喂养不易消化，所以应该破碎。用大麦喂猪可获得高质量的硬脂胴体。

5. 稻谷

稻谷也是我国的主要粮食作物之一，特别是南方盛产。我们常用脱壳的糙米、碎大米和大米粉作为猪的饲料。稻谷是谷实饲料中产量最高的一种，但它含有坚实的外壳、粗纤维含量高，一般在8%以上，因而有效能值较低，消化能仅为10.5～10.8 MJ/kg。稻谷所含蛋白质比玉米稍低，氨基酸含量与玉米相似，有效钙、磷和微量元素与玉米相近。

（二）谷类加工副产品

这类饲料主要是指谷实类的加工副产品。由于加工工艺不同所得的副产品在组成和营养价值方面也有很大差别。但总的来说，有以下共同营养特点：粗纤维含量高，占10%左右；无氮浸出物少，仅占40%～50%；粗蛋白含量较高，为12%～15%，介于禾谷籽实与豆类籽实之间；粗脂肪含量较高，占13%～14%，其中大部分为不饱和脂肪酸；矿物质含量丰富，占1%以上，但钙、磷含量比例失调；维生素含量也不平衡，水溶性维生素含量丰富，脂溶性维生素比较缺乏。

1. 小麦麸

小麦麸俗称麸皮，是小麦粒制粉后的副产品。其营养价值因面粉的精制程度不同而有差异，小麦的出粉率越高，麦麸的粗纤维含量就越高，无氮浸出物的含量越低，麦麸一般含粗纤维8.5%～12%，能量为11.5～12.0 MJ/kg，粗蛋白含量较高，达12%～19%。小麦麸中赖氨酸等限制性氨基酸含量均较高，含有较丰富的铁、锌、锰，但磷的质量不好，绝大部分是植酸磷，不利于无机盐的吸收。小麦麸中还含有丰富的维生素 E、烟酸和胆碱。小麦麸还有轻松的物理特性，因此在猪饲料配合中，可以调节浓度与改变大量精料的沉重性质。小麦麸还有轻泻作用，产后母猪给予适量的麸皮粥，可以调节消化道的机能，防止便秘。有些农户有单喂或掺量过多的小麦麸的现象，由于植酸磷的抗营养特性有引起软骨症及瘫痪病的可能，应特别注意喂量，一般喂量为 5%～20%，育肥猪喂量 15%～20%，仔猪不超过 10%。

2. 米糠和米糠饼

米糠是糙米加工精米时分离出来的种皮黏粉层和胚胎混合物，其营养价值视精白程度而有差异。加工的精白米越白，则胚乳中的物质进入米糠的成分越多，米糠的能量价值越高。米糠中含有粗蛋白质约为 13%，粗脂肪约 17%，有效能值仅次于稻谷，为 11.2～11.7 MJ/kg。但是米糠中含有不饱和脂肪酸，易被氧化，发热而酸败，不易保存，米糠中还含有胰蛋白酶抑制因子，它的活性很高，用量过多可抑制猪的正常生长。米糠经榨油后的副产品称为米糠饼，经过烘炒、蒸煮、预压等工艺，米糠饼的适口性和消化性都被改善，除了减少部分脂肪及维生素外，其他营养成分基本保留。米糠经榨油后，虽然能量有所降低，但有利于保存，也可防止不利因素，所以米糠饼是我国南方猪配合饲料的主要来源之一。米糠和米糠饼中均含有较多的氨基酸，特别是含硫氨基酸，铁、锰、锌含量也较丰富，缺点是钙、磷比例极不平衡，磷大于钙 20 倍以上，其中植酸磷含量也高，不利于其他元素的吸收利用。

(三)根、茎类

这类饲料的干物质含量较低，干物质中粗蛋白质、粗纤维的含量也较低。除胡萝卜、南瓜富含胡萝卜素之外，都缺乏维生素。矿物质含量也很低。因此，必须与其他饲料共同配合喂饲。

1. 胡萝卜

胡萝卜中胡萝卜素含量较高，其他维生素含量也较多，可用作维生素补充饲料。含糖量高，因而多汁且甜、适口性好，对繁殖公、母猪具有很好的调养作用。

2. 甘薯

甘薯又称红薯、地瓜，干物质含量可达 25%～30%，其中 85%为淀粉。蛋白质含量较低，红黄色芯甘薯含有一定量的胡萝卜素，但其他维生素和矿物质仍极度缺乏，必须同其他饲料混合喂饲。甘薯可生喂或熟喂，熟喂比生喂好，用热处理过的甘薯喂猪，可使蛋白质的消化率提高近 1 倍，而对能量的消化率影响不大。甘薯干在猪的配合饲料中可用到 70%，小猪也可以用到 30%～50%。产量多时可切片晒干，以利保存利用。

3. 马铃薯

马铃薯又称土豆。马铃薯含干物质约 25%，主要成分是淀粉，占干物质的 80%以上。鲜马铃薯中维生素 C 含量丰富，其他维生素缺乏，钙、磷及其他矿物质元素含量极低，喂猪时熟喂比生喂效果好，100℃湿热处理 20 min，可使其氮的消化率从未经处理时的 15%提高到 60%。马铃薯耐储藏，温度高时会发芽，阳光直射能使表皮变绿，芽、芽眼和绿色表层含有龙葵素，大量采食可致中毒，甚至死亡。

二、蛋白质饲料

所谓蛋白质饲料是指饲料干物质中粗蛋白质含量在 20%以上、粗纤维含量低于 18%的饲料。蛋白质饲料是养猪生产中的主要饲料种类之一，蛋白质饲料主要包括植物性蛋白质饲料、动物性蛋白质饲料和单细胞蛋白质饲料 3 类。

(一)植物性蛋白质饲料

植物性蛋白质饲料包括豆类籽实、油料籽实、饼粕类。豆类籽实和油料籽实主要用于人的食品，如大豆、花生、菜籽和棉籽因富含油脂而多用于提取食用油，很少被直接用作饲料。

1. 大豆饼(粕)

豆饼(粕)是以大豆为原料，提取或榨取食用油脂后的副产品，是一种优质的植物性蛋白质饲料，粗蛋白质含量一般为40%～46%，其氨基酸比例组成也相当好，尤其是赖氨酸含量较高，为2.4%～2.9%，但蛋氨酸含量不足。大豆饼(粕)粗纤维含量低，所以能量价值高。大豆饼(粕)中的可溶性碳水化合物主要是糖类，淀粉含量不多，因此消化能较低；矿物质含量不平衡，钙低(0.3%)，磷较适宜(0.65%)，但主要是利用率很低的植酸磷，含有丰富的铁和锌。

大豆饼(粕)各种营养成分的含量因制作方式不同而有较大差异。大豆中含有抗营养因子，如抗胰蛋白酶、红细胞凝集素、皂角苷、甲状腺肿诱发因子等。影响蛋白质消化吸收的最主要因子是抗胰蛋白酶，不过这种胰蛋白酶抑制因子有对热不稳定的性质，经过在约110℃下3 min的加热处理后，可将胰蛋白酶抑制因子纯化，蛋白效率比值也可以得到明显改善。但加热温度不宜过高，过高会降低豆饼(粕)中粗蛋白质和氨基酸的质量和利用率。

2. 棉籽饼(粕)

棉籽饼(粕)是棉籽榨油后的副产品，去壳的棉籽饼(粕)中含36%～41%的粗蛋白质和较丰富的磷、铁、锌，因此棉籽饼(粕)也是当前农村发展养猪业中蛋白质饲料的重要来源之一。但是棉籽饼(粕)中含有0.04%～0.08%的游离棉酚，是一种有毒物质，它可引起动物贫血、不育、呼吸困难，棉酚中毒是积累性中毒。据测验，每头猪每天随饲料吃入150 mg的棉酚在28 d左右就引起死亡。因此，在利用棉籽饼(粕)作为猪饲料时，必须采取两种方法：一是限制喂量，肥育猪饲粮中最高用量不超过15%，棉酚含量超过0.2%的棉籽饼，饲粮中配合比例以低于5%为宜。我国国家标准中有关饲料卫生标准规定，在肉猪配合饲料中，游离棉酚的含量不得超过

60 mg/kg。二是减毒后的棉籽饼(粕)作为饲料时可加大用量,降低成本,而又不引起积累性中毒,棉籽饼(粕)减毒的方法多种多样,主要的方法有加脱毒剂法、脱毒剂工业化二段脱毒法、微生物发酵解毒法、硫酸亚铁法和碱处理法等。常以硫酸亚铁-石灰水浸泡处理法较好,简便易行、成本低、去毒率可达 62%,目前已广泛推广应用减毒棉籽饼(粕),在生长肥育猪饲料中配以 20%减毒棉籽饼(粕)效果较好。近年来我国培育出一种无腺体棉花新品种,这种棉花的棉籽仁中不含色素体,所以不含或很少含棉酚,不仅可供饲料用,而且还可供食用。

3. 菜籽饼(粕)

菜籽饼(粕)一般粗蛋白质含量为 36%～40%,粕中的粗蛋白质含量比饼含量高出 2%～3%。粗蛋白质含量低于大豆饼(粕)、棉籽饼(粕),并且蛋白质的消化利用率低。但蛋氨酸含量高于大豆饼(粕)、棉籽饼(粕),粗纤维含量为 12%～14%,约为大豆饼(粕)的 2 倍。菜籽饼(粕)中钙、磷含量较高,硒的含量是植物性饲料中最高的,此外,铁、锰、锌的含量也比较丰富。

菜籽饼(粕)中含硫葡萄糖苷、芥子碱和单宁等不良成分。硫葡萄糖苷经酶分解成噁唑烷硫酮和异硫氰酸盐,这些毒素在畜体内能抑制甲状腺分泌,使甲状腺肿大,影响增重;芥子碱和单宁影响适口性,而且能降低蛋白质和氨基酸消化率。用未经脱毒的菜籽饼(粕)作为猪饲料多食喂养,可使猪中毒,轻者食欲不振或不食、血尿、贫血,重者发生肺水肿和气肿,甚至死亡。

菜籽饼不脱毒只能限量饲喂,生长育肥猪的配合饲料中用量一般为 8%～12%,繁殖母猪的配合饲料中用量为 2%～5%。脱毒菜籽饼对各类猪皆宜。据报道,用减毒菜籽饼喂体重 20 kg 以上的肥育猪,饲料中配合比例达到 16%～25%,对猪皆无不良影响。

4. 花生饼(粕)

花生饼(粕)是指脱壳花生果去油后的副产品。花生饼(粕)的消化能是饼(粕)类饲料中最高的,可达 12.5 MJ/kg 以上,粗纤维含量仅 5%左右,粗蛋白质含量可达 44%～47%。带壳的花生饼(粕)粗蛋白含量仅为 35%左右,而粗纤维高达 18%。花生饼(粕)粗蛋白质品质比豆饼(粕)差、赖氨酸、蛋氨酸含量均低,但精氨酸含量高,有甜香味,适口性好。花生饼(粕)含不饱和脂肪酸较多,喂量不能过多,一般生长肥育猪日粮中用量不超过 15%,否则易引起腹泻和软脂胴体,仔猪和繁殖母猪用量不超过日粮的 10%。生花生仁和生大豆一样,含有胰蛋白酶抑制因子,不宜生喂。

(二)动物性蛋白质饲料

动物性蛋白质饲料资源比较缺乏,主要包括鱼粉、血粉、羽毛粉、肉骨粉、蚕蛹粉等。动物性蛋白质饲料的基本特点是蛋白质含量高、品质好,各种氨基酸含量比较平衡。一般饲粮中易缺的氨基酸,动物性蛋白中含量却较多,并且易于消化吸收。糖类含量少,几乎不含粗纤维。矿物质、维生素含量丰富,利用率高。动物性蛋白质饲料中钙、磷含量比植物性蛋白质饲料高,且比例适宜,B 族维生素含量丰富。含有未知生长因子,能促进动物对营养物质的利用和有利于动物生长。

1. 鱼粉

鱼粉是蛋白质饲料中品质最优,使用效果最好的一种。鱼粉的种类很多,因鱼的来源和加工过程不同其饲用价值各异。鱼粉除具有动物性蛋白饲料的营养特点外,还富含脂溶性维生素 A 和维生素 D。通常使用的鱼粉有进口和国产两种,优质的进口鱼粉粗蛋白质含量可达 60%以上,蛋白质品质好,含有多种必需氨基酸,特别是赖氨酸、蛋氨酸和色氨酸含量丰富。鱼粉中粗灰分小于 20%,含有丰富的钙、磷和多种维生素,也含有硒和碘。鱼粉中食盐含量低于 3%,粗脂肪含量小于 6%。国产鱼粉由于所用的杂鱼原料质量差,粗蛋白含量多为 30～50%,粗纤维含量高,食盐含量高,致使国产鱼粉质量差,在猪的日粮配合之中要特别注意食盐中毒问题。

鱼粉不宜长期储存，特别是高温、高湿季节，鱼粉易受微生物侵染而变质，产生有害的组胺类物质，动物采食后，可发生消化道疾病。

2. 肉骨粉

肉骨粉是不适于作人类食品的碎肉、肉屑、骨头、内脏经高温灭菌后，再经脱脂干燥而制成的。肉骨粉由于原料来源、加工方法以及肉、脏、骨比例不同，品质变化较大，一般粗蛋白含量为40%～60%，氨基酸组成较好，赖氨酸和蛋氨酸含量低于鱼粉，蛋白质的消化率一般为70%～80%。矿物质含量丰富，特别是钙、磷含量可达8%和4%。肉骨粉适口性较差，不宜作单一的蛋白质补充料，应与其他蛋白质饲料配合使用，在猪的配合饲料中应控制在5%～10%的用量。

3. 血粉

屠宰动物收取的鲜血可经高温、压榨、干燥而制成血粉。血粉中粗蛋白质含量为80%左右，含有多种必需氨基酸，赖氨酸含量约7%，但蛋氨酸、异亮氨酸相对较低；血粉中含铁量高；血粉的适口性较差、蛋白质的消化率低；血粉中含钙、磷量低，一般都在0.5%以下，因此，血粉用来配制猪的饲料，其用量一般控制在3%左右比较适宜。

4. 羽毛粉

羽毛粉由家禽的羽毛经高温膨化加工而成，蛋白含量高达85%以上，以胱氨酸为主，缺少蛋氨酸、赖氨酸和色氨酸等限制性氨基酸。羽毛粉蛋白质中含有很大比例的角蛋白，未经水解不能被猪利用，粗蛋白消化率仅为30%左右，水解后可增加到80%～90%。因此，羽毛粉在猪日粮中应限量使用，只用于生长肥育猪，并不能超过日粮的5%。

5. 蚕蛹粉

蚕蛹是蚕丝工业的副产品，是人的好食品，脱脂蚕蛹制成的蚕蛹粉是优质的蛋白饲料。蚕蛹粉蛋白质含量高达70%，且含有多种必需氨基酸，粗脂肪含量高，一般在10%以上。蚕蛹粉与饼粕配合使用可明显提高猪的增重，但是蚕蛹粉具有特殊异味，适口性差，饲料中不宜多用，也不宜久存。

(三)单细胞蛋白饲料

这类饲料是指由各种微生物细胞制成的蛋白质饲料，包括酵母、细菌、真菌和一些单细胞藻类，因此这类饲料也称微生物蛋白质饲料。

液态发酵生产酵母可用造纸工业的废水或木材水解液为原料，也可用糟渣类副产品实行固态发酵，收取连同培养基质在一起的酵母混合饲料，液态发酵分离干制的纯酵母粉含粗蛋白质35%～50%，而固态发酵制得的酵母混合饲料因培养底物不同而有较大差异，一般含粗蛋白20%～40%，但用富含蛋白质的饼粕类作原料生产的酵母混合饲料，再掺入皮革粉、羽毛粉、血粉之类的高蛋白饲料，可使产品的粗蛋白含量达60%以上，但是动物利用率不高。酵母富含B族维生素，氨基酸含量不平衡，并且具有苦味，适口性差，应限制喂量。

三、青绿饲料

青绿饲料是指天然水分含量在45%以上的多汁饲料，如树叶、非淀粉质的块根、块茎、瓜果类都属于青绿饲料。这类饲料种类很多，既有野生的，又可人工栽培，其中以禾本科和豆科草为主，包括牧草、蔬菜、水生植物、树叶以及野草、野菜等。这类饲料的特点是干物质含量低，水分含量高，含75%～90%；代谢能值低，每千克鲜重含消化能仅1.2～2.5 MJ；蛋白质含量较高，品质较好，以鲜样计，一般禾本科含粗蛋白1.5%～3%，豆料含3.2%～4%，如按干物质计算，禾本科的粗蛋白含量为13%～15%，豆科高达18%～24%。青绿饲料的蛋白质中氨基酸较为平衡，通常优于籽实中的蛋白质，且胡萝卜素和B族维生素的含量显著高于谷实饲料，所以，是养猪特别是繁殖母猪极好的饲料。

青绿饲料的营养成分和饲用价值因植物的生长阶段、茎叶的老嫩、季节和各自比例不同而有显著的差异。随植物的生长，干物质和粗纤维的含量增高，而蛋白质、矿物质、维生素的成分则明显降低。因此，青绿饲料的利用应掌握最佳时期。

(一)天然野生牧草

这类牧草生长于草山草坡、田间地边，沟渠坝埂及林隙山脚的牧草和杂草，主要有禾本科、豆科、菊科和莎草科，它们是很好的青绿饲料。一般野草野菜所含水分比人工栽培牧草低，但干物质中粗蛋白质略少，而粗纤维、无氮浸出物和矿物质却较多。这样的青绿饲料按适当比例喂给母猪和后备猪，既解决了单纯精饲料营养不平衡的缺点，又取得了节约饲料、降低成本的效果。

(二)人工栽培青绿饲料

近几年来，我国部分农村开始种植牧草取得了较好的经济效益。人工栽培的牧草和植物主要是豆科植物和禾本科植物，如苜蓿、三叶草、草木樨、紫云英等，豆科青草营养丰富，其干物质中粗蛋白质的含量可达15％～24％，含有丰富的矿物质和维生素，但其营养成分及饲用价值随利用时期不同而相异，并且由于其水分和粗纤维含量较高，不宜作猪的基础饲料。

(三)青绿饲料作物

包括叶菜类(白菜、甘蓝、牛皮菜、菠菜等)、根茎类(甘薯藤、甜菜叶茎、胡萝卜茎叶、瓜类茎叶等)及农作物叶类(油菜叶等)。此类饲料干物质营养价值高，粗蛋白质含量占干物质的16％～28％，粗纤维含量变化较大，为12％～30％，粗纤维含量低的叶菜类可鲜生饲喂，粗纤维含量较高的茎叶类，可青贮或制成干粉饲喂。

四、粗饲料

凡天然水分含量在45%以下、干物质中粗纤维含量在18%以上的饲料均属粗饲料，包括青干草、秸秆、秕壳等。其特点是体积大，有饱感，含粗纤维多，质地粗硬，适口性差，不易消化，可利用的营养价值低。不同类型的粗饲料，质量差别很大，豆科粗饲料优于禾本科，嫩的优于老的，绿色的优于枯黄的，叶片多的优于叶片少的。猪饲料常用的青草、花生秧、大豆叶、甘薯藤、槐叶粉等，粗纤维含量低，一般为18%～30%，木质化程度低，蛋白质、矿物质和维生素含量高，营养全面，适口性好，较易消化。在养猪生产中，繁殖母猪的饲料中加入5%～8%的优质草粉，可防止母猪过肥；在育肥后期的饲料中加入3%～5%的草粉，能控制猪对营养的采食量；幼猪饲料中加入2%的草粉可防止拉稀。同时，优质草粉还利于肠道的蠕动，以促进消化吸收，便于排便。

五、矿物质饲料

矿物质饲料包括提供钙、磷、食盐等常量元素的矿物质饲料及提供铁、铜、锰、锌、硒、碘等微量元素的无机盐类等。植物饲料所含的矿物质一般不能完全满足猪的需要，必须用矿物质饲料来补充。

(一)食盐

食盐($NaCl$)不仅可以补充钠和氯，而且还可以改善口味，增进猪的食欲。食盐在猪的日粮中一般以占0.3%～0.5%为宜，过多易发生食盐中毒。

(二)钙源饲料

植物饲料的含钙量与动物钙需要量相比，均不能满足，必须向饲料中补加钙源饲料，生活中常用的有石粉、贝壳粉等。

1. *石粉*

石粉为石灰石经过粉碎的细粉状矿物质饲料，其基本化学成分是碳酸钙，含钙量在38%左右。石粉来源广、价格低廉，动物对其利用率高，是补充钙的最廉价、最简单的原料。

2. *贝壳粉*

贝壳粉是用海水和淡水软体动物的外壳加工粉碎而制成的，为灰白色或灰色粉末，主要成分也是碳酸钙，含钙量与石粉相似，新鲜贝壳须经加热，粉碎，以免传染疾病。贝壳粉中常夹杂沙石和沙砾、泥土等，使用时应注意检查。

（三）磷源和磷、钙源饲料

只提供磷源的矿物质饲料为数不多，实践中常用同时含有钙、磷两种矿物质元素的钙、磷饲料，常用的有骨粉、磷酸二氢钙、磷酸氢钙和磷酸钙。

1. *骨粉*

骨粉以动物的骨骼为原料，经过热压、脱脂、脱胶后干燥、粉碎而成，常用的有单脱、双脱两种，单脱质量不如双脱的好。骨粉的基本成分是磷酸钙，一般含钙量不低于20%，含磷量不低于11%。优质骨粉含钙在28%以上，磷13%以上，钙、磷比例2∶1，是猪饲料中最理想的矿物质饲料。

未经脱脂、脱胶和热压灭菌而直接粉碎生产的骨粉中含有较多的脂肪和蛋白，也含有病原微生物，容易腐败变质，也有传播疾病的危险，使用时应特别注意。

2. *磷酸氢钙和磷酸钙*

磷酸氢钙又叫磷酸二钙，其中所含钙、磷容易被猪吸收利用，是常用的钙、磷饲料。本品的纯品为白色或灰白色粉末。国际规定，饲料级磷酸氢钙的质量标准是：磷含量不低于10%，钙不低于21%，含砷不超过0.03%，含铅不超过0.02%，含氟不超过0.18%，细度要求95%,通过0.4 mm标准筛。磷酸钙也叫磷酸三钙,纯品为白色、无臭的粉末,含磷20%,含钙38.7%,饲料级含氟量不超过0.1%。

(四)其他矿物质饲料

1. 天然沸石

天然沸石含有钙、钠、钾、铁、铜、镁等20多种矿物常量和微量元素。这些元素大都以可溶性盐和交换离子状态存在,易被猪体吸收利用。天然沸石能吸附消化道中的氨、硫化氰,减轻消化道所受不良刺激,能促进饲料中含氮矿物质的吸收利用。据报道,生长肥育猪日粮中添加3%～5%的斜发沸石,日增重提高31%,每千克增重的饲料消耗降低19%。如在饲料中加入15%的沸石粉,能治愈严重的仔猪腹泻,妊娠母猪饲料中添加沸石粉可提高活产仔数和降低新生仔猪死亡率。

2. 膨化土

膨化土具有非常显著的膨胀和吸附性能,能吸附大量的水分及有机物质,并含有钙、钠、钾、氯、镁、铁、铜、锌、锰、钴等矿物元素。在猪饲料中添加膨化土,能提高仔猪成活率,促进肥育猪生长和降低饲料消耗,在生长肥育猪饲料中可添加1%～2%的膨化土。

3. 麦饭石

据资料介绍,我国对不同产地的麦饭石中矿物质元素进行了测试研究,不同地区的麦饭石矿物质元素含量各有差异,但多含钠、钾、钙、磷、锰、镁、锌、铜等人和动物的必需元素,尤其是微量元素中的18种生命必需元素,不但含量丰富,而且溶出性能好,这些元素可被家畜直接利用,尤其是镍、钛、铜、硒等微量元素,能提高酶的活性和营养物质的利用率。麦饭石在家畜消化道内可选择性吸附细菌及有毒气体、有毒金属元素,减少家畜疾病和应激。试验结果表明,在生长肥育猪基础日粮中添加1%～2%的麦饭石,可提高日增重,缩短饲养期6～11 d,降低饲料消耗6%～13%。麦饭石对猪肉品质无不良影响，肉质符合食品卫生标准。

六、添加剂

添加剂是指为某种特殊目的添加到天然饲料中的少量或微量物质，以满足动物生产的特殊需要，如保健、促生长、增食欲、防饲料变质、改善饲料及畜产品品质、改善养殖环境等。猪饲料添加剂的种类很多，根据其化学成分和作用，分为营养性添加剂和非营养性添加剂两大类。饲料添加剂的特点：一是量小作用大，过量易中毒；二是种类多，用途专一；三是化学稳定性差。因此，一定要放在避光、阴凉、干燥通风的地方保存。

（一）营养性添加剂

营养性添加剂主要用于平衡日粮，包括氨基酸添加剂、维生素添加剂和微量元素添加剂。

1. 氨基酸添加剂

猪饲料主要是植物性饲料，最缺的必需氨基酸是赖氨酸和蛋氨酸，因此，猪用氨基酸添加剂主要有赖氨酸添加剂和蛋氨酸添加剂。这两种氨基酸都有 *L* 型与 *D* 型之分，对赖氨酸猪只利用 *L* 型，对蛋氨酸 *L* 型和 *D* 型都能利用，使用时根据猪的需要量添加。对赖氨酸添加剂，按 *L*-赖氨酸的实际含量计算加入饲料中。

2. 维生素添加剂

猪的维生素添加剂常用的有维生素 A、维生素 D_3、维生素 E、维生素 K 和维生素 B_1、维生素 B_2、维生素 B_3、维生素 B_5、维生素 B_{12} 及叶酸和氯化胆碱等。生产中多采用复合添加剂形式配制，把多种维生素配合加入饲料中，在使用的人工合成制剂维生素添加剂时，应注意其生物学效价与稳定性，对稳定性差的维生素应加大配入量，还应加入防氧化剂。复合维生素添加剂量为：仔猪 0.25%、肥育猪 0.15%，添加时应注意维生素间的相互作用，添加量与饲粮水平有关。

3. 微量元素添加剂

目前我国养猪生产中添加的微量元素主要有铁、铜、锰、锌、钴、硒、碘等，一般要以复合无机矿物盐形式添加，常用的化合物有：硫酸亚铁、氧化铁、硫酸铜、硫酸锌、硫酸锰、氧化锰、硫酸钴、亚硒酸钠、硒酸钠、碘化钾、碘化钠、碘酸钾、碘酸钙等。添加量以饲养标准中规定的量为准，基础日粮中所含微量元素可以忽略不计，添加时注意混合均匀。

(二)非营养性添加剂

这类添加剂的主要作用是刺激动物生长，提高饲料利用效率，改善动物健康等，包括抗生素、抗菌药物、酶制剂以及其他促生长物质。

1. 抗生素

猪饲料中添加高浓度抗生素或抗菌药物可以预防和治疗疾病，低浓度时可增进健康，提高日增重和饲料报酬。但是对这类添加剂的使用有激烈的争论，因为长期使用抗生素提高了病菌的抗药性，因而有的国家已禁止使用；由于该类添加剂能促进畜体生长，保持动物健康，世界大部分国家仍在广泛应用。为避免药物残留，屠前1周停止用药，生长肥育猪饲料中添加此类添加剂，可提高日增重10%～20%，耗料减少10%左右，因用量小，应注意混合均匀。常用的抗生素有下列几种：①杆菌素，添加量每千克饲料100 mg；②持久霉素，添加量每千克饲料15 mg；③泰乐菌素，添加量每千克饲料11～12 mg；④土霉素，添加量每千克饲料75～150 mg；⑤维吉尼亚霉素，添加量每千克饲料10～100 mg；⑥喹乙醇（快育灵），添加量每千克饲料20～30 mg。

2. 保健驱虫添加剂

这类添加剂包括磺胺类药物添加剂，如磺胺嘧啶、磺胺噻唑、磺胺咪，以抑制大部分革兰氏阳性菌和部分革兰氏阴性菌。驱虫药物添加剂如硫化二苯胺、驱蛔灵、左旋盐酸四咪唑等，可防治猪的寄生虫病。

3. 酶制剂添加剂

添加酶制剂一方面可消除日粮中的抗营养物质，促进营养物质的消化吸收，减少可被肠道有害菌利用的营养基质，防止有害菌的大量增殖。随着仔猪日粮中酶制剂水平的升高，猪粪中大肠杆菌数降低，乳酸杆菌数增加。另一方面添加酶制剂可降低仔猪胃肠道中食糜的黏性，消除非淀粉多糖等抗营养因子对消化吸收的不良影响，降低腹泻等疾病的发生率。不同的酶制剂对猪的保健作用机制不同，纤维素酶可促进食物酵解和消化，在一定程度上可预防消化道疾病。试验表明，纤维素酶可提高日粮中免疫球蛋白的含量，增加猪的抗病力，β-葡聚糖酶、木聚糖酶能降低日粮和食糜的黏稠性，改变肠道微生物群落，减少小肠后段生孢梭菌等有害微生物的增殖，从而减少某些毒素的产生。据报道，早期断奶猪日粮中添加复合酶制剂，可提高日增重25％，减少饲料消耗15.5％。

4. 饲料保存添加剂

常用饲料保存剂有抗氧化剂、防霉剂和抗结块剂等。

(1)抗氧化剂　抗氧化剂常用的有乙氧喹啉(又名乙氧喹、山道喹)、丁羟甲氯苯、丁羟甲苯、柠檬酸、磷酸等。抗氧化剂可防止油脂氧化变质和脂溶性维生素氧化损失。

(2)防霉剂　防霉剂常用的有丙酸钠和丙酸钙，其作用是防止饲料霉烂变质。

(3)抗结块剂　抗结块剂常用的有矿物粉、糖苷乳化剂，其作用是防止饲料回潮结块。

5. 调味添加剂

改善饲料适口性，增强猪的食欲，提高生产性能而添加的香料、香精等，常用的调味剂有甘草精、茴香油、香草醛、乳酸丁酯等。

附：猪常用饲料营养成分表(表5-13)。

表 5-13 猪常用饲料营养成分表 %

饲料名称	养分												
	干物质	消化能/(MJ/kg)	粗蛋白质	粗纤维	钙	磷	有效磷	赖氨酸	蛋氨酸+胱氨酸	苏氨酸	异亮氨酸	精氨酸	样品说明
青绿饲料类													
胡萝卜秧	12.0	1.088	2.2	2.2	0.38	0.05	0.05						
甘蓝	10.0	1.004	1.8	1.6	0.08	0.04	0.04	0.07	0.06	0.06	0.05	0.07	成熟期
小白菜	5.4	0.586	1.2	0.7	0.1	0.03	0.03	0.04	0.04	0.03	0.03	0.04	
大白菜	7.0	0.753	1.8	1.1	0.14	0.06	0.06						
白三叶	14.9	1.548	3.8	2.8	0.19	0.08	0.08	0.11	0.12	0.11	0.10	0.12	营养期
甘薯藤	13.0	1.130	2.1	2.5	0.20	0.05	0.05	0.08	0.05	0.07	0.07	0.09	营养期茎叶
聚合草	10.8	1.004	1.9	1.6	0.18	0.07	0.07	0.08	0.10	0.08	0.08	0.09	现蕾期
蕉藕叶	10.0	0.879	1.6	1.9	0.19	0.04	0.04						
苦荬菜	15.0	1.423	3.3	2.7	0.29	0.06	0.06	0.17	0.07	0.11	0.15	0.09	营养期
牛皮菜	9.7	0.879	2.3	1.2	0.14	0.04	0.04						
秣食豆草	20.0	0.879	4.1	7.2	0.3	0.07	0.07	0.16	0.10	0.12	0.15	0.14	营养期全株
苜蓿	25.0	1.339	4.9	8.2	0.37	0.05	0.05	0.26	0.10	0.23	0.23	0.23	现蕾期茎叶
千穗谷	12.5	1.046	2.6	2.6	0.30	0.05	0.05						
苕子	15.0	1.632	3.2	4.3	0.17	0.04	0.04						
紫云英	13.0	1.297	2.9	2.5	0.18	0.07	0.07						

续表 5-13

饲料名称	养分												
	干物质	消化能/(MJ/kg)	粗蛋白质	粗纤维	钙	磷	有效磷	赖氨酸	蛋氨酸+胱氨酸	苏氨酸	异亮氨酸	精氨酸	样品说明
树叶类													
槐叶粉	88.0	11.004	26.1	9.6	2.88	0.40	0.40						优质
紫穗槐叶粉	88.0	12.050	24.3	10.0	0.76	0.12	0.12						优质
松针叶粉	90.6	6.234	7.9	27.3	0.28	0.30	0.30						
青贮料类													
白菜青贮	10.9	0.795	2.0	2.3	0.29	0.07	0.07	0.02	0.03	0.02	0.02	0.03	
甘薯藤青贮	14.7	0.962	1.5	3.8	0.29	0.03	0.03	0.06	0.04	0.05	0.05	0.06	质量中下
胡萝卜秧青贮	19.7	0.879	3.1	5.7	0.35	0.03	0.03						
甜菜叶青贮	11.5	0.837	1.3	2.0	0.12	0.03							质量中下
玉米青贮	22.7	1.004	1.6	6.9	0.10	0.06	0.06	0.02	0.04	0.03	0.03	0.02	
块根块茎瓜果类													
甘薯	25.0	3.849	1.0	0.09	0.06	0.07	0.05	0.13	0.11	0.15	0.12	0.14	鲜
甘薯干	90.0	14.435	3.9	2.3	0.15	0.12	0.12	0.13	0.11	0.15	0.12	0.14	
胡萝卜	12.0		0.9	1.1	0.04	0.02	0.02	0.05	0.03	0.03	0.04	0.03	鲜红色
萝卜	7.0	1.004	0.9	0.7	0.05	0.03	0.03						
马铃薯	220	3.264	1.6	0.7	0.02	0.03	0.03	0.36	0.22	0.26	0.26	0.03	

续表 5-13

饲料名称	养分												
	干物质	消化能/(MJ/kg)	粗蛋白质	粗纤维	钙	磷	有效磷	赖氨酸	蛋氨酸+胱氨酸	苏氨酸	异亮氨酸	精氨酸	样品说明
木薯干	87.2	14.644	3.8	2.8	0.16	0.08	0.08						
南瓜	10.0	1.506	1.0	1.2	0.04	0.02	0.02	0.02	0.01	0.01	0.01		
甜菜	15.0	2.050	2.0	1.7	0.06	0.04	0.04	0.03	0.02	0.02	0.02	0.02	
甘蓝	11.4	0.292			0.04	0.04	0.04						
甘蓝	10.0	1.381	1.0	1.3	0.06	0.02	0.02						芜菁甘蓝
青干草类													
青干草	90.8	5.481	8.4	30.8	0.57	0.08	0.08	0.28	0.18	0.33	0.22	0.34	
沙打旺	94.4	7.280	12.3	29.0	1.95	0.12	0.12	0.05	0.25	0.78	0.71	0.37	初花期
苕子糠	88.1	7.615	25.6	18.6	1.38	0.37	0.37						
紫云英	90.8	5.900	19.1	29.9	1.50	0.22	0.22						
秣食豆草	88.0	4.979	23.3	40.9	1.70	0.40	0.40	0.16	0.10	0.12	0.115	0.14	
苜蓿干草	87.9	7.950	20.3	23.2	1.65	0.35	0.35	0.53	0.49	0.42	0.52	0.31	现蕾期
苜蓿干草	88.4	7.322	15.6	25.4	1.10	0.22	0.22						成花期
农副产品													
大豆秸粉	88.1	7.991	18.0	16.7	1.97	0.18	0.18	0.31	0.12	1.08	0.25	0.20	
玉米秸粉	90.7	6.736	7.2	24.4	0.39	0.23	0.23	0.25	0.28	0.27	0.25	0.34	

续表 5-13

饲料名称	养分												
	干物质	消化能/(MJ/kg)	粗蛋白质	粗纤维	钙	磷	有效磷	赖氨酸	蛋氨酸+胱氨酸	苏氨酸	异亮氨酸	精氨酸	样品说明
甘薯藤粉	88.0	5.23	8.1	28.5	1.55	0.11	0.11	0.28	0.18	0.29	0.24	0.25	
花生秧粉	87.5	7.406	11.7	21.8	1.89	0.09	0.09	0.40	0.56	0.36	0.34	0.40	
蚕豆茎叶粉	92.0	8.284	17.8	18.6	2.01	0.41	0.41	1.02	0.96	0.90	1.06	0.90	成熟优质
糟渣类													
豆腐渣	10.0	0.879	2.8	1.8	0.05	0.03	0.01	1.23	0.51	0.89	1.07	1.14	
粉渣	15.0	2.05	1.8	1.4	0.02	0.02	0.01	0.27	0.27	0.35	0.30	0.31	玉米原料
粉渣	15.0	1.172	1.0	1.3	0.06	0.04	0.01						
甜菜渣	12.0	1.130	1.2	2.4	0.06	0.01	0.01	0.05	0.03	0.06	0.05	0.53	
醋渣	25.0	2.427	2.4	5.3	0.06	0.03	0.03	0.08	0.54	0.09	0.09	0.11	
啤酒渣	25.0	2.678	6.9	3.8	0.09	0.12	0.04	0.18	0.25	0.18	0.22	0.30	
酒糟	28.0	3.347	4.9	4.9	0.15	0.17	0.06	0.12	0.01	0.26	0.05	0.25	玉米
酒糟	36.3	3.849	7.4	6.3	0.09	0.15	0.05	0.15	0.07	0.16	0.29	0.25	高粱
酒糟	21.0	1.632	3.4	4.0	0.09	0.01	0.003	0.01	0.06	0.04	0.05	0.01	甘薯
酒糟	27.7	4.519	7.4	2.4									大米
酱油渣	22.4	2.803	7.1	3.4	0.11	0.13	0.03	0.14	0.10	0.27	0.9	0.24	

续表 5-13

饲料名称	养分												
	干物质	消化能/(MJ/kg)	粗蛋白质	粗纤维	钙	磷	有效磷	赖氨酸	蛋氨酸+胱氨酸	苏氨酸	异亮氨酸	精氨酸	样品说明
糠麸类													
大麦麸	91.2	12.929	14.5	8.2	0.04	0.04	0.13						
小麦麸	89.8	11.380	14.2	7.3	0.14	1.06	0.35	0.65	0.74	0.51	0.47	1.07	七二粉
小麦麸	88.0	12.008	15.4	8.2	0.12	0.85	0.28	0.67	0.74	0.54	0.49	1.13	八四粉
高粱糠	90.0	13.012	9.3	3.9	0.30	0.44	0.15	0.38	0.39	0.35	0.42	1.36	
米糠	90.2	12.636	12.1	9.2	0.14	1.04	0.34	0.56	0.35	0.46	0.49	0.84	
玉米糠	87.5	14.100	9.9	9.5	0.08	0.48	0.16	0.77	0.42	0.64	0.63	1.00	
次粉	88.1	13.514	14.0	3.1	0.06	0.39	0.13						
谷实类													
玉米	88.4	14.477	8.6	2.0	0.04	0.21	0.07	0.23	0.27	0.31	0.26	0.39	
高粱	89.3	13.975	8.7	2.2	0.09	0.28	0.09	0.22	0.25	0.25	0.32	0.35	
大麦	88.8	13.180	10.8	4.7	0.12	0.29	0.10	0.42	0.28	0.38	0.39	0.56	
青稞	88.8	14.226	12.0	2.5	0.08	0.31	0.10	0.40	0.22	0.38	1.74	0.70	
糙米	87.0	13.180	8.8	0.7	0.04	0.25	0.08						
小麦	91.8	14.309	12.1	2.4	0.07	0.36	0.12	0.35	0.48	0.35	0.45	0.60	
稻谷	90.6	11.715	8.3	8.5	0.07	0.28	0.09	0.31	0.30	0.27	0.28	0.62	

续表 5-13

饲料名称	养分												
	干物质	消化能/(MJ/kg)	粗蛋白质	粗纤维	钙	磷	有效磷	赖氨酸	蛋氨酸+胱氨酸	苏氨酸	异亮氨酸	精氨酸	样品说明
碎米	88.0	14.927	8.8	1.1	0.04	0.23	0.08						
小米	86.8	14.016	8.9	1.3	0.05	0.32	0.11	0.58	0.73	0.34	0.28	0.55	
燕麦	90.3	12.008	11.6	8.9	0.15	0.33	0.11	0.66	0.24	0.37	0.35	0.71	
豆类													
大豆	88.0	16.569	37.0	5.1	0.27	0.48	0.16	2.45	1.01	1.55	1.68	3.19	
蚕豆	88.0	12.887	24.9	7.5	0.15	0.40	0.13	1.59	0.78	0.90	1.00	2.37	
黑豆	88.0	13.180	36.1	6.7	0.24	0.48	0.16	1.89	0.43	1.19	1.54	2.48	
豌豆	88.0	13.472	22.0	5.9	0.13	0.48	0.16	1.68	0.68	0.93	0.87	2.41	
饼粕类													
豆饼	90.6	14.602	43.0	5.7	0.32	0.05	0.17	2.38	0.390	1.87	1.78	2.93	
豆粕	92.4	14.518	47.2	5.4	0.32	0.62	0.20						
棉籽饼	92.2	11.799	32.8	15.1	0.31	0.64	0.21	1.29	0.62	1.15	1.00	3.76	
棉籽粕	91.0	11.046	41.4	12.9	0.36	1.02	0.34	1.22	0.37	1.29	1.20	3.15	
花生饼	90.0	14.477	43.9	5.3	0.25	0.52	0.17	1.61	1.05	—	—	4.53	
亚麻饼	92.0	12.217	33.1	9.8	0.58	0.77	0.25	1.32	0.80	1.38	1.66	3.25	
亚麻粕	89.0	13.096	36.2	9.2	0.62	0.82	0.27						

续表 5-13

饲料名称	养分												
	干物质	消化能/(MJ/kg)	粗蛋白质	粗纤维	钙	磷	有效磷	赖氨酸	蛋氨酸+胱氨酸	苏氨酸	异亮氨酸	精氨酸	样品说明
葵籽饼	93.8	9.958	28.7	19.8	0.65	0.81	0.27	1.11	1.02	1.16	1.40	2.58	带壳压榨
葵籽粕	92.5	9.121	32.1	22.8	0.41	0.84	0.28	0.58	0.66	0.73	0.59	1.93	带壳浸提
椰子饼	90.3	13.180	16.6	14.4	0.04	0.19	0.09	0.99	0.85	0.58	1.60	4.1	
芝麻饼	92.0	13.389	39.2	7.2	2.24	1.19	0.39	0.82	1.18	1.29	1.42	2.38	
玉米胚芽饼	90.0	14.602	16.8	5.7	0.03	0.85	0.28	0.69	0.93	0.66	0.53	1.16	
菜籽饼	88.0	11.590	37.4	10.1	0.6	0.94	0.62	0.18	1.42	1.46	1.29	1.91	
动物性饲料													
鱼粉	89.0	15.523	60.5	—	3.91	2.90	2.90	5.91	2.14	2.36	2.24	5.42	秘鲁
鱼粉	89.5	14.167	55.1	—	4.59	2.15	2.15	3.64	2.34	2.22	2.23	3.02	国产
蚕蛹渣	89.3	14.937	64.8	—	0.19	0.75	0.75	3.86	1.98	3.41	2.54	3.53	脱脂
蚕蛹	91.0	18.410	53.9	—	0.25	0.53	0.53	2.06	1.18	1.86	1.57	1.59	
血粉	89.3	13.932	80.2	—	0.03	0.23	0.23	8.07	1.14	3.48	—	3.26	
羽毛粉	90.9	14.309	76.1	—	0.04	0.12	0.12	0.91	0.48	3.66	3.83	5.43	
全乳	13.1	2.929	3.3		0.12	0.09	0.09	0.24	0.04	0.14	0.15		
全脂奶粉	90.0	22.50	26.4		1.62	0.66	0.66	2.40	1.08	1.60	2.70	1.10	
脱脂奶粉	92.0	13.76	34.9		1.50	0.94	0.94	2.60	1.40	1.75	2.10	1.10	

续表 5-13

饲料名称	养分												
	干物质	消化能/(MJ/kg)	粗蛋白质	粗纤维	钙	磷	有效磷	赖氨酸	蛋氨酸+胱氨酸	苏氨酸	异亮氨酸	精氨酸	样品说明
动物油	97.4	38.325											
其他													
淀粉	87.2	18.117											
砂糖	91.0	18.117											
葡萄糖	91.0	16.778											
酪蛋白	91.3	15.313	89.1										
酵母粉	91.9	12.929	48.0		0.45	1.48		3.57	1.41	2.18	2.19	3.12	
肉骨粉	90.0	14.72	53.8		55.4	3.01		1.96	0.62	1.94	1.30	4.43	

第五节 饲料配合

我国的饲料资源非常丰富。因地制宜,广辟饲料来源,根据当地的实际情况,可选用来源广、产量大、通过加工处理后能提高其营养价值的适合于猪饲料的原料,自行配制加工,这样不但扩大了饲料来源,而且可以降低饲料成本。

根据猪在不同生产和生长发育阶段的饲养标准及猪常用饲料的营养成分和营养价值,结合当地饲料资源,科学地配制营养全面的饲料,满足各类猪对营养物质的需要,对于提高猪的生产性能,降低饲料消耗,提高饲料利用率,降低饲料成本,进而提高经济效益有着重要的意义。

一、饲料配合的原则

(1)选用适宜的饲养标准　饲养标准也称作营养需要量,是设计配合饲料的重要依据。根据猪的类型、品种特征及生产性能选择使用适当的饲养标准,是做好饲料配合工作的第一步,也是最重要的环节。饲料配合可参照使用我国已制定的饲养标准或地区性的饲养标准,通过饲养实践,根据猪生长发育不同阶段及生产性能的不同要求作适当的修正。

(2)满足营养但要兼顾价格　配合饲料是一种生产性商品,所以要考虑价格和生产性能的综合平衡。如果只追求生产性能,过多使用优质高价饲料,则猪的生产成本升高,经济效益下降,往往出现高产低效现象。为此,在设计配合饲料时,既要注意营养水平,又要考虑饲料的成本,要以最小的投入,获得最佳的经济效益。

(3)饲料多样化,注意适口性　配合饲料时应尽量做到饲料多样化，多种饲料合理搭配，这样不仅能提高饲料的适口性，还能使各种营养物质得到相互补充，从而提高饲料的营养价值。要考虑饲料的适口性，适口性好的饲料多用些，差的少用些，尽量避免选用有毒、发霉、变质的饲料。

(4)保证饲粮体积　要注意猪的采食与饲料体积大小的关系。若饲料体积过大，猪往往吃不完，从而减少营养成分的采入；若体积过小，猪又吃不饱，从而增加了猪的运动量和体力消耗。因此，配合饲料时，除了满足各种营养物质外，还要注意饲料干物质给量，使饲料保持一定体积。

(5)注意原料的选择　要了解原料营养成分的特性，把握每种原料对哪一生长阶段的猪可以使用，能使用的最大限量是多少，等等。另外，还要严格检查原料的质量、规格、等级，除国家规定的标准之外，在设计时，还应该考虑饲料原料收购的规格等。

配合饲料使用添加剂，要符合有关饲料的卫生安全法规，其中抗生素类，要根据配合饲料的种类，按照国家规定选用。

二、饲料配合的方法

饲料配合的方法有许多种，如方块法、试差法、联合方程式法、矩阵法、电子计算机法(程序法)。各种方法计算的结果常常不一致，但只要计算正确，其结果是比较接近的。合理地配合饲料可以经济地提供一种理想的、比例合适的、营养物质平衡和满足需要量的配方来。

在上述这些饲料配合的方法中，最常用的有方块法和试差法。

(一)方块法

方块法又称皮尔逊四边法或叫对角法或交叉法，这种方法适用于饲料种类所要求的营养指标少的饲料配合。因此，若同时考虑多项营养指标，并且饲料品种较多时，此法比较复杂。实践中常用此法进行简单的混合饲料、复合预混料、浓缩料的配制及饲料营养浓度的计算。现以体重 20～60 kg 瘦肉型生长猪的饲料配合为例，说明这种计算方法。

第一步，确定饲料营养水平。查表可知这种猪的营养需要为：消化能 12.97 MJ/kg，粗蛋白质 16%，赖氨酸 0.75%，钙 0.6%，磷 0.5%，食盐 0.23%。

第二步，列出现有饲料的种类及养分含量，见表 5-14。

表 5-14　现有饲料的种类及养分含量　　%

饲料名称	消化能 /(MJ/kg)	粗蛋白质	赖氨酸	钙	磷
玉米	14.45	8.6	0.23	0.04	0.21
麸皮	11.38	14.2	0.65	0.14	1.06
槐叶粉	11.00	26.1	0.78	2.88	0.4
国产鱼粉	14.17	55.1	3.64	4.59	2.15
豆饼	14.60	43.0	2.38	0.32	0.50
棉籽饼	11.80	33.8	1.29	0.31	0.64
菜籽饼	11.59	37.4	1.18	0.60	0.94
骨粉				30.2	13.46
石粉				35.0	
合成赖氨酸			99		

第三步，因为价格、有毒物质及粗纤维含量等方面的原因，对部分饲料用量需加限制，如鱼粉只用 3%，棉籽饼、菜籽饼和槐叶粉各用 5%。假设饲料添加剂用量为 1%，食盐为 0.23%，钙、磷保留 1% 的空间。

第四步，计算：①上述限定成分在饲料中所占的比例；②这些成分所提供的养分；③饲料中所剩余部分应有的养分浓度，见表 5-15。

表 5-15　饲料中剩余部分应有的养分浓度　%

饲料名称	含量	消化能/(MJ/kg)	粗蛋白质	赖氨酸	钙	磷
鱼粉	3	0.43	1.65	0.11	0.14	0.06
槐叶粉	5	0.55	1.31	0.04	0.14	0.02
棉籽饼	5	0.59	1.69	0.06	0.02	0.03
菜籽饼	5	0.58	1.87	0.06	0.03	0.05
食盐	0.23					
添加剂	1					
保留空间	1					
合计	20.23	2.15	6.52	0.27	0.33	0.16
需要	100	12.97	16	0.75	0.6	0.5
缺额	79.77	10.82	9.48	0.48	0.27	0.34

第五步，根据方块法用玉米、麸皮、豆饼满足饲料对消化能和蛋白质的要求。剩余部分为 79.77%，应含消化能 10.82 MJ/kg 和粗蛋白质 9.48%，折成 100%，消化能应为 13.56 MJ/kg，粗蛋白质应为 11.88%。先配制混合物 1，含消化能 13.56 MJ/kg，粗蛋白质低于 11.88%，将两种饲料的消化能置于正方形的左侧，所需浓度放在中间，在两条对角线上做减法，大数减小数，得数为两种饲料应占的份数。

玉米　14.45　　　　2.18 = 71%(玉米)

　　　　　　13.56

麸皮　11.38　　　　0.89 = 29%(麸皮)

右上角即 2.18 份玉米，右下角即 0.89 份麸皮，求出两种饲料的总份数(2.18+0.89)，再求出每种饲料占的百分数：

2.18÷(2.18+0.89)×100%=71%(玉米)

0.89÷(2.18+0.89)×100%=29%(麸皮)

以下方块形的右上、右下角百分数，依此类推计算。

混合物 1 粗蛋白质为 8.6%×71%+14.2%×29%=10.2%。

再配合混合物 2，含消化能 13.56 MJ/kg，粗蛋白质高于 11.88%。

玉米 14.45 ↘ ↗ 1.04 = 53.9%(玉米)
13.56
豆饼 14.60 ↗ ↘ 0.89 = 46.1%(豆饼)

其粗蛋白质为 8.6%×53.9%+43%×46.1%=24.46%。

最后用这两种混合物配成含消化能 13.56 MJ/kg，粗蛋白质 11.88%的饲料。

混合物 1 10.2 ↘ ↗ 12.58 = 88.2%(混合物 1)
11.88
混合物 2 24.46 ↗ ↘ 1.68 = 11.8%(混合物 2)

其中玉米占 71%×88.2%+53.9%×11.8%=69%，麸皮占 29%×88.2%=25.58%，豆饼占 46.1%×11.8%=5.43%。

3 种饲料在配方中的用量为：玉米 69%×79.77%=55.04%；麸皮 25.58%×79.77%=20.4%；豆饼 5.43%×79.77%=4.33%。

第六步，计算养分余缺，见表 5-16。

表 5-16 养分余缺 %

饲料名称	含量	消化能/(MJ/kg)	粗蛋白质	赖氨酸	钙	磷
玉米	55.04	7.95	4.73	0.127	0.02	0.16
麸皮	20.4	2.32	2.90	0.133	0.03	0.22
豆饼	4.33	0.63	1.86	0.103	0.01	0.02
合计	79.77	109	9.49	0.363	0.06	0.40
需要	79.77	10.82	9.48	0.480	0.27	0.34
余缺	0	+0.08	+0.01	−0.117	−0.21	+0.06

第七步，解决赖氨酸不足。饲料中加入含赖氨酸99%的合成赖氨酸0.117%，可满足对赖氨酸的需要。

第八步，钙尚缺0.21%，以石粉补充时，需0.21%÷35%=0.6%。

第九步，完成配方。总量超过或不足100%时以玉米用量调整，若鱼粉所含盐分考虑在内，食盐用量可相应减少。结果见表5-17。

表5-17　养分配方表　%

饲料名称	百分含量	养分名称	百分含量
玉米	55.323	消化能/(MJ/kg)	13.05
麸皮	20.4	粗蛋白质	16.01
豆饼	4.33	赖氨酸	0.75
鱼粉	3	钙	0.60
棉籽饼	5	磷	0.56
菜籽饼	5	食盐	0.23
槐叶粉	5		
石粉	0.6		
赖氨酸	0.117		
添加剂	1		
食盐	0.23		

(二)试差法

试差法又称增减法，这种方法比较简单实用，容易掌握。此法是根据猪饲料的一般配比量，先将各种原料拟定一个大概配方，然后按照饲料营养成分及营养价值表计算配方中各种饲料的养分含量，最后将计算的养分分别加起来与饲养标准对照，是否符合或接近，如果某种营养不足或超量，则需对配方进行调整，如此反复，直至达到饲养标准规定要求为止。

试差法配合饲料的具体方法举例

例：用试差法配制仔猪10～20 kg阶段全价饲料。

现有饲料种类为:玉米、豆粕、麸皮、鱼粉、骨粉、食盐和预混料。

第一步,查仔猪饲养标准。消化能 13.85 MJ/kg、粗蛋白质 19%、钙 0.64%、磷 0.54%、赖氨酸 0.78%、蛋氨酸+胱氨酸 0.51%。

第二步,查猪的饲料成分及营养价值表(表 5-18)。

表 5-18 消化能和粗蛋白质的需要量比较 %

饲料种类	营养价值		配比	消化能/(MJ/kg)	粗蛋白质
	消化能/(MJ/kg)	粗蛋白质			
玉米	14.47	8.6	65	9.41	5.59
豆粕	14.5	47.2	25	3.62	11.8
鱼粉	15.5	60.5	3	0.46	1.81
麸皮	12.0	15.4	4.2	0.50	0.64
骨粉			1.5		
食盐			0.3		
预混料			1		
合计			100	13.99	19.84
饲养标准				13.85	19.00
与饲养标准比较				+0.14	+0.84

第三步,试配。初步确定各种风干饲料在配方中重量百分比,并进行计算,得出初配饲料计算结果,并与饲养标准比较(表 5-18)。

第四步,调整日粮配比。由表 5-18 可以看出,消化能高于饲养标准 0.14 MJ/kg,粗蛋白质高于饲养标准 0.84%,调整的方法是减少含消化能粗蛋白高的饲料,增加这两项含量低的饲料,若增加 1% 玉米减少 1% 的鱼粉,则蛋白质下降 0.519(即 60.5%-8.6%),消化能下降 1.03 MJ/kg(即 15.50-14.47),所以玉米配比增加量为 1.6%(即 0.84%÷0.519%=1.6),同等量玉米代替等量的鱼粉,调整饲料配方见表 5-19。

表 5-19　调整后营养成分计算结果　%

饲料种类	配比	消化能/(MJ/kg)	粗蛋白质	钙	磷	赖氨酸	蛋氨酸＋胱氨酸
玉米	66.6	9.637	5.728	0.026	0.139	0.153	0.180
豆粕	25	3.625	11.8	0.08	0.155	0.595	0.225
鱼粉	1.4	0.217	0.847	0.055	0.041	0.013	0.030
麸皮	4.2	0.504	0.647	0.006	0.003	0.027	0.031
骨粉	1.5			0.45	0.195		
食盐	0.3						
预混料	1						
合计	100	13.983	19.022	0.617	0.533	0.788	0.466
饲养标准		13.85	19	0.64	0.54	0.75	0.51
与饲养标准比较		＋0.133	＋0.022	－0.023	－0.007	＋0.008	－0.044

第五步，调整钙磷需要量。从表 5-19 可见，与饲养标准相比，钙、磷需要量基本合适，不需要再调整。氨基酸配合调整，猪需要的必需氨基酸计算起来比较复杂，有些氨基酸通过饲料可以满足需要。因此，在实际饲养配合饲料中注意赖氨酸和蛋氨酸＋胱氨酸的需要量。从表 5-19 中可见，与饲养标准比较，蛋氨酸＋胱氨酸比标准低 0.044％，在配合饲料注意添加就是了。维生素和矿物质饲料的需要量一定要达到猪的饲养标准，一般全价配合饲料中需补加的矿物质和维生素预混料，要注意预混料的质量和生产日期及厂家信誉程度。

三、饲料配合的种类

（一）饲料配合的先进性

配合饲料是根据猪的不同品种，不同生产阶段和不同的生产性能以及不同季节、温度等环境条件，猪对各种营养物质的需要，将多饲料原料按一定的比例及加工工艺的要求，生产成的均匀一致、营养价值全面的饲料产品，又称为全价配合饲料。

配合饲料是现代养猪生产的一个重要组成部分，是促进养猪生产走上集约化生产的一个重要标志，因为配合饲料具有下列 4 点先进性。

1. 配合饲料根据猪的营养需要，编制营养平衡的日粮配方，能提高猪的生长速度，缩短饲养周期，提高饲料利用率。

2. 配合饲料由谷实类主原料和各种加工副产品以及矿物质、维生素和一些非营养性的添加剂配制而成，能充分利用当地多方面的饲料，使饲料资源得到合理的开发和利用。

3. 能把饲料之中的微量成分，利用强力搅拌机混合均匀，从而保证安全，防止营养不足、过食中毒的现象发生。

4. 配合饲料便于实现饲喂机械化，饲养集约化。

(二)配合饲料的种类

配合饲料的种类多种多样，一般按饲料形状、营养成分和饲养对象进行分类。

1. 按饲料形状分类

按饲料形状，配合饲料可分为粉料和颗粒料。粉料是大多数配合饲料所采用的形式，生产工艺比较简单，适用于初级的配合饲料。颗粒饲料是全价粉状料在蒸汽压力作用下生产出来的一种饲料，是近年来迅速发展和广泛应用的一种配合饲料形式。与粉料比较，颗粒饲料具有下述优点：一是可以避免猪的挑食，减少饲喂过程中的损失；二是改善饲料的适口性，提高饲料的消化率；三是便于储存和运输；四是不会分级，容量小的组成部分如矿物质等，不会产生偏析分级，从而可以避免猪的偏食。

2. 按营养成分分类

按营养成分可分为添加剂预混料、浓缩饲料和全价配合饲料 3 种。

(1)添加剂预混料　是指用一种或多种微量添加剂，如氨基酸、维生素、微量元素以及抗生素等，加上一定量的载体或稀释剂经混合而成的均匀混合物。按添加剂种类的多少，预混料又分为单一预混料（如某种或多种维生素预混料、微量元素预混料）和复合预混料（如由营养性添加剂和非营养性添加剂中两类或两类以上的成分组成的预混料）。添加剂预混料必须由配料准确又能混合均匀的专业厂家进行生产，然后，作为中、小型饲料厂和养猪场生产全价配合饲料的原料，有利于在全价配合饲料生产过程中准确配料与均匀混合。预混料在全价配合饲料中起到补充和平衡营养的作用。使用过程中必须按照预混料的添加比例进行配制。一般占全价配合饲料的1%～6%。

(2)浓缩饲料　是指将添加剂预混料与蛋白质饲料、矿物质饲料按一定比例配合生产的产品。浓缩饲料的特点是蛋白质含量高，一般为30%～45%。浓缩饲料中加入一定比例的能量饲料便成为养猪场(户)喂猪的全价配合饲料。浓缩饲料占全价配合饲料的比例一般为20%～40%。

(3)全价配合饲料　是指按照猪的饲料配方将各种原料均匀一致地配制在一起的产品，是直接喂猪的饲料形式。

3. 按饲养对象分类

按饲养对象分类，猪的配合饲料可分为仔猪料、幼猪料、育肥猪料、母猪料、哺乳料和公猪料等。

四、配合饲料的加工工艺

我国目前养猪业基本采用了配合饲料，结束了有啥喂啥的传统喂养方式，而且逐步用颗粒饲料代替粉状饲料，为此我国已经研制出一批比较适用的多种配合饲料机械设备，如磁选机、饲料粉碎机、混合搅拌机、颗粒机、烘干机、成品打包机等。利用这些饲料加工设备，通过下述几项加工工艺就可将饲料原料加工成配合饲料。

(一)原料的收购及检查

这是配合饲料生产工艺的第一道工序，各种原料在加工前应准备齐全，并认真清除杂物，检查是否霉烂，需要粉碎的原料要粉碎。

（二）配料及混合搅拌

将粉碎好的精料、副料和添加物等，按照饲料配方的比例，准确称量后混合搅拌均匀，即为粉状配合饲料。粉状配合饲料既可分装成为产品直接饲喂，也可转入下道工序的制粒过程。

（三）颗粒成型及产品包装

将混合拌匀的粉状饲料，通过输送带送到颗粒机中，再由输送带推送到压模处压成颗粒饲料。制粒机压制出的颗粒温度和湿度都很高，需进入冷却器降温降湿，成为具有一定的强度和硬度、水分含量满足储存要求的颗粒饲料。制粒机很难一次将全部粉料压制成形，因此冷却后要对物料进行分级，没有成形的粉料回到制粒机重新制粒。颗粒饲料制作完成后，经检验（包括水分、形状、营养成分）合格后，对产品进行称量、装袋、缝口。

五、饲料配合举例

（一）仔猪的饲料配方（表 5-20）

表 5-20 仔猪的饲料配方 %

项 目	体重/kg					
	1～5		5～10		10～20	
玉米	58	15.3	9	24	13	43.9
小麦		28.2	18	20	22	
高粱			6		10	10
麸皮	6					5
豆饼	26	22	16	18	20	20
鱼粉（进口）	5	8	12	12	12	7
全脂奶粉	4	20	30	20	13.5	
脱脂奶粉						10

续表 5-20

项　目	体重/kg					
	1～5		5～10		10～20	
酵母粉		4	3.5		4	1.5
白糖			5	3.5	3	
胃蛋白酶		0.5	0.3	0.3	0.3	
淀粉酶		1	0.2	0.2	0.2	
碳酸钙	1	1		1.5	1.5	0.6
微量元素添加剂				0.5	0.25	1.0
维生素添加剂					0.25	1.0
消化能/(MJ/kg)	13.76	15.27	15.19	15.56	14.73	13.60
粗蛋白质	20.6	25.2	24.9	26.3	25.6	22.0
钙	0.93	0.911	1.56	1.82	1.22	0.79
磷	0.50	0.575	0.54	1.24	0.49	0.62
赖氨酸	1.17	1.652	1.39	1.53	1.32	1.34
蛋氨酸＋胱氨酸	0.48	0.788	0.99	0.78	0.94	0.61

(二)生长育肥猪的饲料配方(表 5-21)

表 5-21　生长育肥猪的饲料配方　　%

项　目	体重/kg					
	20～35		35～60		60～90	
玉米	47.2	62.6	61.5	64.0	42.0	66.4
高粱	10.0	10.0	8.0	9.0	20.0	10.0
麸皮	5.0	5.0	12.5	12.0	20.7	5.0
米糠	5.0					
酱油渣	5.0					
苜蓿粉	5.0		2.0	2.0	4.0	
豆饼	10.0	18.1	12.0	9.0	12.0	17.0
鱼粉	9.0	3.5	3.0	3.0		
贝壳粉		0.5	0.4	0.4	0.6	1.2

续表 5-21

项　目	体重/kg					
	20～35		35～60		60～90	
碳酸钙	0.5		0.2	0.2	0.3	
磷酸钙	0.5					
活性炭	1.5					
添加剂	1.0					
维生素添加剂						
食盐	0.3	0.3	0.4	0.4	0.4	0.4
消化能/(MJ/kg)	12.80	13.56	13.35	13.35	13.01	13.56
粗蛋白质	16.8	16.1	14.5	13.4	14.3	13.8
钙	0.81	0.51	0.41	0.41	0.43	0.49
磷	0.65	0.48	0.45	0.44	0.50	0.36
赖氨酸	0.77	0.89	0.69	0.62	0.66	0.65
蛋氨酸＋胱氨酸	0.43	0.49	0.38	0.36	0.48	0.55

(三)母猪的饲料配方(表 5-22)

表 5-22　母猪的饲料配方　　%

项　目	阶段					
	哺乳期		妊娠期		空怀期	
玉米	60.0	45.0	46.3	42.0	48.5	48.0
高粱		23.0		37.0		
大麦			12.0			
麸皮	7.3	14.0	17.0	5.0	30.0	30.5
干草粉	5.0		15.0			
豆饼	25.0	6.0	5.0	10.0	19.0	10.0
菜籽饼		11.0		5.0		9.0
鱼粉		0.5	3.0			
骨粉			1.0		2.0	2.0

续表 5-22

项　目	阶段					
	哺乳期		妊娠期		空怀期	
贝壳粉	2.0			0.5		
食盐	0.5	0.5	0.5	0.5	0.5	0.5
微量元素添加剂	0.1		0.1			
维生素添加剂	0.1		0.1			
消化能/(MJ/kg)	12.76	13.36	11.63	13.72	13.31	12.59
粗蛋白质	16.6	14.3	12.5	13.60	16.0	15.1
钙	0.79	0.30	0.59	0.28	0.73	0.74
磷	0.36	0.54	0.55	0.46	0.73	0.72
赖氨酸	0.80	0.43	0.70	0.55	0.80	0.74
蛋氨酸＋胱氨酸	0.37	0.42	0.53	0.57	0.46	0.59

(四)后备猪的饲料配方(表 5-23)

表 5-23　后备猪的饲料配方　%

项　目	后备公猪/kg			后备母猪/kg		
	20～35	35～60	60～90	20～35	35～60	60～90
玉米	60.0	40.0	45.0	25.0	60.0	10.0
次面粉		13.0	10.0	30.0		
碎米						45.0
稻谷		20.0	16.0			15.0
麸皮	10.0	7.0	8.0	22.6	10.0	
米糠				4.7	5.0	10.0
草粉	3.0	2.0	5.0			
豆粕	25.0			8.0	6.0	
菜籽饼					5.0	5.0
葵花籽饼		10.0	10.0			
骨肉粉					5.7	4.0

续表 5-23

项　目	后备公猪/kg			后备母猪/kg		
	20～35	35～60	60～90	20～35	35～60	60～90
青绿饲料					5.7	4.0
鱼粉		8.0	6.0	9.0		4.0
骨粉					2.0	2.0
贝壳粉	1.5			0.3		
添加剂					1.0	0.6
食盐	0.5			0.4	0.3	0.4
消化能/(MJ/kg)	12.97	12.84	12.46	12.68	12.53	12.9
粗蛋白质	17.02	16.2	15.1	17.9	15.2	14.0
钙	0.63	1.01	0.94	0.71	0.70	0.9
磷	0.38	0.82	0.77	0.63	0.60	0.7
赖氨酸	0.82	0.74	0.67	0.90	0.62	0.65
蛋氨酸＋胱氨酸	0.38	0.60	0.57	0.54	0.53	0.52

(五)种公猪的饲料配方(表 5-24)

表 5-24　种公猪的饲料配方 %

项　目	配种期		非配种期	
	1	2	1	2
玉米	43.0	56.0	65.0	65.0
大麦	28.0	23.0		
小麦				4.2
麸皮	7.0	5.0	15.0	
草粉	6.0	3.0	3.0	
豆粕	8.0	5.0	15.0	25.9
大豆				2.8
鱼粉	6.0	7.0		
骨粉	1.5			1.0
贝克粉		0.5	1.5	0.5

续表 5-24

项　目	配种期		非配种期	
	1	2	1	2
食盐	0.5	0.5	0.5	0.5
消化能/(MJ/kg)	12.68	12.76	13.64	14.90
粗蛋白质	15.4	15.1	14.2	18.8
钙	0.84	0.86	0.64	0.53
磷	0.68	0.47	0.43	0.37
赖氨酸	0.80	0.77	0.67	0.99
蛋氨酸+胱氨酸	0.40	0.38	0.36	0.37

注:配种期每 100 kg 饲料另加维生素 20 g。

思考题

1. 猪的消化生理特点有哪些?

2. 猪对 6 大营养物质的需要因其品种、年龄、性别、生产状态和生产性能等不同,有什么差异?

3. 猪的饲养标准是根据什么制定的?

4. 8 大类饲料各具备什么特点? 各类饲料主要包括哪几种? 举例说明。

5. 饲料配合的原则是什么?

6. 饲料配合的种类有哪些?

7. 根据不同阶段猪的营养标准及当地饲料资源情况,配合出你的猪场最佳的饲料配方。

第六章　种猪的培育与管理

阅读指南

在养猪生产中，猪的饲养种类可分为种猪、仔猪、育成猪和商品肉猪等。种猪是养猪生产中最基础的组成部分。饲养种猪是为了获得数量多、质量好的仔猪。种公猪和种母猪生产性能的好坏，对整个猪的群体影响很大。种猪繁殖效率的高低受品种类型、营养与饲料、饲养管理技术、环境条件、繁殖技术，以及猪的健康水平等多方面的影响。了解各个生长阶段种猪的培育与科学管理，对于多产优质仔猪，提高养猪效益有着重要意义。

种猪生产的目的，是以最小的投入，生产尽可能多的优质仔猪。种猪生产在养猪生产的整个环节中起着关键作用。种猪生产的重要任务就是培育好的后备种猪，不断改善饲养管理条件，尽量满足其营养需要，使其最大限度地发挥生产潜力，即公猪射精量多，配种能力强，母猪常年多次发情，任何季节均可配种繁殖，多胎高产，进一步提供较多的商品肉猪，达到增加经济效益之目的。

第一节　后备种猪的培育

从仔猪培育阶段结束到配种前这一阶段为后备猪培育阶段。后备猪培育的目标与商品猪截然不同，商品猪追求的是快速生长，出生后 5～6 月龄，体重达到 90 kg 左右上市屠宰，而后备猪培育的任务是获得体格健壮、发育良好、具有品种的典型特征和高度种用价值的种猪。

这时幼猪的消化器官已比较发达，消化机能和适应环境条件的能力在逐渐增强，是幼猪身体生长和内部器官发育的生理成熟时期和重要的生长阶段，对饲养管理条件的要求，虽然不像仔猪那样严格，但是为了培育出品质优良的种猪，必须给以合理的饲养管理，有效地利用饲料与护理条件和猪的身体不同部分生长率的规律，按照育种目标的要求进行定向培育。

猪的生长发育是一个很复杂的过程，猪又是最容易通过定向选育和控制营养达到育种目标的。我们掌握了猪的生长发育规律以后，就可以在其生长期的不同阶段控制饲料类型和营养水平，改变其生长曲线的形式，加速或抑制猪体某些商品部位或器官、组织的生长或相对发育程度，以改变猪体的外形结构和生产性能，使之趋向于我们所希望的方向。特别是在以提高猪的早熟性、生长速度为方向，缩短世代间隔、增进遗传改进量为手段的近代育种技术下，在种猪的培育上就更要考虑两个重要问题：初次配种的年龄和最适合的利用期限。因此，对后备猪既要强调选择，更要突出培育，把选种工作建立在强度培育的基础上。

一、后备猪生长发育的特点

(1)体重的增长　体重是身体各部位及组织生长的综合度量，并表现着品种的特性。在正常饲养条件下，猪体重的绝对值随年龄的增加而增大，其相对增长强度则随年龄增长而降低，到成年时，稳定在一定的水平。

(2)猪体组织的生长　猪身体内骨、肉、脂、皮的生长强度因月龄及品种类型而异。骨骼从出生到 4 月龄生长强度最大，其后稳定；皮是出生到 6 月龄生长快，6 月龄后稳定；肉是 4～7 月龄生长快；脂肪则始终在生长，6 月龄后更为强烈；消化器官亦自出生即强烈生长，4 月龄后减慢。所以历有“小猪长骨、中猪长皮、大猪长肉、肥猪长膘”

之说。

(3)猪体化学成分的变化　随着猪体组织及体重的生长,猪体的化学成分也呈规律性的变化,即随年龄及体重的增长,水分及蛋白质、灰分等含量下降,而脂肪迅速增加。随着脂肪量的增加,猪油中饱和脂肪酸的含量也相应增高,而不饱和脂肪酸减少。

(4)身体各部位的生长　猪在生长期间,各种组织生长率的不同,导致身体各部位生长早晚的顺序不一和体形出现年龄变化。仔猪出生时头和四肢相对比较大,躯干短而浅,后腿发育很差。随着年龄和体重的增长,体高、身长首先增加,其后是深度和宽度增加。腰部则是最高生长速度表现最迟的部分,也是身体上最晚成熟的部位。各组织器官和身体部位生长早晚的顺序大体是:①神经组织;②骨骼;③肌肉;④脂肪。骨骼是由下向上,先长长度,后增粗度;脂肪的沉积是按花油、板油、肉间脂肪、皮下脂肪的顺序进行的。

由上述可以看出:猪体各部位和组织生长速度的不平衡性,既揭示了其身体生长的内在规律,同时也为创造符合遗传性显现的条件,顺应其生长特点进行饲养提供依据,而且要作为改变其生长模式和各组织器官相对发育程度的手段而有效地利用。

二、后备猪的选择

仔猪断乳到6月龄时,应按照育种计划的要求对幼猪进行选择和组群,一般1～2个月可进行一次。把体格健壮、发育良好、外形没有重大缺陷、乳头数在6对以上且分布均匀的幼猪留作种用,组成专群饲养管理,其他幼猪作肥育商品猪。所以后备猪作为今后的配种、繁殖使用,培育前后应进行严格挑选,以便获得遗传上优于其亲本的种质。后备猪的选择应注意以下几点:

(1)身体结实度　身体健康、无遗传性疾病是选留后备猪的先决条件。后备猪应是生长发育正常、精神、活泼无疾病的优秀个体。要对其系谱进行认真研究、分析，后备猪一定要来自无任何遗传疾病的家系。留作种用的猪，肢蹄结构非常重要，因配种季节往往需要长时间的站立。

(2)品种特征　后备猪的体型外貌应具有明显的品种特征。根据品种特征，从毛色、耳型、头型、背腰长短、体躯宽窄、四肢粗细高矮等各方面进行全面的选择，看是否符合品种的要求。

(3)繁殖性能　繁殖性状是种猪非常重要的性状，因为后备猪选留的目的就是繁殖利用。后备猪应选自产仔多、哺乳能力强、断奶窝重大等繁殖力高的家系。母猪具有正常的 6 对以上乳头，排列整齐、匀称；公猪应选择睾丸发育良好、左右对称且松紧适度。后备猪要有正常的发情周期，发情表现明显。

(4)生长发育性能　包括生长速度和胴体品质等。后备猪生长发育性状或者全同胞的肥育性状均是选择后备猪的依据。生长发育性状或育肥性状，包括生长速度和饲料利用率两个方面。后备猪本身的背膘和瘦肉的生长情况，只能以 6 月龄时用仪器测得的背膘厚度和眼肌面积来表示。胴体品质一般用屠宰率、背膘厚、眼肌面积、瘦肉率、脂肪率和肉的品质等多项来表示，通常采用同胞测定的方法获得，后备猪应选自那些胴体品质良好的家系，这对于父系品种更为重要。

三、后备猪的饲养管理

(一)后备猪的饲养

根据后备猪不同生长发育阶段的需要配合全价饲料，注意能量与蛋白质的比例，补充矿物质、维生素和必需氨基酸，以保证后备猪的正常生长发育。因为，在饲养上，猪所需要的能量及主要营养物质基本上满足时，对蛋白质或肌肉生长与脂肪生长的影响效应不一。对蛋白质合成或瘦肉生长营养水平提高的影响小，而主要是受年龄效应制约,但对脂肪的沉积,不论何时都明显地受营养水平、饲养强度的影响。因此,调整猪的营养水平,不但影响增重速度,且可控制产品的肉脂比率,导致胴体品质和形态的改变。所以,培育幼猪的目的不同,在其培育的后期,即自体组织生长的后期,应给予不同的饲养水平和培育方法。

对后备猪要求发育良好,在 6～8 月龄时达到成年猪体重的50%～60%时配种,不应过肥,以免发生繁殖障碍。为此,在后备猪的日粮结构上,应在满足骨骼、肌肉生长发育所需营养的前提下,少用含碳水化合物丰富的饲料,多用品质优良的青绿多汁饲料和干草粉。在饲喂方法上宜采用定时定量的限制饲养法。幼猪在体重50 kg以后,随着消化机能发育的完善,消化吸收能力的加强,不仅食欲旺盛,食量增大,而且贪睡;如不限制食量,任其采食,很容易上膘、变肥,且易因过食,撑大胃肠形成垂腹,因此后备猪要控制采食,即育成阶段饲料的日喂量占其体重的 3%～3.5%,体重达到 80 kg 以后占体重的 2.5%～3%。配合饲料的原料要多样化,并尽可能保持种类的稳定性,需要改变原料种类时,可采用逐步更换的方法,以免引起猪食欲不振或消化道疾病。

(二)后备猪的管理

(1)分群　为使后备猪生长发育均匀整齐,可按性别、体重大小分成小群饲养,每圈可养 5～10 头,饲养密度适当。饲养密度过高影响生长发育,出现咬尾咬耳恶癖。小群饲养有两种饲喂方式,即小群合槽饲喂和单槽饲喂。前者的优点是个体争抢吃食快,缺点是强弱不均,容易出现弱者。后者的优点是吃食均匀,生长发育整齐,缺点是栏杆食槽设备投资大。

(2)运动　运动对培育后备猪的体质和体况特别重要。为促进后备猪骨骼的良好发育和健康的体质,使猪发育匀称,四肢更为灵活和坚实,就要有适度的运动。四肢运动全身有 75%的肌肉和器官同时参加运动。特别是放牧运动可呼吸新鲜空气和接受日光浴,拱食鲜土和青绿饲料，对促进生长发育和机体抵抗能力有良好的作用。

(3)调教　后备猪的调教是后备猪培育管理中的一项重要工作，后备猪从小要加强调教管理。从幼猪阶段开始，利用称量体重，喂食之便进行口令和触摸等亲和训练，严禁恶声恶气地打骂它们，这样猪愿意接近人，便于将来采精、配种、接产、哺乳等繁殖时操作管理。怕人的公猪性欲差，不易采精，母猪常出现流产和难产现象。培养后备猪良好的生活规律，规律性的生活使猪感到自在舒服，有利于生长发育。对后备猪的敏感部位（耳根、腹侧、乳房等部位）触摸训练，这样既便于以后的管理，疫苗注射，还可促进乳房的发育。

(4)定期称重　后备猪最好按月龄进行个体称量体重，任何品种的猪都有一定的生长发育规律。不同月龄的猪都有相应的体重范围。通过后备猪各月龄体重变化可以比较生长发育的优劣，适时调整饲料的营养水平和饲喂量，达到品种发育要求。

(5)日常管理　后备猪同样需要防寒保温、防暑降温、清洁卫生等环境条件的管理。另外，后备公猪要比后备母猪难饲养。因为后备公猪达到性成熟以后，会烦躁不安，经常互相爬跨，不好好吃食，生长缓慢，特别是性成熟早的品种更为突出。为克服这种现象，除自由运动之外，还要进行放牧或驱赶运动，这样既可保证食欲，增强体质，又可避免造成自淫的恶癖。

第二节　种公猪的饲养管理

一、养好种公猪的重要性

饲养种公猪的目的就是用来配种，以获得数量多，质量好的仔猪。在养猪生产中，种公猪的数量所占比例很小，但所起的作用却很大。俗话说："母猪好好一窝，公猪好好一坡"。也就是说，在本交的情况下，一头种公猪每年可产 800～1 000 头仔猪，如采取人工授精，一头种公猪每年可配 800～1 000 头母猪，共产仔猪 16 000～20 000 头。为此，必须对种公猪进行科学的饲养管理与合理利用，应经常保持营养、运动和配种利用三者之间的相对平衡。如营养丰富而运动和利用不足时，种公猪就会过肥，从而造成性欲降低，配种能力不强；如营养丰富而运动和利用过度，同样会造成性欲下降和配种效果不佳；如营养不良且利用过度，公猪会过于消瘦，性欲和精液品质严重下降，最后甚至会丧失性欲和配种能力。

二、种公猪的营养需要

种公猪与其他家畜比较，它的射精量大，一次射精量平均为 250 mL左右；总精子数目多；交配时间长，一般为 5～10 min，有的长达 20 min 以上，消耗体力大；消耗的营养物质相对较多。为了使种公猪经常保持良好的种用体况，健康结实，精力充沛，性欲旺盛，能产生大量品质优良的精液，必须注意日粮中的营养水平，要特别注意蛋白质、维生素和矿物质的营养。

(1)蛋白质　种公猪精液中的大部分物质是蛋白质，占干物质的 60%以上。如果日粮中蛋白质不足，会造成精液数量减少，精子密度稀，发育不完全和活力差，使所配母猪受胎率下降，甚至丧失配种能力，因此，在搭配种公猪日粮时，必须重点考虑蛋白质的问题。尤其是要给予一定量的氨基酸平衡的动物性蛋白质饲料。实践证明，种公猪日粮中粗蛋白质含量在非配种季节应在 13%以上，在配种旺季应保持在 15%～16%。配种旺季日粮中赖氨酸的含量不能低于 0.5%。

(2)维生素　维生素对种公猪的健康和精液品质起着非常关键的作用。日粮中缺乏维生素 A 时，公猪性欲不强，精液品质下降，不产生精子，生殖机能减退或完全丧失。缺乏维生素 D，会影响种公猪对钙、磷的吸收和利用，间接影响精液品质。缺乏维生素E，则睾丸发育不良，精子衰弱或畸形，受精能力减退。缺乏维生素B_1、维生素B_2时，能引起睾丸萎缩及性欲减退。因此，种公猪的日粮中必须满足维生素的需要，饲料中多补充青绿饲料，冬季缺乏时可补充多种成品维生素。

(3)矿物质　矿物质对种公猪精液品质和健康有较大影响。日粮中缺钙，精子发育不全，活力不强；缺磷会引起生殖机能衰退；缺锰会产生异常精子；缺锌使睾丸发育不良和精子生成完全停止；缺硒会引起贫血、精液品质下降、睾丸萎缩退化。各种青绿饲料和干草粉中含钙较多，糠麸类饲料中含磷较多，但仍不能满足种公猪的需要，在搭配日粮时要注意补充一定数量的骨粉、贝壳粉、碳酸钙等矿物质饲料。

种公猪的营养供给应根据种公猪的特点及配种利用等情况灵活掌握，常年均衡地保持公猪所需要的营养水平，使其具有旺盛的配种能力。种公猪的日粮配制体积应小些，一般占体重的2.5%～3%。饲料搭配要多样化，可相互弥补营养成分的不足，改善适口性，提高饲料利用率。应经常注意种公猪的体况不要过肥或过瘦，应根据公猪配种负担量和体重变化等情况，随时调整日粮。

三、种公猪的管理

种公猪的管理除了经常保持圈舍的清洁、干燥、阳光充足、空气流通和冬暖夏凉外，还要重点做好下述6项工作。

(1)建立良好的饲养管理制度　对种公猪要建立一个正常的饲养管理日程，有条不紊地安排好种公猪的饲喂、饮水、放牧、运动、刷拭、休息等，使其养成良好的生活习惯，以增进健康，提高配种能力。

(2)单圈饲养　成年公猪一般单圈饲养，这样可使其安静，减少干扰，食欲正常，以减少相互爬跨干扰而造成的精液损失，节省饲料。

(3)保持猪体清洁 每天定时用刷子刷拭猪体,热天结合淋浴冲洗,可保持皮肤清洁卫生,促进血液循环,少患皮肤病和外寄生虫病,这也是饲养员调教公猪的机会,使种公猪温驯听从管教,便于采精和辅助配种。要注意保护猪的肢蹄,对不良的蹄进行修蹄,蹄不正常会影响活动和配种。

(4)合理运动 加强种公猪的运动,可以促进食欲,增强体质,避免肥胖,提高性欲和精液品质,运动不足会使公猪贪睡、肥胖、性欲低、四肢软弱且多肢蹄病,影响配种效果,所以,应坚持运动种公猪,种公猪除在运动场自由运动外,每天还应进行驱赶运动,上、下午各运动 1 次,每次约 1 h,运动时,夏天应在早晨和傍晚,冬季应在中午进行。

(5)定期称重 种公猪通过定期称重,可了解其体重变化,以调整日粮营养水平。成年公猪体重应保持不变,幼龄公猪的体重应该是逐渐增加。

(6)定期检查精液品质 种公猪无论是本交还是人工授精,都应定期检查精液品质。根据精液品质优劣来调整营养、运动及配种强度。配种期间最好每 10 d 检查 1 次精液品质。特别是后备公猪,开始配种前和由非配种期转入配种之前,都要检查精液 1～2 次,严防死精公猪配种。

四、种公猪的合理利用

合理利用种公猪,必须正确掌握适宜的初配年龄和体重,控制配种利用强度。后备公猪初配年龄为 8～9 月龄,体重 120 kg 以上。配种利用是饲养种公猪的唯一目的。然而,种公猪精液品质优劣和使用年限长短,不仅与饲养管理有关,在很大程度上取决于初配年龄和利用强度。利用强度要根据年龄和体质强弱合理安排,如果利用过度就会出现体质虚弱,配种能力降低和利用年限缩短;相反,如果利用过少,会出现身体肥胖笨重,同样导致配种能力低下。所以,适宜的利用强度是提高配种能力和种公猪利用年限的关键措施。初配公猪一般每 2～3 d 配种或采精 1 次;1～2 岁公猪可隔日 1 次;2～4 岁公猪可每天 1 次,连续使用 4～5 d,应休息 1 d 才能继续配种。在配种繁忙季节,1 d 内配种不应超过 2 次,在 2 次之间至少应间隔 6～8 h,老龄公猪应及时淘汰。

第三节　种母猪的饲养管理

衡量母猪生产水平的客观指标就是看母猪一年能提供断奶仔猪的多少,而这项指标又取决于产活仔猪数、哺育期死亡率和繁殖周期长短。种母猪的生产能力除部分由遗传因素决定外,饲养管理对其有重要影响。不同的饲养管理水平,会使母猪的生产能力出现很大的变异。因为猪是多胎高产、繁殖潜力很大的家畜,母猪每窝产仔数与品种有关,而各个品种的产仔数受遗传因素的影响,同品种不同个体的产仔数有高有低,也与其遗传因素有关。但是,繁殖性状的遗传力低,同一品种内不同个体间的繁殖性能的差异主要是由环境决定的,这些环境因素包括季节、饲养管理及其他因素。种母猪每次发情平均排卵 22 枚左右,但其中只有 70%～75%的卵子能够受精并正常发育。这主要是由于在饲养管理不当的情况下,部分卵子不能受精或受精后死亡。因此提高母猪年生产力必须抓好 3 项工作:一是抓好繁殖措施,提高配种受胎率,养好妊娠母猪,减少死胎流产,做好分娩接产,减少分娩时仔猪死亡;二是加强仔猪培育,减少仔猪死亡,提高断奶窝重;三是缩短母猪繁殖周期,仔猪早断奶和缩短母猪从断奶到配种的间隔天数,才能有效地缩短繁殖周期。

一、空怀母猪的饲养管理

母猪从仔猪断奶到再次发情配种这段时间或后备母猪达到初配年龄(即180～210日龄)到发情配种这段时间称空怀期。加强这个时期母猪的饲养管理，就能为多胎、高产打下基础。这个时期母猪由于经过哺乳期，体内营养物质消耗较多，一般猪比较瘦弱，如不及时复膘，发情将会推迟或发情微弱或不发情，即使发情，也会排卵数少，卵子不健全，甚至不孕。因此，这个时期的主要任务就是加强营养供给，促使增膘复壮。

(一)满足营养需要及短期优饲

(1)蛋白质需要　配种前当蛋白质不足时，卵子不能正常发育，排卵数减少，如蛋白质不完善、氨基酸含量不平衡，使受胎率降低，甚至不孕。一般要求饲粮中含蛋白质12%～13%，在配种期间还要适量增加。

(2)维生素需要　维生素对母猪的繁殖机能有重要的作用，如果饲粮中缺乏胡萝卜素，母猪性周期失常，不发情或发情次数多，发情时间延长，难以受胎，受精卵不易着床，受胎后流产现象增多，生弱仔或仔猪产后不久死亡；缺乏维生素D，母猪发情不正常；缺乏维生素E，母猪不发情或不受胎；缺乏维生素B_5，母猪受胎率下降；缺乏维生素B_4(胆碱)，母猪繁殖率下降，产仔数减少；缺乏维生素B_{12}，青年母猪开始发情时间延迟。多汁、青绿饲料含上述各种维生素在冬季和早春青绿饲料缺乏时，添加成品多维素也能补充各种维生素。在喂青绿饲料过程中应注意用量。

(3)矿物质和微量元素需要　饲料中长期缺钙、磷，母猪不易受胎或不孕、产弱仔、产仔数减少，因此，每头母猪每天应补加20～30 g骨粉；缺锰时，母猪不发情或发情微弱，卵巢损害；缺碘时，母猪发情减弱或停止发情；缺硒时，母猪排卵数减少；缺铜时，母猪患不育症。

因此，准备配种期母猪应特别注意矿物质及微量元素的补加。

（4）短期优饲　短期优饲主要针对后备母猪，即对后备母猪在配种前短期适当加料，可增加排卵数。体况瘦弱不发情的母猪，可采用"短期优饲"，即在配种前10～15 d，按平均喂料量增加50%～80%，视瘦弱情况而定，并补喂优质青绿饲料，恢复体况发情配种。对过肥不发情母猪，应实行限制饲养，减少或不喂精料，多喂青绿饲料，增加运动，让母猪掉膘恢复利用体况，同时辅以药物催情，使之发情配种。

（二）空怀母猪的正确管理

空怀母猪同样需要在干燥、清洁、温湿度适宜和充足的光照及新鲜空气等环境条件下。空怀母猪的饲养方式有单栏饲养和群养两种，单栏饲养即将母猪固定在栏内，活动范围很小，母猪后部尾侧是种公猪栏，以有利于促进母猪发情。小群饲养是将4～6头同时断奶的母猪养在同一栏（圈）内，可以自由活动，有些地方还设有空怀母猪舍外运动场，使空怀母猪的活动范围更大，并有机会接近公猪圈或公猪运动场。群饲的空怀母猪，可以促进其发情，特别是群内出现发情母猪后，由于爬跨和外激素的刺激，可以诱导其他空怀母猪发情，同时也便于饲养管理人员观察和发现发情母猪，也便于用试情公猪试情。饲养管理人员要经常观察记录空怀母猪的发情情况，每天至少2～3次。良好的管理条件也是促进发情排卵，配种受胎的重要因素。

（三）控制母猪正常发情的方法

在合理的饲养管理条件下，断奶后的空怀母猪和后备母猪多数能正常发情配种，但也有一些后备母猪和仔猪断奶后10 d空怀母猪不能正常发情或不能受孕，除改善饲养管理条件促进发情排卵外，也应采取相应的技术措施，有效地控制发情。控制母猪正常发情的方法如下。

（1）诱导刺激发情　用试情公猪去追爬不发情的空怀母猪，通过公猪分泌的外激素气味和接触性刺激，诱导母猪发情排卵。公猪分泌的外激素气味以及接触刺激，可使空怀母猪通过神经反射作用，引起脑下垂体分泌促卵泡激素，促使母猪发情排卵。播放公猪求偶声录音磁带作生物摸拟，利用条件反射连日试情，也可得到比较理想的效果。

(2)按摩乳房　对不发情的母猪，可采用按摩乳房促进发情，按摩乳房分表层按摩和深层按摩两种。表层按摩的作用是通过在每排乳房两侧前后反复按摩所产生的刺激通过交感神经引起脑垂体前叶分泌滤泡成熟素，促使母猪发情。深层按摩是在每个乳房周围用手指捏摩而不捏乳头，所产生的刺激通过副交感神经引起脑垂体前叶分泌促黄体生成素，从而促使滤泡排卵。按摩的具体做法是每天早喂食后，用手掌进行表层按摩 10 min 左右，经过按摩发现母猪发情后，再进行表层按摩和深层按摩，每天各 5 min。配种当天早晨全部改成深层按摩 10 min。

(3)合群并圈与并窝　将不发情的空怀母猪合并到发情母猪的圈内饲养。通过爬跨等刺激，促使空怀母猪发情排卵。并窝是将产仔少和泌乳力差的母猪所生的仔猪待吃完初乳后，全部寄养给同期产仔的其他母猪哺育，使母猪提前回乳干奶，达到提前发情配种，提高母猪利用率。

(4)加强运动　对不发情母猪进行驱赶运动，以促进新陈代谢，改善膘情，接受日光的照射，呼吸新鲜空气，促进母猪发情排卵，如能与放牧相结合则效果会更好。

(5)利用激素催情与促进排卵　①给不发情母猪按每千克体重肌肉注射绒毛膜促性腺激素 10 IU；②孕马血清 0.1 mL/kg 体重(每头注射 800～1 000 IU)；③三合激素肌肉注射每头猪 2～3 mL，催情效果良好。对屡配不孕的母猪，可用激素促进排卵，使之受胎。如催产素，输精时在 20 mL 精液中加入催产素 3～4 IU 或在配种同时注射促排 3 号 100 μg，隔 8～10 h 再复配 1 次，对不易受胎的母猪有明显效果。至于某些母猪患有生殖器官疾病而又不易医好和繁殖率低下的老龄母猪应及时淘汰。

(四)母猪发情行为表现及发情周期

1. 母猪发情及其行为表现

发情是母猪性成熟后周期性的性活动现象，卵巢上卵泡在发育过程中产生雌激素，随雌激素水平升高，异致母猪的精神状态、行为举止和生殖器官发生变化，表现出性行为特征和性欲等性活动现象。母猪发情行为表现:兴奋不安，鸣叫，食欲减退或停食，扒圈跳圈，追逐其他母猪，高潮期呆立不动。外阴部松弛、红肿、阴道充血，并有黏液流出，喜欢接近公猪或接受公猪爬跨，频频排尿。这些性活动现象从出现到高潮，最后恢复正常，要持续一个过程，称为发情期或发情持续期。猪的发情期因品种、年龄、季节不同而不一，即地方品种稍长，引进品种或培育品种较短;青年母猪稍长，老年母猪较短;秋季和冬季稍长，春季较短。但一般来说，猪的发情期 2～3 d，个别长的也可达 5～7 d。

2. 发情周期

母猪以 18～23 d 的间隔，有规律地出现发情行为。从上一次发情的开始，到下一次发情的开始，这段间隔称为发情周期。在一个发情周期内，一般发情周期为 21 d，根据母猪生殖器官的生理变化和表现，可分为发情前期、发情期、发情后期、休情期 4 个阶段。

(1)发情前期　从母猪出现神经征状并见外阴部开始肿胀至接受公猪爬跨为止，1～2 d 时间。这个阶段母猪表现阴门肿胀并且充血变红，子宫和阴道的腺体分泌有水样稀薄黏液并从阴门中略有渗出，猪的精神不安，食欲减退，开始好斗，喜欢接近公猪，但不接受爬跨。这期间，母猪卵巢在脑垂体分泌物促卵泡激素和黄体素的刺激下，卵巢有新的卵泡开始生长，其他生殖腺体的活动也开始加强。

(2)发情期　发情期的母猪，性欲表现强烈，外阴部充血肿胀明显，有黏液流出。若用手压背部，母猪两后腿微开，呆立不动，这种现象称为静立发情反应。通过这种反应，可以比较准确地鉴定母猪发情的程度。发情期一般可以持续 35～70 h，排卵在这个时期最后1/3的时间以至持续到发情后期的开始，而排卵的过程大约持续6 h，发情期结束，以母猪开始拒绝公猪的爬跨为标志。此阶段是母猪发情的高潮阶段，是发情征状最明显的时期。卵巢中卵泡成熟并排卵。

(3)发情后期　从拒绝公猪爬跨到发情征状完全消失时期。此时期母猪性欲减退，有时仍走动不安，爬跨其他母猪，但拒绝公猪爬跨和交配。卵巢排卵后卵泡腔开始充血并形成黄体，生殖器官逐渐恢复到正常状态。

(4)休情期　是指从这次发情征状消失到下次发情征状出现的时期。休情期母猪性欲已完全停止，精神恢复正常，生殖腺体变小，分泌停止。

(五)适时配种

选择公、母猪相宜的交配时间或人工授精时间，使卵子大部分或全部有机会受精，这是决定受胎率高低和产仔数多少的关键。适时的交配或人工授精主要根据母猪发情、排卵规律，精子与卵子在母猪生殖道中存活的时间来确定。刚射到子宫里的精子能够运动而不能受精，需要 2～4 h 才具备受精能力。子宫内的精子并非同时向输卵管进发，而是陆续前进，到达受精地点需要 2～3 h，也就是说，首批到达受精地点的精子已经具备了受精能力。精子射出后保持受精能力的时间为 20～30 h(有的报道 10～22 h)，卵子排出后保持受精能力的时间为 8～12 h(有的报道 6～18 h)。

猪是多胎动物，一个发情期能排出 15～20 枚卵子，多者达 30 枚以上。这些卵子并非同时排出，而是陆续排出，排卵时间集中在接受爬跨后 24～48 h，24～36 h 为排卵的集中时间。母猪从第一枚卵子排出到最后一枚卵子排出一般需 1～7 h，平均 4 h。

从上述情况来看，母猪排卵前 2～4 h 为最佳时期。但是人们观察不到排卵情况，所以生产上常用下述方法确定配种时间：①公猪试情，从母猪接受爬跨时起12～24 h配种，受胎率可达98%以上；②根据发情时间推算，从母猪发情开始算起，48～60 h配种适宜，但要根据母猪的年龄按"老配早，少配晚，不老不少配中间"的原则灵活掌握；③根据发情表现，一般在母猪外阴部的黏液由稀变稠成丝状，外阴部颜色由鲜红向暗红转变，肿胀程度稍退，用手按压母猪腰部母猪呈呆立不动时应立即配种。

(六)配种方式和方法

1. 配种方式

母猪的配种方式有单次配、重复配、双重配、多次配等。

(1)单次配　就是在母猪的一个发情期内，只用一头公猪交配1次。这种方式在有经验的饲养人员掌握下，抓住配种适宜期，也能获得较高的受胎率，并能减轻公猪负担，提高公猪利用率。缺点是一旦适宜配种时间没掌握好，受胎率和产仔率都要受到影响。

(2)重复配　在母猪的一个发情期内，用一头公猪先后配种2次，即在第一次交配后，间隔8～12 h再用同一头公猪配第二次。这种方式比单次配种的受胎率和产仔率都高。因为这种方式使先后排出的卵子都能受精，在生产实践中，对经产母猪都采用这种方式。

(3)双重配　在母猪的一个发情期内，用同一品种或不同品种的2头公猪，先后间隔10～20 min各交配1次。这种方式可提高受胎率、产仔数及仔猪的整齐度和健壮程度。用于生产商品猪的母猪采用这种配种方式较好。

(4)多次配　在母猪的一个发情期内，用同一头公猪交配3次或3次以上。3次交配适合于初配母猪或某些刚引入的国外品种或培育品种。据有关试验证明：在母猪的一个发情期内配种1～3次，产仔数随配种次数的增加而增加，配种4次，产仔数开始下降，配种5次以上，产仔数急剧下降。

2. 配种方法

猪的配种方法有自然交配(本交)和人工授精两种。本交又分为自由配种和人工辅助配种,生产实践中多采用人工辅助配种。人工授精配种在养猪生产中广泛采用,因为采用人工授精1头公猪1年可配种1 000窝以上,对少养公猪和提高优良公猪的利用率起到积极作用。采用人工授精,只要注意每个技术操作环节,母猪受胎率和产仔数都能达到自然交配的效果,并且可以克服公、母猪体格大小悬殊进行本交的困难,有利于杂交改良,有利于防止生殖道疾病的传播,还有利于精液的远距离运输。

二、妊娠母猪的饲养管理

从配种受胎到分娩这一过程叫妊娠,母猪妊娠期一般为111～117 d,平均114 d,可用“三、三、三”表示,即3个月3周零3天。妊娠母猪饲养管理的基本任务是保证受精卵、胚胎与胎儿在母体内正常发育,防止死胎与流产现象的发生,从而获得数量多、初生重大而健壮的仔猪;保证母猪在妊娠后期有良好的膘情,为哺乳期泌乳进行储备;对初产母猪还要保证其本身的正常生长发育。

(一)妊娠期母猪的变化与胎儿的生长发育规律

(1)母猪妊娠后即进入非常时期　胚胎不断地生长发育,同时在各种激素的作用下,母猪本身的各组织器官也发生一系列变化。妊娠期母猪的合成代谢高于空怀母猪,对饲料养分利用效率可比空怀母猪提高9%～18%,加之采食量增加和喜睡卧,因而体重迅速增加。母猪在妊娠期中增重35～45 kg,自身增重和子宫及其内容物大致各半。体重增加是前期高于后期,子宫内容物增重是后期高于前期。

(2)胎儿的生长发育规律　妊娠期胚胎的生长发育是有规律的,在妊娠初期,胚胎很轻,绝对增重不高,妊娠60 d胚胎重才占初生体重的8%。从60 d后增重速度加快,到90 d时胚胎重已占初生体重的39%,从90 d后胎儿增重十分迅速,绝对增重很大,胎儿体重的60%左右是在这个时期增长的。不同时期,胚胎的化学成分也有变化,随着胚龄的增长,胚胎的蛋白质、脂肪和灰分含量逐渐增加。据测验,42日龄胎儿与临分娩胎儿相比,干物质为2.1倍,粗蛋白质1.6倍,脂肪1.8倍,灰分2.8倍,钙6.2倍,磷3.8倍,铁12.9倍。

(3)妊娠期间的两个关键时期　第一个关键时期是在母猪妊娠后的3～4周,这一时期是受精卵着床附植,胚胎器官形成的时期。在胎盘未形成前,胚胎很容易受环境条件的影响而死亡,在饲养管理上要给予特殊照顾。给予营养全面的日粮,尤其注意维生素和矿物质的供给。不要喂霉烂变质、有毒饲料、禁止饮冰水或喂冰冻饲料,要防止踢、打、挤、压、咬架等机械性刺激,预防患高烧性疾病。第二个关键时期是在母猪妊娠期的第90天到产前的3～5 d,这一时期胎儿的生长发育与增重特别迅速,母猪消化能力特别强,体重增加很快,所需营养物质显著增加。另外,由于胎儿体积增加迅速,子宫膨胀,消化器官受到挤压,消化机能受到影响,因此,这个时期要逐渐减少青粗饲料,增加精饲料,特别要注意增加蛋白质较多的饼类饲料,最好适当增加一些动物性蛋白质饲料。这样才能满足母猪体重增长与胎儿迅速生长发育的需要,同时又适应消化器官处于非常时期的特点。但是,产前3～5 d对膘情好的母猪应适当减料,以防产后乳汁过浓而使初生仔猪消化不良。

(二)妊娠母猪的饲养

妊娠母猪的饲养过程中要充分注意其本身的营养需要与生理状况特点。除母体本身的营养需要外,还需供应胎儿生长发育所需要的全部营养物质,因为胎儿的生长发育完全依靠母体。母猪妊娠后新陈代谢机能旺盛,对饲料的利用率提高,蛋白质的合成增强,妊娠母猪不仅可以生产一窝仔猪,还可以增加体重,良好的饲养管理可使母猪在妊娠期间体重适量增加,保证胎儿良好的生长发育,最大限度地减少胚胎的死亡,生产出初生体重大、生活力强的仔猪,并使母猪产后有健康的体况和良好的泌乳性能。

妊娠初期发育较慢,随着妊娠天数增加,胚胎发育加速,到妊娠最后 1 个月,胎儿的增重量约占仔猪初生重的 70%,从不同胎龄的化学组成来看,随着胎龄的增长,胎儿所含的蛋白质、脂肪、灰分逐渐增加,水分则相对下降。妊娠母猪对营养的需要,随着妊娠天数的增加而递增,特别是最后 1 个月,需要量最多,其中蛋白质是构成胎儿的主要成分,钙、磷是胎儿骨骼生长的必需物质,缺乏时,会使胎儿发育不良,产出后生活力弱,发病率、死亡率提高,母猪本身也因缺少钙、磷,造成健康状况恶化,产后泌乳量降低,容易得产后瘫痪。越是到妊娠后期,钙、磷需要量越大。母猪妊娠期中,胎儿的发育呈现阶段性,在妊娠母猪的饲养上,一般把母猪的整个妊娠期分为 3 个阶段:1～40 d 为妊娠前期,41～90 d 为妊娠中期,91～114 d 为妊娠后期,目的是有针对性地进行饲养,保证母猪健康,使胎儿得到正常发育。

妊娠前期胚胎发育较慢,需要营养物质的量不多,但在配种 4 周内,必须加强对妊娠母猪的护理,给予全价饲粮,否则会引起胚胎的早期死亡。妊娠前期要特别注意所供饲料的质量,防止饲料霉变,更不能喂有毒饲料,以免造成胚胎中毒死亡。在妊娠后期是胎儿增重的关键时期,如果营养供应不足会使初生重降低。因此,妊娠后期母猪的饲料不但要求质量高,而且要求的数量比前期要有所增加,一般是在前期基础上增加 20%左右,但是注意这时母猪的采食量受腹腔容积的限制,往往营养供不应求,造成体脂减少。分娩前 3～5 d 要适当控制饲料给量,否则影响产后的食欲。

(三)妊娠母猪的管理要点

做好保胎工作,防止机械性流产是妊娠母猪管理工作的中心任务。因此,必须做好下述几项工作。

(1)合理分群　妊娠母猪较多采用合群饲养或单栏限位栏饲养。

对于合群饲养的妊娠母猪应按大小、强弱、体况、配种时间等进行分群、合群，以免大欺小，强欺弱，妊娠前期 3～5 头/栏，妊娠中期 2～3 头/栏，妊娠后期宜单栏饲养。

（2）适当运动　妊娠后的第 1 个月，关键是恢复母猪体力，供给充足营养，保证休息、少运动；1 个月后，应使母猪每天自由运动 2～3 h，以增强体质；妊娠后期应适当减少运动；临产前 5～7 d 停止运动。

（3）减少各种刺激　配种后，母猪变得好静，休息时间增加，到妊娠后期每天约有 2/3 的时间休息，活动时间仅占 8%左右。任何刺激都不利于保胎。因此，对妊娠母猪态度要温和，不要打骂惊吓，经常触摸腹部，可便于分娩时的接产管理。管理中要防止挤压、斗咬、跌倒、惊吓、骚动等刺激以至破坏正常的妊娠生活。

（4）提供良好环境条件与管理　保持猪舍的清洁卫生，夏季气候炎热，应注意做好防暑降温工作，有良好的通风换气，雪、雨天或严寒天气应停止运动，以防滑倒和受感风寒。每天都要观察母猪吃食、饮水、粪尿和精神状态，做到防病治病，特别要注意消灭易传染给仔猪的内外寄生虫病。妊娠母猪的日需水量很大，应经常供给充足洁净的饮水，尤其是在炎热的夏季更为重要。

（5）保证饲料质量　妊娠母猪不能采食冰冻、霉变和有毒的饲料，因为这些饲料易引起流产，饲料供应要均衡、稳定，不能频繁变动。妊娠母猪的代谢旺盛，食欲好，可以利用青绿饲料，但要防止体积过大，粗纤维过多。饲喂过程中要针对具体情况看膘给料，灵活掌握饲喂饲料的数量和质量，使经产母猪产前达到 7～8 成膘，初产母猪达 8 成膘。

（6）保证母猪健康　猪的乙型脑炎、细小病毒、流行性感冒、蓝耳病等疾病均可引起母猪的流产和死亡。应按合理的免疫程序进行免疫，以预防这些危害性较大的疾病。

三、母猪的分娩与接产

(一)产前征兆

母猪经过114 d的妊娠期,就要分娩产仔。母猪在分娩前15~20 d,乳房由后向前逐渐下垂,越接近临产期腹底两侧像带着两条黄瓜一样,乳头呈“八”字形分开,皮肤紧张,初产母猪发红发亮。产前2~3 d乳头可以挤出乳汁,前面的乳头挤出乳汁时,约24 h产仔;中间乳头能挤出乳汁时,约12 h产仔;最后一对乳头能挤出乳汁时,约5 h产仔。临产前3~5 d阴户开始红肿,尾根下凹骨盆开张,到产前6~12 h,母猪腹部明显下垂,食欲减退,在圈内来回走动,行动不安,出现衔草做窝等行为。当母猪表现起卧不安,频频排尿,阴户有羊水流出时,表示仔猪即将产出。

(二)产前准备

根据母猪的预产期和产前征兆表现,提前做好接产准备,在出现临产征状后,应守护接产,减少分娩时仔猪死亡。在产前5~7 d,将产仔圈舍打扫干净。用3%~5%的石炭酸或2%~3%的来苏儿或草木灰水消毒,地面可用2%~3%的火碱水消毒,地面干后再铺上柔软清洁的垫草。产房内要求温暖干燥,清洁卫生,舒适安静,阳光充足,空气新鲜。温度在23~25℃,相对湿度为65%~75%为宜,产房内温度过高或过低、湿度过大是仔猪死亡和母猪患病的重要原因。准备好垫草、毛巾、肥皂、消毒用碘酒、棉花等接产用物,以及编号、称重所需工具及记录表格等。

(三)分娩过程

分娩开始时,子宫纵肌和环肌向子宫方向产生节律性收缩运动,迫使胎液和胎膜推向子宫颈。子宫颈开张与阴道成为一个连续通道,使胎儿和尿囊绒毛膜进入骨盆入口,尿囊液流出阴道,当羊膜和胎儿进入骨盆，引起腹肌收缩，使胎儿通过阴道产出。在正常情况下，一般每5～25 min产出1头仔猪，整个分娩过程为2～4 h，超过8 h可能是难产。当全部仔猪产出后，0.5～2.5 h胎盘全部排出，分娩结束。检查胎盘是否排完的具体方法是：检查胎盘上的脐带头的数目是否与仔猪数相等，相等的说明胎盘全部排完，否则，说明胎盘未排完。

胎盘排完后，应把胎盘、脐带头、死仔猪、带血的垫草全部清除掉，换上新草，千万不能让母猪吃掉，以免养成吃仔猪的恶癖。

(四)接产与助产

(1)接产方法　母猪分娩时，可让母猪自由产出胎儿，也可在仔猪刚露出时，用手轻握仔猪，随母猪努责的力量向外牵引出仔猪。仔猪产出后，立即用清洁的毛巾或抹布擦净口、鼻和全身黏液，接着进行断脐带。断脐时将脐带掐断或剪断，断处用碘酒消毒。断脐流血过多时，可用手指捏住断头压迫止血，或用线结扎止血。断脐后进行仔猪编号、称重，将仔猪放入温暖的窝内，最好等分娩结束，仔猪一起吃初乳，因为这样所有仔猪获得的营养和母源抗体较为平衡。

(2)假死仔猪急救　仔猪产出后，心脏和脐带动脉还在跳动，但停止呼吸，这种现象称为假死。这种情况如果立即进行救护一般都能救活，急救的原则是使仔猪迅速恢复呼吸。常用的急救方法，一是人工呼吸法，此方法简单有效，即将仔猪四肢向上，一手托肩部，一手托臂部，然后两手一伸一屈反复进行，同时有节奏地轻轻挤压仔猪胸部，促使呼吸恢复；或用手提仔猪后肢，使其头向下，促使鼻腔中黏液流出，同时用手连续轻拍胸部，帮助恢复呼吸；或对准仔猪鼻孔猛力吹气，使仔猪恢复呼吸。二是药物刺激法，用酒精、碘酒、氨水等刺激性强的药液涂擦于鼻端，刺激鼻腔黏膜恢复呼吸。

不管用哪种方法，在急救前必须先把口、鼻内的黏液和羊水用手捋出并擦干净，再进行急救，而且速度要快，否则假死会变成真死。

(3)难产处理措施　母猪产仔时难产情况较少，但也常常遇到，难产的原因很多，但主要的是母猪过肥或过瘦；妊娠期母猪营养过度，造成胎儿过大；近亲繁殖，胎儿畸形；妊娠期缺乏运动，造成胎位不正；产仔时母猪神经过度紧张；母猪发育不良，配种过早，产道狭窄；母猪年老体衰，子宫收缩无力以及其他疾病，致使母猪体弱而分娩无力等。母猪经长时间努责仍不能产出仔猪或母猪出现呼吸困难、心跳加快时，应马上按难产处理。

处理难产要熟练掌握"推、拉、掏、注、剖"5字措施："一推"是接产人员用双手托住母猪的后腹部，随着母猪的努责，向臀部方向用力推；"二拉"是看见仔猪的头或腿时出时进，可用手抓住头或腿把仔猪拉出；"三掏"是母猪用力努责，仔猪长时间仍生不出来，可用手慢慢伸入产道内掏仔猪，当掏出1头仔猪转为正产时，就不要再掏了；"四注"是按母猪每100 kg肌肉注射催产素2 mL；"五剖"是按上述措施无效后应立即做剖腹产手术取出仔猪。

(五)分娩母猪的护理

母猪在分娩过程中，一般不喂料，如分娩时间过长，可喂些稀的热麸皮盐水，这样可补充体力。母猪分娩后，身体极度疲乏，常感口渴，不愿吃食和活动，这时不要急于喂料，只喂给热麸皮盐水即可。在产后2～3 d内，母猪体质较弱，宜用易消化的饲料调成粥状饲喂，喂量逐渐增加，到产后1周左右可转入哺乳期正常所需的营养水平。

母猪分娩后应立即更换垫草，保持垫草和圈舍的干燥清洁。要防止贼风侵袭，避免母猪感冒引起缺奶造成仔猪死亡。保持母猪乳房和乳头的清洁卫生，减少仔猪吃奶时的污染。产后2～3 d减少母猪户外活动时间，让母猪充分休息，尽快恢复正常。

四、哺乳母猪的饲养管理

哺乳母猪的乳汁是仔猪产后1～15 d唯一的营养来源，在15～30 d也是最主要的营养来源。哺乳母猪泌乳量的多少、乳汁的好坏，直接关系到仔猪的生长发育，对仔猪育成率与断奶窝重影响极大，因此，哺乳母猪饲养管理的最大目标是保证母猪健康，促进母猪尽量多产乳汁，以使仔猪在以乳为主的营养需要阶段有充足的乳汁享用；保持母猪断奶时尚有良好的体况，以在断奶之后尽可能短的时间内发情，并能保证排卵质量顺利进入下一个繁殖周期。

（一）母猪泌乳的特点

（1）母猪乳腺结构特点　母猪的乳腺结构特殊，与其他家畜不同，乳房间互不相通，每个乳房由 2～3 个乳腺团组成，每个乳腺团由乳腺泡和乳腺管组成。乳腺管汇成乳管网，最后由 1 个乳腺管通向乳头。母猪的乳池极度退化，已不能储存乳汁，因此不能随时排乳，仔猪也不可能随时吃到母乳。母猪哺乳时不受外界环境的异常刺激和干扰非常重要。

（2）母猪泌乳的规律　母猪每次放乳的时间只有 10～20 s，最长 40～50 s。母猪产后每隔 1 h 左右排放乳汁 1 次，每昼夜平均 22～24 次，随泌乳期的进展，间隔时间逐渐拉长。

（3）初乳　母猪分娩后 2～4 d 的乳称为初乳，初乳最大的特点是其中含有母猪提供的抗体物质。初生仔猪食入初乳，可以增强仔猪本身的抵抗能力，可以保证在刚刚离开母体后不受或少受外界不良刺激带来的危害。因此，实践中强调仔猪及时吃入初乳相当重要。

（4）常乳最能适合仔猪胃肠道的消化需要　初乳之后的乳汁称为常乳，常乳作为仔猪哺乳期最大量的营养物质来源，最大的特点是：它是适合仔猪胃肠道发育、消化的生理特点的一种食物。因此，母乳是仔猪的哺乳阶段不可取代的食物。在整个泌乳期内，各阶段的泌乳量并不一致，泌乳高峰为产后 20～30 d，之后逐渐减少。这种变化，意味着仔猪在泌乳高峰出现之后就会面临日益严重的奶量不足，意味着仔猪的营养物质来源在其后将迅速地向仔猪补料上转移。

（5）影响泌乳的因素　母猪泌乳量除了因泌乳天数的推移而呈规律性变化之外，还受其他因素的影响：①品种。品种不同泌乳力差异较大，一般大型高产的瘦肉型和兼用型品种猪的泌乳力较高，而小型、脂肪型品种猪的泌乳力较低。②母猪胎次与初配年龄。一般第一胎泌乳力较低，二三胎上升，六七胎以后有下降趋势。初配年龄也与泌乳力有关，初配年龄过早或过晚泌乳力都不佳。③每窝哺育仔猪数量。一般奶仔多对刺激乳腺发育和泌乳有良好的影响，奶仔多的比奶仔少的母猪泌乳量要高。④环境因素。安静的环境有利于泌乳，适宜的环境温度也有利于泌乳，潮湿炎热的夏天或寒冷的冬天，母猪泌乳量降低。⑤营养因素。营养对提高母猪泌乳量有决定性的作用，因此，应增加精料给量，控制日粮的容积和粗纤维的含量，尽量满足母猪对蛋白质、维生素、能量、矿物质等营养的需要，才能充分发挥母猪泌乳的能力。

（二）母猪哺乳期的自身变化

（1）母猪产后活动量增加　平均每天 20 多次的哺乳活动，随时随地照料仔猪及大于任何时候的采食和饮水，使哺乳母猪无论是生理上还是体力上的活动都要大大增加。

（2）乳汁的分泌需要转化大量的营养物质　哺乳母猪每天的泌乳量为 6～7 kg，还有自身大量的维持消耗，加起来每天需要食入不少于 4～6 kg 的饲料，仅蛋白质和能量而言，每天的需要分别是粗蛋白质 800～1 000 g 和消化能 70～80 MJ。这对母猪的消化系统来说是一个不小的负担。所以，泌乳母猪饲养，要重点注意饲料容易消化，蛋白质丰富且氨基酸搭配合理，适当增加饲喂次数。

（3）母猪哺乳期失重　哺乳母猪胃肠道的生理、消化和身体的代谢功能，虽然处在一个特殊的旺盛时期，但大量的泌乳和消化负担，以及体内的消耗，仍然使其入不敷出，需要动用原有体内存储以做支持，这就造成了母猪体重的下降。通常带仔数超过 10 头的母猪一定程度上的体重减轻和消瘦是避免不了的。体重 150 kg 左右的母猪，哺乳期体重下降可达 30～40 kg，为产后体重的 20%～30%，产后第 1 个月泌乳量高，体重下降也多，为全期失重的 60%～70%。哺乳期失重太多影响断奶后母猪的发情配种，因此，应将哺乳母猪失重控制在15%～20%范围以内，有利于缩短断奶到配种的间隔天数。

(三)哺乳母猪的饲养

(1)增加精饲料给量，满足对能量的需要　母猪产仔后40 d内泌乳量占全期的70%～80%，所以，为提高母猪的泌乳量，抓好产后40 d的饲养是关键。而营养因素又是影响泌乳量的决定性因素，因此，哺乳期应给予丰富营养，必须增加精料供给量，以满足能量需要。泌乳母猪每千克风干饲料应含消化能2.9 MJ。精饲料的给量要视品种、带仔猪数、母猪的体重及膘情灵活掌握，一般来说，体重180～220 kg的哺乳母猪，泌乳高峰期以每头每天应给予5.5～6 kg较为合适。

(2)保证充足质优的蛋白质营养　猪乳中蛋白质含量较高，初乳为17.8%，常乳为6%～6.5%，并含有各种限制性氨基酸，品质优良。因此，蛋白质营养的合理供给对提高泌乳量有决定性作用。一般哺乳母猪饲料中粗蛋白质含量应为14%左右，并且要注意蛋白质饲料的搭配，努力提高蛋白质的生物学价值，使有限的蛋白质饲料充分发挥作用，以满足泌乳母猪对蛋白质营养的需要。

(3)满足矿物质、维生素的营养需要　猪乳中矿物质含量在1%左右，钙0.2%左右，磷0.15%左右。若矿物质不足，泌乳量降低，为保证泌乳的需要，母猪还要动用骨中的钙和磷，常常由此引起骨质疏松症而瘫痪，甚至造成骨裂和骨折。维生素对维持母猪健康，保证泌乳和仔猪正常发育都是必要的，因此，对哺乳母猪应尽量多给些富含有维生素的饲料。

(4)饲喂次数　母猪哺乳期以每日喂4次为好，每次饲喂的时间要固定，据测试，以6～7时，10～11时，15～16时，22～23时为宜，如果晚食过早，不仅影响母猪的泌乳力，而且母猪无饱腹感，清晨常起来找食，母仔不安，从而增加压死、踩死仔猪的机会。

(5)保证充足的饮水　母猪哺乳阶段需水量大，只有保证充足清洁的饮水，才能有正常的泌乳量，猪舍内最好设置自动饮水器和储水设备，使母猪随时都能饮水。

(四)哺乳母猪的管理

对哺乳母猪要创造安静的环境，让母猪充分休息好，禁止大声叫喊或粗暴地对待母猪。粪便要随时清扫，保持舍内清洁干燥和良好的空气。栏圈肮脏、潮湿会影响仔猪的生长发育，严重的会患病死亡。冬季应注意保温，并防止贼风侵袭，夏季应注意防暑，增设防暑降温措施，防止母猪中暑，圈舍、通道、用具等要定期消毒。

保护母猪的乳房和乳头对提高母猪的泌乳量能够起到关键性的作用。母猪乳房乳腺的发育与仔猪的吸吮有密切关系，一定要使所有的乳头，特别是头胎母猪的所有乳头，都能均匀地利用，以促进乳腺发育，提高泌乳量。对母猪进行乳房按摩可以提高母猪的泌乳量，用湿热毛巾对乳房进行热敷按摩，可以促进乳腺发达，增加泌乳量，同时还可以起到清洗乳房、乳头的作用。圈栏应平坦，特别是产床应无可能伤害乳头的突出尖物。

管理人员应经常性地观察哺乳母猪采食、排粪情况、精神状态及仔猪的生长发育，以便判断母猪的健康状况，发现异常应及时查清原因，采取相应的措施。

(五)哺乳母猪的断奶及断奶前后的饲养管理

(1)合理地选择断奶时机与断奶方法　断奶时机确定的依据，一方面要考虑母猪的失重情况和有利于断奶后的及时发情，利于提高母猪的年产仔窝数；另一方面应考虑断奶应激对仔猪生长发育的影响。据报道，过早的断奶不能对母猪下一胎的繁殖带来太大的好处，任何情况下，产仔后 21 d 内给母猪配种都不会有结果，而过晚的断奶，如 60 日龄，无论对母猪的失重控制、下一胎次的发情配种，还是对日后仔猪的生长发育，都没有什么好处。21～28 日龄断奶的仔猪，在半个月之内发育不如晚断奶的仔猪，但到 70～80 日龄时，一般都可以赶上或超过晚断奶的仔猪;40～45 日龄断奶的仔猪与 60 日龄断奶的仔猪比,60 日龄的时候,前者的增重小于后者,但在 60 日龄后,前者的增重明显高于后者。

母猪的断奶方法,既不要对仔猪影响过大,也要保证母猪尽快干奶,并保障断奶后的乳房保健安全。使母猪尽快干乳最有效的方法是让母猪的奶持续在乳房中积存,靠奶的积存增加乳房内部的压力。这种反向的压力会迅速有效地终止乳的形成和分泌。

(2)断奶前后母猪的饲养管理　断奶在精神上、生理上,对母猪都是一个强大的应激反应,精神上主要是护仔性的原因,一时失去全部仔猪会有紧张不安,甚至更为强烈的反应。生理上主要是仔猪停止吸乳后,乳房的干奶过程会存在胀痛,以致不慎引发乳房炎的发生。所以断奶的管理,主要是要减少母猪的不适和促进干奶过程。可在断奶之前的 3～5 d 适当减少饲料的给量,以提前控制泌乳,使之顺利干奶,对断奶后的空乳头要适当保护,预防发生炎症。

思考题

1. 后备猪生长发育的特点是什么?
2. 怎样管理好后备猪? 需要哪几个方面?
3. 种公猪与种母猪的饲养管理有什么不同?
4. 控制母猪正常发情的方法有哪些?
5. 如何做好妊娠母猪的饲养管理工作?
6. 母猪泌乳的特点有哪些?
7. 哺乳母猪断奶前后的饲养管理应该注意什么事项?

第七章　仔猪的培育与饲养管理

阅读指南

从出生到断奶阶段的仔猪称为哺乳仔猪。其主要特点是生长发育快和生理上不成熟，从而造成饲养困难、成活率低，如果饲养管理不当，可引起仔猪死亡。

仔猪培育是搞好养猪生产的关键环节，直接关系到断奶育成率高低及断奶体重大小，并进而影响到母猪生产力和肥猪出栏时间。因此，搞好仔猪的培育与饲养管理对提高猪群质量，加速猪群周转，增进经济效益，具有十分重要的意义。

第一节　仔猪的生理特点和生长发育特点

养好仔猪的基本任务是获得最高的成活率和最大的断奶体重。为此只有了解其生理、生长发育特点，才能有针对性地进行妥善的培育和管理。

一、消化器官不发达，消化机能不健全

仔猪消化器官虽在胚胎期已形成，但其结构和机能都不完善，出生后仍有较长一段机能不完善期，主要表现在如下几个方面。

(1)初生时胃肠容积小，但发育很快　初生时胃重 4～8 g，容积 30～40 mL，到 20 日龄时，胃重约 35 g，容积增大 4～5 倍，为 150～200 mL，到 60 日龄，重达 200 g 左右，容积可增大 20 倍。肠管在哺

乳期内也迅速生长，长度增 3～5 倍，容积扩大 40～60 倍。胃肠容积较小，排空快，故而哺乳次数多，在饲养管理上补料次数也应当多。否则，仔猪会感到饥饿，影响生长。

(2)消化液分泌机制不完善　初生仔猪胃和神经系统之间的联系还没有完全建立，缺乏反射性的胃液分泌，所以，30～45 日龄内的仔猪，消化液的分泌不是在条件反射的影响下发生，而是在食物直接刺激胃壁时才产生少量胃液。

(3)消化液质和量较差　20 日龄内，胃液中仅有足够的凝乳酶，可将乳凝结，而蛋白酶不多，虽有少量蛋白酶原，但胃底腺不能分泌盐酸，无法由盐酸激活。

(4)蛋白质的消化不在胃中，而是在小肠内　胃在 5 周龄后才具有消化蛋白质的功能；20 日龄后，胃底腺开始分泌盐酸，到 40 日龄前后，分泌盐酸增加，胃蛋白酶才具有消化作用，从而能够利用乳汁以外的饲料。此时仔猪对乳蛋白和植物蛋白的消化能力才基本无差异。因此，在哺乳期早期适度地补料，可促进胃肠道发育，刺激胃壁尽早分泌盐酸，激活胃蛋白酶，从而有效地利用植物蛋白饲料和其他动物蛋白饲料。

二、生长发育快，物质代谢旺盛

(1)体重成倍增长　在出生后 10 日龄、20 日龄和 60 日龄时的体重分别是初生体重的 2～3 倍、4～6 倍和 15 倍以上。若以月龄的生长强度计算，第 1 个月比初生时增加 5～6 倍，第 2 个月比第 1 个月增长 2～3 倍，以第 1 个月生长强度最大。随着年龄的增长，生长强度减弱。因此，第 1 个月的饲养管理尤为重要。

(2)物质代谢旺盛　尤其是蛋白质、钙、磷代谢特别旺盛，一般 20 日龄的仔猪，每千克体重每天需要沉积蛋白质 9～14 g，相当于成年猪的 30～35 倍。每增重 1 kg 体重，所需代谢净能 302.2 kJ，约为成年母猪的3倍；此外，每千克增重中含钙7～9 g，磷4～5 g。可见仔猪对营养物质的需要相当高。因此，对哺乳仔猪，除充分利用母乳外，还应特别注意利用生长快、物质代谢旺盛这一特点，及时地供足全价的平衡的优质饲料，以充分发挥其最大的生长潜力。

三、体温调节机能不完善，抗寒能力差

初生仔猪皮薄毛稀、肉嫩，皮下脂肪薄，体内能源储备少，保温隔热的能力差；再加上仔猪大脑皮层发育不完善，体温调节机能不健全，不能在寒冷刺激下防御性地利用血液中的碳水化合物来维持正常体温，而是被动地随环境温度的降低，而体温下降，所以仔猪对寒冷特别敏感，寒冷是初生仔猪死亡的重要原因之一。因此，必须保持较高的适宜的环境温度。

四、先天免疫力差，抗病力弱

(1)免疫力弱　由于胎盘血液屏障，致使母源抗体——大分子γ-球蛋白不能进入胎体，所以仔猪出生时没有先天免疫力，只能通过吸吮母猪初乳，获得被动免疫力。初乳中γ-球蛋白虽含量很高，但产仔后1～2 d即下降80%；仔猪出生1 d内，肠道上皮虽通透性很大，几乎可完全吸收乳中免疫球蛋白，但1 d后其吸收能力迅速下降。因此，应让仔猪尽早吃到初乳，以获得被动免疫力。

(2)抗病力差　仔猪自体免疫力的产生10日龄才开始，直到几个月后才达到成年水平，而初乳免疫抗体在仔猪出生后又很快下降，可见20日龄前后是免疫抗体青黄不接阶段。再加上此阶段开始采食饲料，消化液中又缺乏盐酸，对饮食进入胃肠的病原微生物没有抑制力，从而仔猪很易多病(下痢等)和易于死亡。因此，这一阶段应特别注意母猪乳头、饮水、饲料的卫生，保持圈舍环境干燥，以减少病原

微生物侵袭，保证仔猪健康。

五、体内含铁少，易患贫血症

初生仔猪体内铁元素含量很少，不够它用 1 周，母乳中铁含量也很少，仔猪肝脏所储的少量铁质也仅够用 2～3 周。所以仔猪从 1～2 周龄就开始有缺铁现象，若不及时补铁，几天内就可出现贫血，表现为食欲减退，异嗜，生长停滞，被毛蓬乱，皮肤与黏膜苍白，有时伴有下痢。特别是生长快和拉稀的仔猪，贫血更为明显。因此，应早期补铁。

六、出现“旺食”现象

仔猪随日龄增长，一般 1 月龄前后进入旺食期，特别至 1.5 月龄后，消化机能基本完善，胆汁分泌增强，脂肪酶、蔗糖酶、麦芽糖酶的活性加强，能较好地消化植物饲料。胃排空速度变慢，胃液消化饲料的时间延长，随着消化机能的完善，食欲增强，采食量增多，对饲料营养物质利用效率提高，出现所谓“旺食”现象。如能充分利用这一时期的生理特点，就能使其生长发育加快。

七、断奶后的特点

断奶后往往有 1～2 周时间生长发育受阻，主要表现不安，食欲不振，增重缓慢，甚至体重减轻或形成僵猪等。究其原因：①断奶前依偎着母体，同胞共居，生活条件稳定、舒适，管理上也很细致。但断奶后，与母猪分离，吃不到奶，又往往大群饲养，环境生疏，分群不当，造成大欺小、吃不好、睡不好。②断奶产生应激反应。这主要因饲料的变更造成。断奶前吮食味香、营养俱全的母乳；断奶后，采食味道、气味、营养价值、理化特性均不同以前的干饲料，仔猪消化酶系统暂时适应不了，而影响增重。③断奶降低了机体抗体水平，从而使仔猪抗病力弱，容易拉稀和生病。

第二节 提高仔猪的育成率

一、仔猪的死亡原因

仔猪死亡大多发生在10日龄内，特别是3日龄内死亡率最高，约占仔猪死亡数的60%。究其原因，主要是压死、饿死、冻死及下痢等。

据统计，在死亡总数中，压死的占35%～45%，冻、饿而死的占25%～35%，因下痢不食等原因而死亡的占20%～35%。仔猪出生几天内，四肢无力，行动不灵，喜欢依贴着母体或钻进垫草里，如果母猪笨重或母性不好，就易踩伤或压死仔猪；如母猪产仔数超过乳头数或因母猪缺奶、死亡等，便可导致仔猪饥饿而死；初生仔猪抗寒力差，如管理不当，环境温度远低于仔猪适宜温度，仔猪就更爱向母猪肚皮下或垫草里钻，出现昏睡，这样往往被冻压而死和直接冻死；由于仔猪免疫力弱，再遇母乳质量劣、量少或气候突变，圈舍潮湿，垫草，饮水不洁等因素往往引起下痢。仔猪下痢在多个猪场几乎普通发生，防不胜防。发病率有时可达60%～80%。有的治疗不愈而死，有的愈后又复发。

鉴于上述情况，必须从哺乳母猪的饲养管理抓起，并提高初生仔猪管理水平，才能减少仔猪死亡，从而获得理想的育成率。

二、提高仔猪育成率的主要措施

(1)加强母猪饲养管理,增加初生重和泌乳量　实践证明,不同品种的猪,平均初生重有一定差异,但作为同一品种,在相同条件下,仔猪初生重越高,则出生存活率越高,断奶前育成率也高。反之,初生重过低,死亡率特高。为此就须加强母猪的饲养管理,特别是妊娠后期的母猪。如:选择母性好、产仔多、初生重高、泌乳性能好、而胎次又不过多的母猪作母本,并且在预产期前 10 d 至哺乳期,在饲料中添加油脂,可提高仔猪初生重。

(2)要保证初生仔猪的适宜温度　寒冷可使仔猪冻死,也是压死、饿死的诱因。仔猪 0～3 日龄最适宜的环境温度为 30～35℃,3～7 日龄为 25～29℃,7～14 日龄为 24～28℃,14～21 日龄为 22～26℃,21～28 日龄为 21～25℃,28～35 日龄为 20～22℃。而母猪最适宜的环境温度为 15℃。如果把整个产房升温到 29～35℃,则会引起母猪不适,且耗能源多,不经济。因此,生产中常把产房控制在 15℃,而再采取特殊的办法控制仔猪周围的环境温度。如在母猪躺卧睡觉的附近,设一个仔猪可自由出入的护仔间或暖窝,内铺柔软垫草;仔猪每次吃奶后,人工把仔猪捉进去睡觉。习惯后,仔猪全自动出来吃奶,自动回去睡觉。再如:设置护仔保温箱(箱内可悬挂白炽灯或红外线灯,调制温度在 30℃左右)将母仔隔开,每隔 1～1.5 h 定时哺乳 1 次。较为经济的办法是,避开寒冷和酷暑季节,计划在 3～5 月和 9～10 月分娩产仔,再酌情适当采取保暖散热措施。

(3)加强分娩和初生猪的看护　据统计,分娩死亡比例占死亡率的 15%～20%,因此,母猪分娩期间一定要有专人看护。母猪分娩一般在 5 h 内完成,超过的时间越长,仔猪死亡率越高,故而分娩期间尽量避免惊扰母猪,并且分娩仔猪的间隔超过 0.5 h,就应考虑实施助产。如果对初生猪实行编耳号、断尾、注射铁制剂等,为尽量不使其疼痛而减少吸吮初乳次数和数量,从而及早地多获得被动免疫力,这些工作最好放在 3 日龄时进行。既要按仔猪适宜温度进行保温,又要注意温度相对恒定,同时还要适当通气,防止憋闷;垫草既要干燥柔软,又不要过长过厚。产后 5 d 内要特别注意观察母仔的活动情况,防止仔猪被猪踩压,一旦发现要及时救护。

(4)让仔猪及时吃上初乳,并做好固定乳头的工作　初乳是指母猪产后 2～5 d 内分泌的乳汁,尤指 3 d 内的乳汁。以后分泌的乳汁为常乳。初乳中营养特别丰富,白蛋白和球蛋白含量高,而脂肪含量较低,最适合仔猪迅速增重对蛋白质的需要和对脂肪消化能力弱这一特点,它更是初生仔猪早期获得抗体的最主要的来源。再者,初乳的酸度高,有利于消化道活动,而且初乳中含有大量的具有轻泻作用的镁盐,有利于排出胎粪。因此,必须保证初生仔猪及时地吃上初乳,吃足初乳。母猪各乳头的泌乳量有个特点,即越靠前边的乳头泌乳量越多,越靠后边的乳头越泌乳少。再者仔猪有固定乳头吮乳的习惯,开始几次吮哪个乳头,一直到断乳都不更换。但刚开始吮乳时,奶任其自然,往往因争夺出乳多的乳头,相互咬架,甚至咬伤乳头,影响母猪正常放乳或拒绝哺乳。而且往往强大的抢先占领最前边的乳头,甚至 1 头仔猪占 2 个乳头。而弱小的只能吃后边的乳头或根本吃不上乳。这样会形成同一窝猪强的越强,弱的越弱,到断奶时体重相差悬殊,甚至造成弱小仔猪死亡。为了使同窝仔猪发育均匀,必须在出生 2～3 d 内,采取人工辅助法,使仔猪尽快形成固定吸吮某个乳头的习惯。

固定乳头时,应将弱小的固定在前边几对乳头上,把强健的固定在后边的乳头上。这样就可使全窝仔猪发育快且均匀,杜绝因吃不上乳而衰亡。

当同窝仔猪体况相差不大,有效乳头数又足够时,生后 2～3 d 内基本都能自行固定乳头,不必人工辅助。但如体况差异较大或竞争激烈,则应人工辅助固定乳头。一般采取"抓两头,顾中间"的办法，即把一窝中最爱抢奶的和抢不上奶的控制住，强制它们吃指定的乳头，至于一般大小、不小、不强、不弱的任其自己去固定。掌握的原则是先固定下一排乳头，再固定上一排的。在乳头没固定前，应先让母猪向一侧方向躺卧，以利于仔猪很快识别自己的乳头。只要细心照顾，一般在生后 2～3 d，即可达到固定的目的。

(5)寄养与并窝　母猪所生仔猪因种种原因需要别的母猪代养，称为寄养。将 2 窝或几窝仔猪合并起来，由 1 头泌乳能力好、母性强的母猪集中哺育，称为并窝。在生产中，遇到下列情况可实行寄养或并窝。①母猪本身所生仔猪超过有效乳头数，有 1 头或几头仔猪吃不上奶，可将多余的仔猪寄养给产仔少、泌乳性能高的母猪。②母猪所生仔猪很少，如让其哺乳，经济上不合算，可以把所生仔猪全部让别的母猪代养，让此母猪提前发情配种。③母猪产后缺乳或死亡，可酌情将部分或全部仔猪寄养。④有 2 头或几头母猪，皆产仔很少，则可并窝，由 1 头母性强、泌乳力好的母猪集中哺育。

在寄养或并窝时，应注意以下几点：①原窝与寄养窝的出生时间必须接近，一般在 2～3 d 内。②被寄养或并窝的仔猪，尽量都吃过初乳，否则不易成活。③事先使寄养或并窝的仔猪，处于饥饿状态，并在继母放乳时引入。④继母猪及其所生仔猪和被寄养并窝的仔猪均用同样气味的溶液喷洒，以混淆母仔嗅觉，闻不到异味，并在专人看管下，吃上几次奶，达到母仔相安。⑤同一窝中寄养的仔猪数量最好不超过 2 头。并窝的仔猪总数绝不能超过继母有效乳头数。

(6)防治下痢　仔猪下痢，分为红痢、黄痢和白痢，各猪场几乎都普遍发生，发病率和死亡率很高。对于 1 月龄内的仔猪，特别对 7 日龄内的仔猪威胁最大，如不采取有力措施防治，不仅影响增重(发病率可达 50%～90%)，而且可造成很多死亡(死亡率可达 30%～100%)。

引发仔猪下痢的因素很多，主要从下述几方面进行防治：

有条件的，可在母猪预产期前 22 d 左右让母猪口服大肠杆菌

K_{88}、K_{99}二价基因工程菌苗或注射大肠杆菌 K_{88}、K_{99}、987P 三价灭活菌，对黄白痢有很好的免疫效果，保护率在 99%以上，死亡率可降到 0.79%。并且最好在预产期前 30 d 和 15 d 分别给母猪注射仔猪红痢灭活菌苗。

严格产房和母猪产后的卫生消毒工作，保持猪舍环境清洁、干燥。特别在接生前，对母猪奶头及周围皮肤要彻底清洗、消毒。

加强饲养管理。母猪饲料配合比例不要突变，不喂霉烂变质饲料。对仔猪要及早开食、补料，严禁吃脏东西、喝脏水。

出现下痢后，有条件的进行隔离，并抓紧找兽医诊治。平时饲养管理人员也要学习掌握一些这方面的防治常识，并预备些有关药物，以备随时灵活应用。庆大霉素、卡那霉素、痢菌净、氟哌酸等，都有一定疗效。鞣酸蛋白、活性炭等对本病康复有一定作用，对病死的仔猪，一定要深埋，消毒处理。

(7)补充必需的微量元素　铁、铜、硒的补充，对初生期仔猪的健康和生长发育有重要作用，特别是铁和硒的补充更为重要。

①补铁预防贫血。仔猪出生后身体中铁含量很低，母乳中铁含量也不充足。正常生长的仔猪，每天需要铁 7～15 mg，而仔猪从母乳中得到的铁仅 1 mg 左右，如果没有外源铁元素的补充，一般在3～5 日龄体内储存的铁就会耗尽，10 日龄左右即出现缺铁性贫血症。贫血的猪表现为生长差，消瘦，精神不振，皮肤发皱，被毛粗糙，皮肤及黏膜苍白，轻者随吃料逐渐恢复，但早期发育严重受阻，很难恢复正常发育，缺铁严重者出现死亡，所以仔猪出生后要及时进行补铁。

补铁的方法很多，常采取的有注射铁剂和口服补铁两种方法。

注射铁剂法：注射铁剂是目前采用较多的方法，用针头颈部肌肉注射，给生后 2～3 日龄的仔猪注射铁元素 150～200 mg，10～15 日龄时再注射 1 次。市场销售的补铁产品很多，如右旋糖苷铁针剂、培亚铁针剂、血多素、丰血宝、富铁力、牲血素等，都是仔猪补铁的来源，在使用时，要正确认识产品中铁的浓度和使用剂量。

口服补铁法：可将 2.5 g 硫酸亚铁溶于 1 000 mL 热水中，过滤后装入奶瓶，当仔猪吮乳时，将溶液滴在奶头上让仔猪吮吸，一般每天 2 次，每次每头 5～10 mL。

②补铜、补硒促生长。

补铜：铜不但是生理功能所必需，也是仔猪的促生长剂，缺铜影响铁的吸收利用，同样可引起仔猪贫血。仔猪正常生长发育需铜量不大，一般情况下不会缺乏，但高铜有促进生长作用。所以，仔猪开食后，可在饲料中添加铜 125～250 mg/kg，作为促进仔猪生长的措施。

补硒：仔猪对硒的日需要量，根据体重不同为 0.03～0.23 mg。仔猪缺硒多发生于 20 日龄或断奶以后生长较快的个体中，主要表现为食欲减退、精神不振、后肢麻痹、营养不良（白肌病）等。仔猪补硒常采用仔猪生后 3～5 日龄内肌肉注射 0.1%亚硒酸钠维生素合剂 1 mL，3 周左右再注射 1 mL，对于开食的仔猪每千克饲料中要添加 0.1 mg 的硒。硒是剧毒元素，过量会引起中毒，使用时要严格控制剂量，饲料添加充分混合均匀。

第三节　仔猪的饲养管理技术

一、开食、补料

由于母猪泌乳量一般在产后 7 d 迅速上升，到 3～4 周达到高峰，以后逐渐下降。而此时正值仔猪生长发育旺盛，所需营养物质越来越多，这就出现了供不应求的矛盾，因此，必须及早开食补料。再者仔猪 30 日龄后的增重主要取决于采食量的多少，补料多则日增重快。一般要使 2 月龄的仔猪达到 20 kg，主要靠补料，否则就会阻碍生长发育，甚至形成僵猪。同时及早开食补料还可锻炼仔猪消化器官，及早分泌胃酸，促进胃肠蠕动，防止下痢，为安全断奶打下基础。

开食、补料，应根据仔猪不同时期的特点，采取不同的方法，一般可分如下 3 个阶段。

（1）调教期　此阶段主要是诱引仔猪认食、开食。仔猪 7 日龄前后，因前臼齿开始长出，爱啃咬硬物以解其痒，也能以独立活动嬉戏，对地面的东西用闻、拱、咬等进行探究。而且只要见一个仔猪拱咬某样东西，其他的仔猪也跟来，追逐模仿。因此，诱其开食以 7～10 日龄开始为好。

由于仔猪采食量与饲料适口性有很大关系，所以诱食用的饲料，可不必很强调营养性，关键是适口性。再根据仔猪采食的习性，可分别采用如下几种诱饲方法。

自由采食法：仔猪一般喜食甜、香的饲料，可将炒香的玉米、大米、小麦或黄豆等颗粒撒在仔猪经常出入活动的地方，任其自由采食，以练习吃料。

饥饿诱食法：让母仔分开，待仔猪饥饿时，先给予饲料诱食，等吃料后再让其吃奶。用此法，一般 1～3 d 就能学会吃料。

强制诱食法：将母仔分开用带甜味的粥料耐心抹在仔猪嘴里，每天几次，反复数次后，就能学会吃料。

以大带小法：仔猪有模仿和争食习性，将已学会吃料的和刚学吃食的仔猪放在一起，仔猪经常模仿和争食可学会吃料。也可将料撒在干净地面上让母猪吃，仔猪会模仿母猪而学会吃料。

（2）适宜期　此期是从仔猪认料到正式吃料的过程，仍具有一定的强迫性和诱导性，一般需 10 d 左右。此时仔猪对植物性饲料已有一定消化能力，通过饲料中的营养来弥补母乳的不足，同时使消化器官进一步适应植物性饲料，为旺食期奠定基础。此期应选用仔猪喜爱的全价颗粒或干粉料，任其自由采食，并供给清洁饮水。

（3）旺食期　此期是从仔猪能正式吃料到断奶的一段时间。旺食期的到来越早越好，一般在 30 日龄前后进入旺食期。此阶段已能大量采食和消化植物性饲料,粪便由小球状变为细圆筒状,并逐渐变粗。这时应抓住时机,尽量让仔猪多吃料,要补给营养丰富又全面的全价饲料。此期饲料内不但主要含有植物性饲料,也应加入一定量的优质鱼粉、肉骨粉等动物性饲料和铁、硒等矿物质,并且以生干喂为好(生干料喂养效果比生稀料提高 15% 左右,比熟料提高 17%～34%)。

在补料方法上,应采用自由采食与定时喂给相结合,少喂多餐,让仔猪常吃到新鲜饲料,一般以每天补饲 5～6 次为宜。补料的多少与体质强弱、开料的早晚、饲料调制方法及其适口性等有关。补料成功的标志是吃料多、生长快、日增重高。此外,由于仔猪抵抗力弱,还必须注意饲料、食槽和饮水的清洁卫生,以减少胃肠道疾病。

二、断奶

哺乳仔猪长到一定时候,就要离开母猪完全依靠吃料而独立生活,这是一个很大的改变,也是影响仔猪成活和增重的关键问题。因此在什么时候用什么方法进行断奶,才能保证全活,力争不掉膘,是个必须掌握的技术问题。

(1)断奶适宜的时间　断奶时间应根据有利仔猪生长发育,有利于母猪健康及早发情配种等方面来确定。一般为 42～60 日龄,但也应根据具体情况,灵活掌握:①母猪膘情不好,仔猪又不准备留种,为使母猪迅速复膘,及时发情,可考虑 42 d 左右断奶;②本胎仔猪出生时,越过了适宜季节,考虑到下次产仔尽可能赶上适宜的季节,为争取时间,对本胎仔猪可适当提前断奶,反之,可适当晚断奶;③母猪膘不大好,仔猪又大小不均匀,可实行先大后小分批断奶,大的 42 d 左右,小的 50～60 d;④母猪泌乳性能很好,膘情也较好,仔猪准备留种,在不影响母猪下次配种情况下,可实行 60 d 断奶,甚至更晚些。

(2)断奶方法

①一次断奶(一刀齐法)。即一次性将母仔强制分开。此法比较简单易行,但由于断乳突然,食物和环境突变很易引起仔猪消化不良,精神不安,影响生长,甚至掉膘。同时也易使乳汁较充实的母猪乳房胀疼,甚至会引起乳房炎。为减少乳房炎发生,应于断奶前 3 d 左右减少母猪的精料、青绿饲料及水的供给量,以降低泌乳量。

②逐渐断奶(安全断奶法)。此法是在预定断奶日龄前 4～6 d,逐渐减少母猪的青、精料喂量,同时减少仔猪吮奶次数,直到最后停止哺乳。这种方法对母、仔均安全有利。

③分批断奶(先强后弱断奶法)。即根据仔猪发育情况及用途,分批陆续断奶。一般将发育好、食欲强或拟作肥育的仔猪先断奶,将发育差或拟留作种用的后断奶。此法缺点是断奶时间较长,优点是兼顾弱小的仔猪和拟留作种用的仔猪。

三、断奶后仔猪的饲养管理

断奶后仔猪骨骼与肌肉的生长非常旺盛,一定要不失时机地搞好饲养管理,以获得最理想的或较高的增重速度。

(一)仔猪的饲养

(1)断奶仔猪的饲料　刚刚断奶的仔猪,由于离乳的刺激和环境的改变,通常会暂时减少采食量,致使增重减慢甚至减重。因此,在仔猪断奶后的最初 1～2 周内,应保持断奶前的饲料不变,以免突换饲料,更使仔猪不适应,造成消化紊乱。正确的方法是,在断奶 1～2 周再逐渐过渡到断奶仔猪的饲料。断奶后仔猪专用的配合饲料,根据其不同的日龄和体重阶段,又可分为几种型号,可到饲料厂或饲料店选购。如若自己配制混合料,也必须符合营养全面、体积小、容易消化的原则。

(2)饲喂方法　①少喂勤添,定时定量。为了促进仔猪食欲并使之具有充分利用饲料的能力。刚断奶后的1～2周应仍按断奶前的饲喂次数，每天5～6次，每次间隔2～3 h，并分2～3次喂给，同时饲槽要充足，保证每头仔猪都能同时吃上料。1～2周后逐渐减少到每天饲喂3～4次。另外，仔猪有在傍晚前几小时采食最旺盛的特点，一定要确保这段时间让其吃足吃饱；如在晚上9～10点再喂一次夜食，不仅可使其多吃料，还能避免夜间时间长引起饥饿而睡卧不安。②供给清洁的饮水。断奶仔猪需要饮水较多，必须供足。但供给的饮水时间不能过长，否则易被仔猪弄脏，喝了易引起下痢。因此，为保持饮水清洁，应少加勤换。夏季每天3～4次，其他季节每天1～2次。③防止拉稀。刚断奶后的仔猪采食量一旦恢复正常以后，往往表现为吃不饱似的饥饿感。因此，在饲喂时一方面要让其吃足吃饱，另一方面也要防止其采食量过多，并禁食含水分过多的青饲料和霉烂变质饲料，否则，均可引起消化不良，拉稀下痢。

（二）仔猪的管理

（1）暂留原圈和合理分群　为了减轻仔猪断奶后环境的生疏和离乳的痛苦，最好采取不调离原圈，不混群并窝，仅将母猪调离原圈。如需合群并窝，应在离乳10～15 d吃食及粪便正常后进行。为避免分群与混群后的不安和相互咬斗，应在分群前几天使仔猪群同槽进食或一起运动，以便互相熟悉。然后根据仔猪性别，个体大小，性情好坏，吃食快慢进行分群。同群内体重相差不要超过2～3 kg。对体弱的宜另组一群，精心护理。

（2）圈舍环境要舒适卫生　阴暗潮湿的环境对仔猪生长极不利，因此断奶仔猪的圈舍必须有充足的阳光，温度适宜，清洁卫生。仔猪进入圈舍前应彻底打扫干净，并用2%的火碱水等消毒液消毒。

（3）要有足够的面积和饲槽　生产中适宜的占地面积以每头1 m^2左右较好，每群8～10头为宜。同时饲槽、水槽要足够，保证每头猪都能同时吃上料、喝上水。

（4）合理调教　调教的主要内容是训练仔猪排粪、采食、睡觉三角定位。猪总是在有粪便气味和潮湿地方排粪、排尿，所以对仔猪进行训练时，应将其赶到预定的排粪、排尿地方停留数分钟，让其排尿、排粪；在采食的地方投饲一些饲料，让其知道采食地点；在预定睡觉的地方可预先铺些垫草，这种训练1周左右即能调教成功。

(5)冬季要防寒保暖　在冬季寒冷的地区，仔猪特别怕冷，常堆集一起一块睡觉，互相挤压，就地排泄，往往压伤、压死和发病。因此，应注重防寒保暖工作，堵塞圈壁裂缝，防止风寒侵袭，圈内多垫干土和清洁干燥的垫草，或专为弱小的仔猪设立暖圈等。

思考题

1. 简述仔猪的生理特点和生长发育特点。
2. 提高仔猪育成率的主要措施有哪些？
3. 断奶仔猪的饲养管理应注意什么？

第八章　肥育猪的饲养管理

阅读指南

养猪的目的是生产出更多更好的商品肉食，来满足人们生活的需求，并在生产中产生合理的经济效益，肥育猪阶段是养猪生产取得经济效益的关键阶段。为此，了解和掌握好肥育猪的生理特点与生长发育规律，利用科学的饲养管理技术，提高肥育猪的生产力，对于搞好养猪生产，增加养猪的经济效益，有着重要的实际意义。

第一节　肥育猪的生理特点与生长发育规律

肥育猪从断奶到出栏（屠宰）的生长发育过程中，一般来讲，生长日龄越短，体重越小，其机体的各系统、组织和器官的生长发育及功能就越不完善，特别是消化系统的功能，还不能完全发挥作用（如不能分泌或很少分泌某种酶类物质），从而影响饲料中某类物质的消化吸收，进而影响猪的生长发育。随着猪体重的增加，其机体各系统、器官和组织日趋完善，对饲料利用逐渐提高，对外界条件越来越适应，猪也就越好管理。猪的生长肥育过程一般按体重分为 2 个阶段，即 20～60 kg 为第一阶段，60～90 kg 为第二阶段。在第一阶段中，由于受断奶、去势、调圈、分群等因素的影响，再加上机体发育尚不完善，应提供优质而易消化的饲料，并加强保温及饮水的管理。而在第二阶段，由于发育已日趋完善，对饲料的摄取、消化、吸收及利用都有很大提高，对外界环境的适应力和抵抗力均较强了，所以，比第一阶段易于饲养和管理，生病少，生长速度快，一般平均日增重 500 g 以上。

肥育猪的生长发育是有一定规律的，主要表现在以下 2 个方面：①骨、肉、脂的生长虽是同时进行的，但在不同的生长阶段却各有侧重。一般是骨骼生长发育最早、最快，肌肉次之，而脂肪最缓慢，到较晚时才能大量沉积。②肥育猪体内的水、蛋白质和矿物质随日龄和体重的增长，相对减少，而脂肪逐渐增多。然而体内水分和脂肪的合计量始终约占体重的 80%，而蛋白质的比例却比较稳定，始终占体重的 14.5%～17.5%。从上述规律不难看出，对肥育猪供给的营养物质应根据各组织在各生长阶段的发育重点的不同，而有所侧重，前阶段要侧重于满足蛋白质和矿物质的需要，而后阶段则侧重于供给含碳水化合物丰富的能量饲料。

第二节　肥育猪的饲养管理技术

一、肥育的方式

养好肥育猪的目的是产品数量多，质量好，经济效益高。但这个问题受多种因素制约，其中最主要的因素是饲料，尤其是精料。长期以来，人们为了多养猪，养好猪，便针对自己具体的条件(因素)，对猪的肥育过程逐渐形成了两种方式。

(一)阶段式肥育(又称“吊架子”育肥法)

即把猪的整个育肥过程划分为 3 个阶段，分别以不同的营养水平，把精料集中使用在小猪阶段和催肥阶段，在中间的“吊架子”阶段，则主要利用青、粗饲料。这是符合猪的生理特点、生长发育规律和不同生长时期对营养需要的特殊性的，是一种巧用精料和充分利用青、粗饲料的一种肥育形式。

(1)小猪阶段(从断奶到体重 25 kg 左右)　这个时期小猪相对生长速度快(重点是发育骨骼和肌肉)，但消化器官容积小，机能不够健全，因此，在营养需要上严格，应以含蛋白质、矿物质和维生素较多的精料为主，而体积宜小。

（2）架子猪阶段（体重 25～50 kg） 这个阶段因其消化器官已充分发育，消化机能显著增长，可以消化较多的青、粗饲料。所以这时期要逐渐以青、粗饲料为主来“吊架子”。“吊架子”阶段增重速度虽慢，但却保证了骨架子的充分发育，为以后催肥期大量采食和迅速增重打下良好基础。

（3）催肥阶段（体重 50 kg 到育肥出栏） 本阶段发育的重点是大量沉积脂肪，要逐渐增加精料的比例，特别是能量饲料。发挥其长膘的特点，使之迅速地大量沉积脂肪。此阶段要保持安静，以利催肥。

（二）一贯式肥育（又称“一条龙”育肥法）

即从断奶到出栏的整个肥育的全程，没有明显的阶段性，一直给予丰富的营养，使之得到充分发育，以获得较高的日增重。不过在整个育肥期间除营养物质保持全面、营养水平较高外，也要按照其生长发育规律和对营养需要的特点，在所供给的营养物质上有所改变，如：能量水平要不断提高，蛋白质水平要不断下降，也要注意供给青、绿，多汁饲料等。

（三）两种肥育方式的比较

阶段式育肥法虽可大量利用青、粗饲料，而节省精料，但育肥的时间长，育肥率低，设备利用率低，资金周转慢，比较适应大型晚熟品种和精料不足，而青、粗饲料较多的地区或养猪场户。一贯式肥育法在饲料合理搭配的情况下，如能满足猪的营养需要，则可充分发挥生长潜力，在较短的时间内能达到肥育体重。这种方法所需育肥的时间短，育肥率较高，节省人工，设备利用率高，资金周转较快。在追求胴体瘦肉率时，不管用哪种方法，育肥后期都应采取限食或限制能量水平。

目前，在我国广大地区粮食和配合饲料较充足的情况下，为了更快获得较高经济效益，一般采用一贯式肥育法。

二、饲料的调制

合理地调制饲料可使饲料适口性强，使猪增重快，饲料利用率高，从而降低生长成本。

(1)青绿饲料的调制　青绿饲料可代替部分混合精料，并可提供部分维生素，一般是经过粉碎、打浆后饲喂，或粉碎后与精料混合饲喂。青饲料生喂，可保证维生素等营养物质不被破坏，但必须清洗干净，以防寄生虫感染。

(2)精料的调制

①干粉料。将玉米、豆粕、麸皮等原料粉碎后，根据肥育猪的饲养标准，按一定比例混合(或直接到饲料厂、店购入配合料)，呈干粉状饲料。此料适用于自由采食、自动饮水的饲养方式。喂此料猪的日增重和饲料利用率均比水稀料效果好。但应注意饲料不宜粉碎得过细过小，否则，易粘在舌上，难以下咽。

②水稀料。养猪户常用此法调制，即将干粉料与水的比例按1∶(4～8)搅拌而成。由于水的含量不同，又可分为稠料和稀料。一般来说，稠料中干物质和有机物的消化率比稀料高，因此调制不宜过稀。

③湿拌料。即将干粉料与水的比例按1∶(1～1.5)搅拌而成。对此料，猪易吞咽，吃得快而多，日增重较快。由于此料含水量不同，又分为稠料和稀料。一般稠料比稀料效果好。

④颗粒料。将配合饲料粉碎后，用颗粒机制成颗粒状，颗粒大小随猪大小而定。此料不易发生变质，易于保存，又便于投食，不会挥撒，浪费少，利用率高。但要供给猪充足的饮水。

以上4种类型饲料，根据实验资料，喂饲的效果比较，颗粒料和湿拌料优于干饲料，更优于水稀料。养猪场（户）具体选用哪种饲料类型为好，应根据当地饲料情况、自己的设备条件和经济效益来决定。

三、饲喂方法

肥育猪的饲喂方法可分为自由采食和限量饲喂两种。

（1）自由采食法　即将配合好的饲料装入自动采食箱内或饲槽中，向箱内添饲料可每 1～2 d 1 次，向饲槽中加饲料要勤添，保持经常有料。此法优点：猪可自由采食，什么时候吃料都能吃得上，能充分发挥其生长潜力，提高日增重，而且可以提高同一猪舍的饲养密度，由于体弱的猪也能吃饱，故群体的发育较齐整。缺点是：易造成饲料浪费，需要具备一定的设备条件（采食箱、自动饮水设备等）；只能使用干粉料或颗粒料。

（2）限量饲喂法　即根据肥育猪不同阶段的营养需要，将日粮事先限定在一定数量内，然后分顿饲喂（一般体重 50～60 kg 前每天 3～5 次，50～60 kg 后每天 2～3 次），并且每顿要定时定量。但每次喂量一定要满足猪生长发育的需要，否则会使其生长受阻，其生长潜力得不到充分发挥。此法优点：猪群较大时，可减少饲料的浪费，吃多少给多少，能有效地减少肥育后期的脂肪沉积，最适合追求瘦肉率的后期育肥。缺点是：猪群较大时，往往会发生以强欺弱的现象，体弱的吃不饱，整体发育不齐整，甚至出现僵猪；日增重比自由采食的猪低，肥育期较长。

（3）自由采食和限量饲喂相结合的方法　现在多采用此法，即在肥育期（体重 50～60 kg 前）采用自由采食法，后期（体重 50～60 kg 后）采用限量喂饲法。前期猪主要是生长发育骨骼和肌肉，供给高能量、高蛋白的饲料，让其自由采食时，随时吃足吃饱，以满足骨骼肌肉生长的需要。后期，肌肉的生长开始下降，而脂肪沉积开始增重，供给中等能量水平和较低蛋白水平的饲料，以减少脂肪沉积，提高胴体瘦肉率，减少饲料消耗。

总之，上述各饲喂方法，各有利弊，一般来讲，自由采食，日增重较高且胴体脂肪沉积较多，背膘较厚；限量喂饲，日增重较低但胴体脂肪沉积较少，瘦肉率较高，饲料利用率也较高。因此，在养猪生产中，如若追求日增重高，脂厚膘肥，则采用自由采食法；如若追求瘦肉率高，则采用限量饲喂法，但肥育期较长；如果既要日增重高，又要瘦肉率高，则可采用前期自由采食和后期限量喂相结合的方法。

四、合理分群

对肥育猪采取群饲，不仅可提高采食量和充分利用猪舍面积及有关设备，而且还能节省劳力，降低生产成本。但群饲也有一定缺点，如：把来源不同的猪合并在一起时，往往出现大欺小，强欺弱，相互争斗、咬架等现象，弱小者往往吃不足食，睡不好觉。因此，必须根据品种、体重及个体强弱等，进行合理的分群分圈。总的原则如下：

1. 同一群猪，大小强弱程度及体重基本差不多。幼小猪体重相差不要超过 4～5 kg，大猪体重相差不要超过 5～10 kg。

2. 分群或并圈时，应把弱小猪留在原圈，而把强壮的猪合并到其他圈的猪群中去。或将弱小的猪留在原圈，把猪数较多的群并进来。切忌将少数弱小猪合并到另一个数量多、体质强的猪群中去。

3. 每个圈的饲养头数，要综合考虑，合理而定。每圈头数过少，则场地、设备不能充分利用，也浪费劳力。头数过多，则密度大，影响肥育效果。

4. 分群并圈，最好在夜晚进行，并且在猪进圈前，用较强气味的消毒液对圈舍进行喷洒。

5. 分群定圈后，要保持猪群的相对稳定，在整个肥育期间尽量避免中途并群调圈，否则会影响增重效果。据资料介绍，每调圈 1 次，便会使肥育期延长1周左右。当然，对于个别猪病了或个体发育过大或过小的猪，也只好进行适当调整，但要注意观察、监护。

五、创造适宜的环境

圈舍环境要保持清洁卫生，经常打扫，并定期消毒。圈舍的温度和湿度要适宜，空气要清新。特别在严寒酷暑时，要采用保暖和降温措施。冬季要堵严圈舍、墙壁的孔隙，门窗加挂草帘，垫草要充足、干燥，确实能达到保暖御寒。但也要注意通风换气和除湿。夏季要注意猪舍通风，地面常用水洒或冲洗。还可以给猪喷雾或淋浴以降低体表温度。

六、供给充足的清洁饮水

水是有机体的重要组成部分。体内养分的吸收、消化和转运以及废物的排出，体温的调节等，都离不开水的参与，因此，必须供给猪充足的饮水，而且为防止引发疾病，所供饮水必须清洁。猪的饮水量是随着环境温度、体重和采食的饲料量的增减而变化的，对猪的供水量，夏季应相当于饲料风干重量的5～6倍，春、秋约为4倍，冬季为2～3倍。供水方法可采用自动饮水机或设置水槽。

七、适时去势

猪去势后比不去势的生长快，增重快，易管理，也能提高胴体品质。去势一般在30～35日龄进行，这时体重小，易保定，手术切口小，操作时间短，流血少，愈合快。近年来提倡7日龄左右去势，据说术后恢复更快。国外瘦肉型猪的性成熟较晚，只对公猪去势，小母猪可不去势直接育肥。国内猪，一般性成熟较早，若不去势或去势过晚,胴体中会有难闻的性激素气味,尤其是公猪,膻气味更加浓烈。因此小公猪、小母猪皆需要去势。

第三节　提高肥育猪生产力的技术措施

一、利用杂交生产商品猪

通过对猪的不同品种之间进行杂交所产生的后代(杂种猪),具有杂种优势,再对这杂种猪进行肥育,能快速高效地生产优质商品猪。杂交技术对肉猪生产有很多好处,主要表现在产仔数多、断奶窝重大、生活力强、生长速度快和饲料报酬高等方面,从而能较早地达到预期的出栏重。

不同的杂交组合和杂交方式所表现的杂种优势是不同的,为了在生产上获得最大的杂交优势,必须对杂交组合进行筛选,以期获得最适合本地生产条件的杂交组合。

如能选取适合自己生产条件的优良的杂交组合,一定会能表现出较高的生产性能。产仔数比原来的猪种可提高 8%～10%,断奶窝重可提高 5%以上,日增重一般可提高 10%～20%,饲料报酬率可提高 5%～10%。这样就大大地降低了生产成本,缩短了肥育时间。

二、去势、防疫、驱虫

(1)去势　公猪和母猪去势后,因为没有性激素的影响,猪表现为性情安静、性机能消失、食欲增进,能更好地利用所摄取的营养,使增重速度提高,肉的品质也得到改善。实践资料表明,去势的公猪和母猪比未去势的公猪和母猪的增重分别高 10%和 7%左右,饲料利用率和屠宰率也均比未去势的高。可见,去势有利于猪的肥育,应该根据自己猪群的具体情况，适时地进行去势。

(2)防疫　疫病是养猪业的大敌，对其决不可掉以轻心，否则就会直接影响猪的健康，生长发育受阻，肥育无望，甚至造成大批死亡，经济损失严重。即使饲养管理得再细心，也落了一场空。因此，防疫是非抓不可的大事情。

防疫工作涉及的内容是多方面的，除了要坚持圈舍环境的卫生消毒、“封闭(隔离)式饲养”、“自繁自养”、“全进全出”等措施以外，还必须认真检疫，药物防治，更重要的是一定要做好免疫接种工作。

免疫接种是控制疫病流行十分重要的措施，一定要根据自己猪群所存在的疫病或者受到疫病威胁的情况，确定接种疫苗的种类，制定出切实可行的免疫接种计划，达到有的放矢的目的。对于漏防的猪和从外地引进的猪必须及时补种疫苗。对于正在流行的疫病，要抓紧对受威胁的尚未发病的猪进行紧急免疫接种，如猪瘟、口蹄疫等。接种后能很快产生抵抗力，从而使疫情得到控制。

(3)驱虫　猪的体内、外寄生虫，种类多、传播面广，几乎各猪群普遍发生。它们不仅与猪争取营养或直接吸取猪体营养，而且使猪疼、痒不安，影响采食和生长发育，甚至可造成死亡。因此，防治寄生虫病，也是不可忽视的。

对肥育猪威胁较大的寄生虫主要是蛔虫、绦虫、姜片虫等体内寄生虫，必须适时驱除。由于有的在哺乳期就已感染了，因此在整个肥育期间应驱虫 2 次。第一次在断奶后 3～4 周前后进行，第二次在肥育的中期进行。驱虫的方法，可据感染寄生虫种类酌情选用左旋咪唑、驱虫净、丙硫苯咪唑等，并按规定量、规定方法喂服，也可选用驱虫用的皮肤擦剂，如：驱虫精等；或选用注射剂：如 1%的依维菌素注射液，每 33 kg 体重皮下注射 1 mL、5%磷酸左咪唑注射液，每千克体重 6.8 mg，肌肉注射。另外在服用或擦、注射驱虫药后，应注意观察，对发生副作用或异常现象的，要及时解救。对驱虫后排出的虫体和粪便，要及时清除、发酵，以防再感染。

三、提高仔猪初生重和断奶重

一般来说，仔猪出生时越重，生活力也越强，到断奶时的体重也就越高。断奶时越重，以后的生长速度也越快，到肥育期的日增重也就越高。俗话说："初生差 1 两，断奶差 1 斤，肥猪差 10 斤"，也说明了这个问题。因此，提高初生重和断奶重，便可为肥育打下良好基础，能大大提高肥育猪增重和饲料利用率。怎样才能提高仔猪初生重和断奶重呢？必须充分重视妊娠母猪的饲养管理和仔猪培育，使其良好发育。

四、采用合理的饲喂技术

（1）生喂　实践证明，除马铃薯、红薯和豆类及其饼类外，大多数种类的饲料，生喂比熟喂效果好。主要是因为大多数饲料经煮熟后，其内的许多营养物质，尤其是维生素均遭到破坏。饲料生喂不仅可以保存饲料中的维生素等营养成分，有利于猪的生长，同时又可节约大量燃料和劳动力，还可减少饲养设备，节约饲料，降低生产成本。值得注意的是，生喂的饲料必须清洁干净，以防寄生虫感染，并且注意定期给猪驱虫。

（2）干湿喂　在前边饲料调制问题中，已提到颗粒料和湿拌料的饲喂效果，优于干粉料，更优于水稀料。今就其喂法而言，不外乎干喂、稀喂和干湿喂 3 种。不同的喂法对猪的消化吸收有不同的效果。干喂的优点是省工，易掌握喂量，促进唾液分泌，缺点是损失饲料较多，但颗粒料无此缺点。稀喂的优点是便于采食，损失饲料少。缺点是易使猪形成水饱，影响消化和吸收，饲料利用率不高，不利于猪的生长。干湿喂法介于两者之间，猪进食饲料较多，胃液能很好地与饲料发生作用，消化吸收好，提高了饲料利用率，猪生长快。因此，除颗粒料以外(因在饮水充足情况下,它有干喂法的优点,又避免了干喂法的缺点),其他饲料还是以干湿喂法(湿拌料)为好。

(3)先喂精料,后喂青饲料　如有新鲜的青饲料,又没条件进行调制(粉碎、打浆等)在每顿喂食时,最好先喂精饲料,后喂青绿饲料。可将青绿饲料洗净,但不要切碎,目的是让猪多咀嚼,多分泌唾液,帮助消化。

(4)采用合理的饲喂方式　如前所述,肥育猪的饲喂有自由采食和限制饲喂2种方式。但就目前一般都追求既要日增重高,又要瘦肉率高的情况下,则最理想的方法就是将其两种方式结合起来使用。猪的体重60 kg以前主要以骨骼和肌肉的生长为主,此时应采用自由采食的饲喂方式,以充分发挥其生长潜力;而到了体重60 kg以后,肌肉的生长逐渐缓慢,肌体的脂肪沉积逐渐加快,这时若仍以自由采食为主,则很大一部分饲料会转化为脂肪,降低了饲料利用率和胴体的品质,因此这一阶段应转为限制饲喂,以防脂肪过多沉积。

再者,在限制饲喂的方式中,每天的饲喂次数也应根据体重和饲料的组成适时地进行调整。体重在35 kg以下时,胃肠容积小,消化能力差,而对饲料的需要量则相对较多,每次吃得少,但吃过不久又会饿,因此,应少食多餐,每天宜喂3～4次。对35～60 kg的猪,胃肠容积扩大,消化能力增强,每天宜喂2～3次。体重在60 kg以后,每天宜喂2次。喂饲次数过多并无益处,反而会影响猪的休息,同时也增加了工作量。每次饲喂的时间间隔应尽量保持均衡,而且饲喂时间宜选择在猪食欲旺盛时,如夏季应选在早、晚天气凉爽时饲喂。

五、适宜的屠宰体重

前边已述,猪的肥育后期,肌肉生长变慢,日增重降低,而脂肪沉积加快。而且体重每增1 kg所消耗的饲料增多,因此肥育猪的饲养期不宜过长,否则胴体瘦肉率下降,脂肪比例增高,经济效益下降。

确定肥育猪适宜的屠宰体重，应该结合品种、杂交组合、日增重、饲料转化率、胴体瘦肉率以及经济效益等多种因素综合考虑。据资料介绍，大型的肉用猪养到较高体重（如 90 kg 以上）时，仍可保持高瘦肉率，其屠宰时间可以适当延后。而杂交猪和地方改良猪的屠宰期则应适当提前。一般来说，猪在 6 月龄前，日增重快、瘦肉率也高，应重点抓好这一阶段的饲养。当到 6 月龄时，地方改良品种可达 70～80 kg，长白猪、大约克夏猪等外来猪种可达 90～110 kg，这时屠宰猪肉品质较好，经济效益也较高。否则，6 个月后，猪的生长就由肌肉、骨骼转向脂肪沉积。因此，6 月龄后猪饲养时间越长，瘦肉率越低，经济上也就越不合算。

思考题

1. 简述肥育猪的生理特点和生长发育规律。
2. 肥育猪的肥育方式有哪几种？各种肥育方式有什么不同？
3. 自由采食和限量饲喂各有什么利弊？
4. 提高肥育猪生产力的技术措施有哪些？

第九章　猪舍的设计与建设

阅读指南

本章主要介绍了环境对猪生产的影响，猪场场址的选择与规划布局，猪舍的设计与建筑以及舍内的设备。猪场场址与猪舍合理的设计是养猪成败的首要条件，合理的设计是便于以后生产的安排和获得好的生产效益的先决条件。

第一节　环境条件对猪的影响

环境条件对猪影响很大，一般情况下，猪体与环境保持着一种平衡，当环境条件发生变化时，其平衡就会受到破坏，猪体不能适应外界环境的条件变化，就会影响猪只的健康使猪只发病，若长时间或超强度地对猪进行刺激，还会引起猪只死亡。因此搞好养猪生产必须重视环境条件的影响。

一、温度对猪的影响

猪是恒温动物，其正常生长发育、繁殖最适宜的温度是15～23℃。环境温度过高或过低对猪的生长发育都不利，因猪只品种、年龄和生长发育阶段的不同，对气温变化的适应能力也有所不同。如果环境温度过高，猪只呼吸增快，食欲下降，生长缓慢，甚至减重。如果气温过低，猪只就会消耗较多的能量来维持体温，严重的还会发生仔猪冻死的现象。肥育猪皮下脂肪厚，体内热量散发受阻，耐热性差，夏季气温较高时要注意降温；仔猪皮下脂肪少，皮薄，毛稀，抗寒能力较差，特别是出生时要注意保温；妊娠母猪在怀孕后期对环境条件的反应较为敏感，应注意为其创造有利的条件，以取得理想的饲养效果。

二、湿度对猪的影响

猪舍空气的湿度对猪的影响很大。湿度和温度共同对猪产生影响，高温高湿会妨碍猪体内热量的散发，猪只食欲与消化机能减退，增重减慢，而且有利于病原微生物的生长繁殖，使猪只的发病率和死亡率增加；低温而高湿时，猪只体内热量散发过多，同样也会产生不良影响。猪舍内空气的相对湿度以65%～75%为宜。

三、空气对猪的影响

由于喂料、打扫猪舍以及一些外界的因素往往增加猪舍空气中的灰尘，同时猪只粪尿和污物的发酵、分解，呼出气体等有害气体的增多，如果猪舍通风不良，这些灰尘、有害气体及病原微生物就会在猪舍内生长繁殖，对人、畜带来很大危害。因此，猪舍要注意通风换气，新鲜的空气有利于猪只的健康。

四、光照对猪的影响

光照是增进猪只健康、预防疾病的重要因素，光照可增强血液循环，促进新陈代谢，还可促使皮下组织合成维生素D，保证正常的钙、磷代谢，利于骨骼生长，提高猪的生长发育速度。如果猪舍阴暗，猪只不能到舍外活动，得不到阳光，就会使生理机能降低，体质减弱，易感染疾病，特别是仔猪易发生佝偻病，造成生长发育迟缓或停滞。炎热的夏季，如果猪只受烈日照射过久，就会造成热应激，使猪只患热射病。因此,猪舍内要光线充足、明亮,并让猪只经常到舍外活动,夏季天气炎热时运动场要塔凉棚遮阴。

第二节 舍址的选择与规划布局

一、舍址的选择

(一)地势、地形的选择

猪舍的地势应高燥,至少要高出当地历史洪水线以上,地下水位要距地表 2 m 以上。这样的地势,可以避免雨季洪水的威胁,并减少因土壤毛细管水上升而造成的地面潮湿。地面要平坦而稍有坡度,以便于排出雨后积水。其坡度为 1%～3%最为理想,最大不得超过 25%。因坡度过大建设施工不便,另外,也会因降水长年冲刷而使舍区内坎坷不平。选择的地形应开阔整齐,尽量选比较方正的,以利于舍区建筑物的合理布局。舍区面积应宽敞够用,其大小要根据所养猪只的多少、饲养管理方式、饲料加工方式以及饲养的机械化水平等具体条件而定。

(二)环境的选择

猪舍的位置应选在比较安静的地方,最好在居民点的下风处,地势低于居民点,但要离开居民点污水排放口,更不应选在屠宰场、化工厂、皮革厂等容易造成污染企业的下风口或附近。如能利用山沟或河道作界,就更有利于防疫。

(三)水源、水质的选择

建立一个养猪场,必须有一个质好、量多的水源,不但养猪用水、生活用水,还应考虑消防用水以及养猪场未来发展的需要。

(四)交通与电源

猪舍的选址要求交通便利,因大量的饲料等要运进来,作为商品猪场,猪只育肥后要运出去。但为了便于防疫,猪舍要远离交通要道,有外围墙时离开 50 m,如果没有外围墙至少要离开 300 m 以上。选址时还应考虑供电条件,因饲料加工、供水以及饲养人员生活等都离不开电。

二、猪舍的规划布局

建造猪舍的舍址选好后,应充分全面地考虑怎样合理利用地形,有效地利用原有道路、供水、供电线路及原有建筑物等,以减少投资。圈舍、饲料加工储存、饲养管理人员生活居住等应合理安排,既节约用地又能为今后发展留有余地,并处理好猪只粪尿、污水等的排放和利用。规划应有利于养猪生产,有利于卫生防疫。

(一)猪场建筑物布局

总体上应遵循以下原则:①因地制宜,充分有效地利用猪场的地形、地势。②有利于组织和安排生产,符合饲养工艺要求。③便于卫生防疫工作的开展。④紧凑整齐,最大限度地充分利用土地。⑤有利于保护生态环境。⑥节约建设投资。

(二)猪舍排列方式

猪舍一般布置成横向成排,竖向成列。猪舍的排列方式有单列式、双列式和复列式。单列式适合于猪舍数量在 4 栋以下的小型猪场,双列式适合于猪舍数量较多的中型猪场,多列式适合于大型猪场。

在单列式排列中,猪舍两边的道路分别是运送饲料的净道和运输粪便的污道;双列式布置可根据实际情况安排净道、污道,即可将净道安排在中间,污道安排在两边,亦可换之。多列式布置应尽量将最边上的2条或1条道路设置成净道，以方便饲料运输。

（三）猪舍顺序

猪场生产工艺特点就是把养猪生产的全过程依次分为空怀母猪的配种、妊娠母猪饲养、母猪分娩和哺乳仔猪饲养、保育猪饲养、生长猪和育肥猪的饲养等几个不同的生产阶段，并配置最相应的专用猪舍，母猪常年均衡分批产仔，各生产阶段按批次实行“全进全出”工艺流程。工序流水作业，全年连续、均衡、有节律地生产。根据生产工艺流程，母猪在空怀猪舍、配种猪舍、妊娠猪舍和分娩哺乳猪舍之间往复流动，而商品猪从分娩哺乳猪舍向保育猪舍、生长猪舍、肥育猪舍单向流动，最后由肥育猪舍经装猪台出场上市，因此猪舍的排列顺序应是：

公猪舍→空怀母猪舍→后备母猪舍→配种猪舍→妊娠猪舍→分娩哺乳猪舍→保育猪舍→生长猪舍→肥育猪舍。

（四）猪舍朝向

在确定猪舍朝向时，首先是考虑采光和通风效果。应该尽量做到：一是猪舍纵墙和屋顶在冬季多接受光照，以利于猪舍保温；而在夏季少接受光照，以利于猪舍隔热，从而使得猪舍冬暖夏凉。其次是猪舍纵墙与当地冬季主导风向平行或成0°～45°角，使冬季冷风通过纵墙的缝隙渗透到猪舍的量最少，纵墙与夏季主导风向成一定角度，使夏季猪舍自然通风均匀，有利于防暑降温和排出舍内污浊空气。

（五）猪舍间距

猪舍间距主要根据光照、通风、防疫、防火和节约土地这5种因素确定。在满足光照、通风、防疫、防火要求的前提下，应尽量缩小猪舍间距，以减少猪场占地面积，节约用地。我国大部分地区猪舍的朝向，一般为南或南偏东、偏西一定角度。从光照方面，冬季前排猪舍不能影响后排猪舍的光照，也就是说猪舍间距必须大于前排猪舍的阴影长度。从夏季自然通风和卫生防疫方面，下风向的猪舍不能位于相邻上风向猪舍的涡风区内。这样才能保障下风区的猪舍的通风，并避免相邻上风向猪舍排出的污浊空气吹入下风向的猪舍，有利于卫生防疫。一般来说，猪舍间距为猪舍高度的3～5倍时，即可满足光照、通风和卫生防疫要求。

(六)猪场内其他建筑物的布局

猪场生活区和生产管理区中的办公室等可根据当地城镇规划进行，以美观、实用、节约投资和用地为原则。在采用地下水作为水源的猪场，水井应设在生活区或生产管理区，与猪舍、厕所等距离30 m以上，以利于水源的卫生防护。饲料库应位于生产区与生产管理区的交界处，靠近生产区的净道，以便于运送饲料。饲料库要开设2个门，一个面向生产区，一个面向生产管理区，这样才能保障生产区运送饲料的车辆不出区，而区外车辆和人员不进入生产区。在饲料库开向生产管理区的门口应设置消毒池，供运输饲料的车辆和人员消毒，猪场隔离区中的死猪处理设备和粪便污水处理设施一定要位于整个猪场的下风区环卫地势最低处，以利于卫生防疫。

(七)猪场道路

道路是猪场中的重要设施之一，它与猪场的生产、防疫有着重要联系。一般来说，对猪场道路要求有下述几个方面：①道路直而路短，以利于场内各生产环节方便联系。②有足够的强度，保障车辆的正常行驶。③路面不积水，不透水。④路面的一侧或两侧有3%～5%的坡度，以便排水。⑤道路一侧或两侧要有排水沟(结合路面排水设计)。⑥道路的设置不应妨碍场内排水。

(八)猪场排水

为了及时排出降水，猪场必须建设可靠的排水设施，它是猪场重要的卫生设施之一。完善的排水设施可以保障猪场场地干燥，有利于改善场区环境状况，为人、畜创造良好的生存和生活环境。如果排水不畅，在雨季就会造成场地泥泞，不仅会直接影响猪的健康，使其生产力下降，而且还会给管理工作带来许多困难。全场的排水设施应连成网，最后由总排水口将降水排入附近的排水沟渠。

应该注意的是，猪场排水设施不可与排出猪粪尿等污物的排污系统混用，以免使粪尿污物等流入天然水体污染环境，或使降水流入猪场污水处理系统而增加处理量。

第三节　猪舍的设计与建筑

一、猪舍建筑的一般要求

猪舍是猪生长发育和活动的场所，其建筑性能的好坏直接关系到猪的健康和其潜在生产力能否得到充分发挥，并且关系到养猪生产经济效益的高低，在建筑方面，猪舍应该达到以下要求：

1. 符合猪的生物学特性和生产工艺，要求舍内空气清新，温、湿度环境符合猪只的要求。

2. 适合当地的气候和地理条件。我国幅员辽阔，各地的自然环境条件千差万别，因此对猪舍的建筑要求也不相同。南方地区气候炎热潮湿，主要应以防潮隔热为主；北方地区冬季寒冷，应以保温为主；中部地区冬冷夏热，应兼顾保温与防潮隔热；沿海地区台风多，要加强猪舍的坚固性，使其具备抵抗台风的能力；山区风大多雪地区应特别注意猪舍屋顶的坚固性。

3. 便于实行科学的饲养管理。猪舍建筑应充分考虑到工作人员的操作方便，降低劳动强度，提高劳动生产率，并保障劳动安全。

4. 夏季采用自然通风的猪舍，其跨度应小于 12 m；采用机械通风的猪舍，其跨度应小于 18 m；采用屋顶排风的猪舍，跨度要小于 12 m。

5. 猪舍的总长度一般不要超过 75 m。

二、猪舍的建筑形式

有开放式猪舍和封闭式猪舍2种，饲养商品猪也可不建猪舍用猪笼饲养，占地较少。一般的是建造简易节能的开放式猪舍，便于通风采光，冬季寒冷时用塑料布保温。条件好的可建造封闭式猪舍，有利于管理猪群和控制环境。塑料大棚养猪成本比较低。

(一)开放式猪舍

开放式猪舍为3面有墙的小屋，坐北朝南，南面敞开，只建1.2～1.5 m高的矮墙，一般圈长3～3.5 m，宽2～2.5 m，没有运动场，冬季阳光可照到舍内后墙。这种猪舍构造简单，造价低，光线好，空气流通。猪舍内靠北墙为走廊，南部为猪床，走廊与猪床用水泥长饲槽隔开。饲槽中心有钢筋栅栏，能挡住猪出不来并使猪不能卧槽，但不影响猪只采食和饲养人员在外面加料。长饲槽可用水泥隔成几段。栅栏是在东西走向的1 m高的进水管上向下用钢筋焊制而成的，钢筋间距为8 cm。预留二三根可由上面抽出的活动钢筋作为猪栏门。平时活动钢筋插到槽底，看不到有门。水管在靠山墙处安装水龙头，下面靠墙的一段饲槽在喂食后为水槽，上有水龙头，可用水龙头冲刷猪床。也可将水管向下接到屋山墙基部，再向两侧伸向两边的猪舍安装自动饮水器。饮水器的安装高度，体重15～20 kg为35～45 cm，体重25～100 kg为45～65 cm。猪舍内采用水泥地面，水泥墙裙，便于冲洗消毒。前墙较矮，向上开敞，冬天可用塑料布封住，利于保温，夏天可用纱窗罩起来，以防蚊蝇。公猪舍前墙可加高到1.4 m。猪床约6 m^2 可以养7～10头生长肥育猪，也可用来养1头哺乳母猪或2～4头妊娠母猪。

猪舍内地面北高南低，坡度为10%～20%。南墙下舍内地面最矮处留地漏作排尿口，放铁箅，使其只能流出尿而不能进粪，排尿口与墙外排尿沟相连。舍外的排尿沟是贴近南墙根的用水泥板盖上的

30～40 cm 宽的暗沟，直接通向尿池。在舍内南墙根的排尿口上方留 40 cm 见方的出粪口，斜向外上方经墙外排尿沟的上方进入粪池。出粪口的外口在南墙根外有用铁片做的门帘，防臭气进入。粪池内只存一二天的粪便，饲养人员可在舍外清粪，对猪舍污染较少。

(二)密闭式猪舍

密闭式猪舍是南北宽度为 9～13 m 有密封门窗的房屋式猪舍，饲喂管理方便，但造价较高。猪舍纵向通风，风速可达到 1～4 m/s。猪栏为双列或四列，每栏养 10～20 头肥育猪，每头猪占猪床0.8 m^2。现代化养猪对母猪实行限位饲养，设有妊娠母猪栏，长 2 m，高 1 m，宽 0.6 m；分娩母猪栏长 2 m，宽 1.7 m，中间为分娩母猪限位栏，与分娩母猪栏等长，宽 0.6 m；两侧为仔猪栏，各 0.55 m。在靠污道的山墙上安装几个大排气扇排气，采用负压通风。夏天将靠净道的山墙附近的门窗打开，关闭其他门窗和天花板上的排气窗，开启排气扇可进行通风降温。冬天在进气处生火炉，也可给猪舍供暖。这种猪舍可安装自动饮水器和自动供料设备，由于其粪、尿都经地下沟排走，整个猪舍内都能用水冲刷，有利于保持猪舍清洁卫生和环境消毒。

(三)塑料大棚式猪舍

塑料大棚式猪舍一般作为密闭式猪舍使用，其结构简单，不用砖瓦等建筑材料，建造成本低，投资少。一般在北面砌土墙，向南建半圆形塑料大棚，棚内像密闭式猪舍一样围栏养猪，纵向通风。棚上面冬天夜间盖草苫保暖，夏天盖遮阴物防晒，天气炎热气温过高时可把靠近地面的棚膜卷起来通风降温。塑料大棚内的温度夏季可低于外界 5℃，冬季可高于外界 10℃，若草苫上再盖一层棚膜又可提高舍温 7℃。棚膜要用无孔、耐老化、保温性能强的多功能塑料棚膜。棚架的建造结构要合理，在尽量降低成本的前提下，要保证坚固耐用，大棚要有抗暴风雪的能力。猪床地面可为土地面，有条件的也可用水泥地面。

(四)商品猪饲养笼

用于无猪舍式饲养商品猪,从断奶后至屠宰的商品猪均可在笼内饲养。猪笼分大、中、小3种型号,分别饲养断奶后至屠宰期间不同日龄的猪。猪笼的大小以比猪稍大为宜。猪笼两层或三层排列,使饲养一头肥育猪的占地面积控制在0.3 m^2 以内,是占地最少的养猪方式。猪笼用钢筋、角铁焊制成笼片再组合成2层或3层,有4~6个猪位的组合笼。笼底可垫竹片,后部的下边有接粪板。笼前有活动饲槽和自动饮水器。冬天将笼放于北墙根,上盖塑料棚膜;夏天将笼放于树荫下。这种形式养猪不用猪舍,投资较少;猪位固定,不争食打斗,猪只生长较快,因猪活动量减到了最低,饲料报酬较高。

第四节　猪舍的常用设备

随着养猪技术的不断提高和养猪规模的不断扩大,家庭养猪也由原来的人工饲喂向机械化发展。目前饲料加工、供水已基本实现了机械化。机械化养猪的设备包括饲料加工设备、饲料输送设备、喂料设备、供水设备、除粪设备、通风保暖设备以及清洁消毒设备等。

一、饲料加工设备

(1)饲料粉碎机　饲料粉碎机主要有锤片式、爪式和锤式3种类型,各种类型中又有许多结构。比如锤片式粉碎机由进料锤片、切刀、筛片、风机和机壳等组成。若干组锤片排列在转盘上,构成主要工作部件,转盘和切刀均安装在主轴上随主轴而高速运转。工作时饲料从进料斗送入,经切刀初切后进入机壳,被高速旋转的锤片粉碎,碎料经筛片落下,装入容器中备用。

(2)饲料搅拌机　饲料搅拌机主要用来混合饲料,有搅龙式、翼片式和滚筒式等多种类型。当前应用较广泛的是翼片式搅拌机，小型的使用人工加入原料，大型的用搅龙将原料输送到搅拌机内。一般机械化程度较高的都采用搅龙式搅拌机，其主要部件是一个搅龙，工作时，将各种饲料按比例从进料口加入，通过旋转搅龙将饲料搅拌混合，同时向前输送，搅拌好的饲料通过拨料器从出料口被送出或直接输送到贮料塔内。

二、饲料供给和饲喂设备

(1)贮料塔　贮料塔是一种设在猪舍外面用来接收成品饲料的容器。把运来的饲料暂时存在塔内，喂料时再由输送器送往猪舍。塔体由进料口、上锥体、柱体和下罐体组成，进料口多在顶端，贮料塔直径约 2 m，高度多在 7 m 以下。贮料塔要求密封，避免进雨水，并应装有料位指示器。

(2)饲料输送设备　饲料输送设备有多种形式，有螺旋输送器、刮板链条输送器、送料斗、加料车等。螺旋输送器、刮板链条输送器和在轨道上运行的送料斗，在猪舍内形成回转闭合式或往复式的输送路线，通过动力和自控装置，使输送器运转，将饲料送往猪舍。加料车有手推人工加料车和手推机动加料车 2 种。

(3)饲喂设备　饲喂设备主要是装在猪舍内的饲槽，结构简单，便于添加饲料和清扫。饲槽有水泥饲槽和金属饲槽 2 大类。水泥饲槽坚固耐用，价格低廉，并可兼做水槽，其不足之处是卫生条件较差。自动食槽常用金属钢板制成，既坚固美观又便于冲刷，但价格较高。

三、供水和饮水设备

养猪需要大量的水，据统计，一个成年猪饮水量是其采食量的 3～5 倍。因此，在养猪生产中实现供水自动化对提高劳动生产率，保证饮水的清洁卫生，促进猪的生长发育都非常重要。

(1)供水设备　猪舍可由自来水供应饮水，也可由水塔供水。最简单的供水设备就是引自来水或水塔的水，经过水管系统输送到猪舍的水槽里或饮水器上。没有自来水或公用水塔的地方可自行打井，修建水塔，以保证供应充足清洁的饮水。

(2)饮水设备　养猪的供水方式一般有定时供水和经常供水 2 种。定时供水是在饲喂前向饲槽内加水，饲槽兼做水槽。这种供水方式不便于实现自动化供水，猪只不能按生理需要及时喝到所需要的水量，而且通槽饮水不卫生，容易传染疾病。经常供水使猪只任何时候都能饮到水，适合于猪的生理需要，多数实行自动饮水的猪场大都采取这种供水方式。猪用自动饮水器有连通式饮水器、杯式饮水器、乳头式饮水器和鸭嘴式饮水器等很多种类型，目前应用较为广泛的是鸭嘴式饮水器。因其形状似鸭嘴而得名，具有结构简单、维修方便、饮水卫生、利于防疫、坚固耐用、造价低廉等优点，同时还能减少水的浪费。

四、除粪设备

猪舍内每天都有大量的猪粪，若不能将其及时地清除，就会污染附近的环境和水源，影响人、畜健康和养猪生产的发展。其清粪方式一般有 2 种，人工清粪和水冲清粪。饲养量较小的一般采用人工清粪，机械化程度较高的多采用水冲清粪。

五、消毒设备

为保证养猪的安全生产，必须制定严格的消毒制度，对进入的人员、车辆、种猪以及猪舍内环境都要严格消毒。进入的人员必须用温水彻底清洗，更换工作服，方可进入。更衣室内应设有更衣柜、热水器、淋浴间、紫外线灯等。进入舍区的门口应建有消毒池，内有消毒液，无论进入的人员或车辆都必须经过消毒池。猪舍内环境消毒设备一般采用高压喷雾器，有手提式、背负式和拉杆式等手动喷雾器，也有用汽油机或电作动力的高压喷雾器，可根据各自的实际情况进行选择。

六、供热和通风设备

(1)供热设备　猪舍的供热分集中供热和局部供热 2 种，集中供暖主要利用热水、蒸汽、热空气及电能等形式。在生产实践中，多采用热水供暖系统，该系统包括热水锅炉、供热管道、散热器、回水管及水泵等设备。局部供热常见的有电热地板、热水加热地板、电热灯设备。最常用的局部环境供热设备是采用红外线灯或远红外板，这种设备本身的发热量和温度不能调节，但可以通过调节灯具的吊挂高度来调节小猪群的受热量。

(2)通风设备　猪舍是否采取机械通风，要根据猪舍的具体情况来确定，用于通风的主要设备就是风机。

第五节　庭院养猪

一、庭院养猪的特点

(一)可充分利用农村剩余劳动力

农村庭院养猪，由于饲养猪的数量少，相应的劳动量也较少。可以不必安排专门的劳动力，一般家中年纪较大而不能参加农业生产中重体力劳动的人、具有一定劳动能力的孩子，都可以完成猪的饲喂、圈舍清理等事务。另外，农民可利用劳动间隙，在早、中、晚利用劳动间隙来完成猪的饲喂和清理粪便等养猪生产工作。因此，农民庭院养猪，可以基本不计劳动成本，从而可大大降低养猪生产成本。

（二）可充分利用农业加工副产品

农村有着广泛大量的农业加工副产品，如豆腐渣、粉渣、粉浆、酒糟、酱油渣、剩余饭菜、泔水及糠麸类。这些加工副产品价格低廉，弃之可惜。而猪可以采食消化这些农业加工副产品，利用这些副产品中的营养物质，合成转化成猪肉产品。这样既减少了资源浪费，又节省了猪的饲料费用，降低了养猪成本，增加了农民收入。

（三）可充分利用农村大量的青绿饲料

我国农村地大物博，有着大量猪可采食利用的青绿饲料资源。在一些非耕地及小的水面上，都可种植一些青绿饲料。在农田的田间、地头、洼埂、路边、河滩、沟岸也可采集到大量的野草、野菜。某些农作物的秸秆，如花生秧、红薯秧、大豆秆、玉米秸等，也可作为猪所用的青绿饲料或粗饲料进行添加，这些大量而廉价的青、粗饲料的利用，也将降低农村庭院养猪的成本。

（四）投资少、见效快

农村庭院养猪，可利用闲置的房屋、旧仓库、旧窑洞、旧厂房等改造而成，猪舍建筑比较简单，当年投资建舍，当年即可养猪，当年即可获得效益。

（五）猪群规模小，容易管理、疫病不易传播

农民庭院养猪，由于规模小，饲养猪的头数少，便于观察，便于管理。一旦发现猪不爱采食，精神不振，不爱活动等疫病症状时，可采取早发现，及时治疗，使猪尽快康复，而不至于延误病情。尤其是一些传染病，一旦发现，就可以及时隔离，及时治疗，避免传播，减少死亡，降低了养猪的风险。

（六）养猪可为农田提供有机肥料

农民庭院养猪所产生的粪、尿，可作为农田的有机肥料。一头育肥猪可排粪、尿总量为 2 000～3000 kg，成年公、母猪全年排泄粪尿的数量比育肥猪还要多 3 500～4 000 kg。新鲜的猪粪中含水分 81.5%、有机质 15%、氮 0.6%、磷 0.45%、钾 0.44%、钙 0.09%。若以一头母猪全年排粪、尿 4 000 kg 计算，则 1 年可生产氮素 24 kg、过磷酸钙 56 kg、硫酸钾 48 kg，总计约相当于化学肥料 225 kg。这又可以为农民节省一部分购买化学肥料的费用，降低农业生产成本。同时，使用有机肥料，可使土壤松软，减少和防止土壤板结，改善土壤环境，为农业丰收丰产打下良好基础，实现农畜良性循环。

（七）自家农民养猪的经济收入

庭院养猪，由于有了上述养猪方面的优势，将会大大降低养猪生产成本，使经济效益显著提高，在同等生产水平情况下，农民庭院养猪往往比大中型猪场的饲养成本降低 20%～40%，也就是说，农民庭院养猪育肥一头即可增加 40～80 元的利润，这对于贫困地区的农民在尽快脱贫致富上将起到十分重要的作用。

二、庭院养猪生产的方式

农民庭院养猪，不同于大、中型规模养猪场，一般以家庭副业饲养方式为主。通常应结合农民自家所具有的条件和优势，可以有多种不同的饲养方式，以充分发挥每个农民的养猪积极性；也可以结合农民自家开设的豆腐坊、粉坊、磨坊等，充分利用下脚料喂猪。

（一）多种饲养结合型

农民可根据自己的生产实际，选择适宜自己的养殖模式，有条件的地方，养猪可以与养鸡、养鸭、养鱼、养虾等养殖结合起来，便于养殖及加工副产品的利用。猪的粪便在发酵后可作为余下的饵料，鸡粪可用于喂猪等。

（二）饲养种植结合型

在我国广大的农村，农民可以把养猪与种田结合起来，猪的粪便是一种很好的有机肥料，不仅可促进农业的增产丰收，还可以不断改善土壤结构，增加土壤中的有机质含量，使得土壤松软，增加土壤透气、透水、保存养分的能力，形成土壤的良性循环和农业的持续增产。反过来，农副产品糠粕、玉米，某些农作物的秸秆，如花生秧、红薯秧、大豆秸、玉米秸秆等，经过处理可作为猪的饲料养猪，降低养猪成本，这就是现在国际盛行的所谓“有机农业”。因此，农民一要种田，二要养畜，积极施用有机家畜粪肥，不仅可以持续保持农业的增产增收，同时，也减少了农业生产施用大量无机化学肥料，从而降低农业生产成本，增加农民家庭的经济收入。

（三）副业与饲养相结合的方式

结合农副产品加工饲养方式，就是在农村养猪的同时，农民家庭本身也在经营一些农产品的加工生产，如经营豆腐和粉丝，就可以用下脚料来养猪，或者农民与本地的酿酒厂、酱醋厂较近，也可利用这些农副加工业的副产品作喂猪的部分饲料来喂猪。这样，既防止了农副加工副产品的浪费，又可充分利用这些廉价的副产品作为猪的饲料喂猪，因此可以大大降低养猪生产成本，获取较大的经济效益。

三、庭院养猪饲养方式的选择

农民在开展庭院养猪之前，应充分考虑几种庭院养猪的特点，结合自己的实际情况，选择一种较为合适的养猪方式。如不考虑各方面的实际情况，盲目进行养猪生产，就会出现各种不能解决的实际问题，使得养猪生产不能正常进行，甚至半途而废，或是使养猪生产水平降低，赢利甚微，以至亏本。在选择适合自己养猪方式问题上应注意以下几种情况。

(一)资金情况

要进行养猪生产,首先是需要投入一定的资金。如猪舍的建筑、购买仔猪、饲料等,都需要一定数量的资金。养猪方式不同所投资金是不一样的。家庭副业式养猪,饲养猪的头数比较少,所需投资也比较少,一般农民家庭都可承担;结合农副产品加工方式养猪,养猪头数有所增加,所需投资也相应增加,因此,选择哪一种饲养方式要量力而行。

(二)劳动力情况

农民家庭养猪,根据所采取的养猪方式和养猪数量的不同,所需的劳动量和劳动时间也不同。如果农民家庭以农业生产为主,只能利用剩余时间进行养猪,则应选择家庭副业方式养猪;如果家庭成员较多,除可利用业余时间以外,家中老人、小孩都有一定劳动能力,帮助进行养猪生产,可适应增加养猪头数;如果完全以养猪生产为职业,把全部精力和劳动投入到养猪生产,充分发挥自己资金的优势,也是农民发家致富的一个好途径。

(三)场地情况

农民庭院养猪,根据养猪方式和养猪头数的不同,所需场地的面积大小也不同。庭院养猪一般投资较少,设备简单。猪的饲养密度不能过大,以开放式散养较多,所需面积相应较大。庭院养猪数量不宜过多,必须考虑对周围环境的影响,以免产生对人们生活的负面影响。

(四)饲料来源情况

农民庭院养猪的优势是投资少,劳动力成本低,更主要的是农村有着丰富的农产品加工副产品和大量的青绿饲料,可以用于喂猪,从而大大降低饲料成本。所以,农村广大农民养猪,应该更多地考虑猪的饲料来源,应尽可能利用当地廉价的农副加工业副产品及各种青绿饲料。适应种植一些青绿饲料,适当做些青贮饲料以备过冬饲喂,与多家农副产品加工企业联系，签订农副加工业副产品供给合同，以保证猪饲料的长期稳定供应。

(五)市场销售情况

农民庭院养猪开始之前应认真调查了解当地育肥猪的销售情况，如果销路不畅，销售价格低，就会影响到农民庭院养猪的经济效益。一般应考虑使自己养的猪在育肥猪销售的淡季，各种较大的节假日期间或猪肉销售的旺季上市出售。这样可使自己的育肥猪销售到较高的价钱而增加养猪效益。

思考题

1. 环境条件对猪有何影响？如何控制环境保证猪的生长发育？

2. 猪场场址的选择应注意哪些问题？舍址如何选择以及如何进行猪场的规划布局？

3. 猪舍建筑的一般要求有哪些？

第十章　猪舍的卫生与防疫

阅读指南

本章重点介绍猪病诊断的基础知识、猪舍的消毒、防疫及检疫、免疫接种及药物预防等知识。在养猪生产中，上述知识的掌握尤为重要。正确的猪病诊断可以将某些疫病扑灭在萌芽状态；程序化的消毒与防疫是落实养猪生产中“以防为主，防重于治”方针的重要环节。只有掌握合理化免疫程序、经常化消毒措施、正确诊断、疫病到来之前的药物预防，才能控制疫病的发生与蔓延，保证猪群的健康无病，取得较高的养猪效益。

第一节　猪病诊断的基础知识

一、猪病的概念

猪的机体是一个对立统一的整体，机体与外界环境之间，以及各个器官系统间保持着相互依存、相互制约的关系，以适应外界环境的变化，保持正常生命活动。如果发生异常，则为疾病。猪病是整个机体与内、外环境的致病因素作斗争的复杂运动过程。它既是机体对致病因子作斗争的整体反应，也是较为集中于某些器官或局部组织的形态结构、功能活动和物质代谢的变化。在疾病发生、发展过程中，机体的致病与抗病相互制约、斗争及相互转变的进程决定着疾病的好转或恶化。兽医工作者的任务就是要正确地掌握猪病转变条件，采取适当防治措施，消除致病因素的作用，增加抗病力，使疾病向恢复健康的方面发展。饲养管理人员的任务就是及时地发现猪的异常行为，如精神、食欲、动作等，及早采取相应措施，把各种疾病的治疗在早期进行，这样才能减少损失。

二、猪病的致病因素

任何猪病都具有一定的致病因素，尽管目前有些疾病的发生原因还不清楚，但并不是不存在。总的来说，发生疾病的原因包括外部因素和内部因素 2 个方面。内部因素由猪自身的各种组织器官的结构、代谢和机能的特殊性所决定，包括某些先天性或遗传性的因素。外部因素包括机械性、物理性、化学性、生物性和营养性等因素。

（1）机械性的因素　由于机械的力量损伤组织器官，如创伤、骨折等。致病的特点是无潜伏期，无前驱期，发生以后，如不出现继发感染则不参与疾病的发展。

（2）物理因素　包括温度、湿度、光、电、放射线和大气压以及恶劣的气候条件如狂风、暴雨、大雪等。其致病特点是：疾病开始时都会产生明显的组织损伤，但不参与以后的疾病发展过程。

（3）化学因素　猪经常或偶尔接触到环境中的各种化学物质，其中一部分化学物质能引起各种不同类型的疾病，统称为中毒，包括有机化合物、无机化合物、饲料性物质、药物性物质等。共同特点：一是有短时间的潜伏期和蓄积作用，与时间的长短和毒物进入的部位、摄入毒物的量，以及毒物的物理状态、溶解度和浓度有关；二是毒物对机体的影响不仅决定于毒物本身，还与猪的品系、性别、年龄、营养状况、个体及饲养管理等有关；三是许多化学物质和致病作用与其本身的化学结构有关；四是化学毒物在体内的分布不同，损伤作用也不同，有的仅作用一定的组织，器官造成局部病变，有的可作用于全身。

（4）生物因素　生物因素包括细菌、病毒、支原体、衣原体、立克次氏体、真菌等微生物和原虫、蠕虫、节肢动物等寄生虫。这是一大类有生命的致病因子，可在猪体内生长繁殖，是各种传染病和寄生虫病的病原。其致病的共同特点为：一是有一定的潜伏期；二是疾病发生与致病因子侵入动物的部位密切相关；三是除本身固有的一定致病能力外，与猪体的抵抗力有很大关系；四是致病因子都有一定的特异性和传染性。猪康复后还产生一定的免疫力或传染性。

(5)营养因素　猪摄入缺乏或过多的营养水平的饲料，以及不合理配比的饲料。如缺乏维生素、矿物质以及钙、磷比例，蛋白能量比不合理等，都可以成为疾病发生的原因。其特点：一是病程一般发展较慢，呈进行性发展；二是一般治疗效果不明显，只有补充其缺乏的物质及调整为合理比例方可好转。

三、猪病的临床检查及流行病学调查

猪病的临床检查和流行病学调查是猪病临床诊断的基本内容。临床检查的目的在于发现并搜集作为诊断根据的症状等资料。症状是病猪所表现的病理性异常现象。每种疾病可能表现有许多症状，而各个症状在诊断中的地位与意义各不相同，所以，必须对每个症状给予一定的评价。作为某一疾病所特有的症状，常具有较为特异性的诊断意义。作为某一器官或局部疾病时的特定的局部症状表现，在确定疾病主要侵害的器官、部位上常起重要作用。表现明显或对病猪危害严重的症状，在提示可能性诊断及推断预后上，应给予重视。在疾病的初期所出现的前驱或早期症状，可为疾病的早期诊断提供启示和线索。流行病学调查是通过问诊和查阅有关资料或深入现场，对猪病和猪群、环境条件以及发病情况和发病特点等的调查。流行病学调查在探索致病原因、流行经过等方面有十分重要的意义。

(一)猪病的临床检查

临床检查的基本方法是视诊、触诊、叩诊和听诊。但猪的解剖、生理特点(特别是肥猪)使得一般的听诊与叩诊方法的应用受到很大限制；而猪的常见传染病及多发病所表现的症状及发病原因与条件，又使某些检查方法和内容，具有较为突出的意义和价值。因此，对病猪的临床检查应着重下述几点。

(1)详细的视诊　以观察其整体状态变化，特别是对其发育程度、营养状况、精神状态、运动行为、消化与排泄的活动和功能、可视黏膜色泽的变化等项内容应详加注意。

(2)认真听取其病理性声音　如喘息、咳嗽、喷嚏、呻吟，尤其注意其喘息的特点及咳嗽的特征。

(3)测定体温、脉搏及呼吸数等生理指标　特别是体温的升高，常可提示某些急性传染病。

(4)细致检查猪体各部位及内脏器官　在普遍检查的基础上，对表被状态特别是鼻盘的湿润度和颜色、皮肤的出血点、疹块、疱疹等更应注意，通过软腹壁对腹脏器官进行深入触诊。

(二)流行病学调查

病猪的很多症状、资料都须经过询问(问诊)才能得到线索。详细的流行病学调查应在条件许可下到现场实际调查，能为临床诊断提供重要的启示和明确的方向。流行病学调查应侧重以下几点。

(1)询问猪病经过　何时发病，可推测病的急性和慢性；病的主要表现，可提示其主要症状，并为症状诊断提供前提；经过如何，是渐重或减轻，以分析病势的发展趋势；是否治疗，效果如何，根据疗效验证，作为诊断参考，如果对发热的病猪，经用青霉素治疗，迅速康复，可提示为猪丹毒，对咳嗽、喘息的病猪，应用磺胺或青霉素，收到良好效果，则主要考虑为猪肺疫，假若无效甚至改用卡那或庆大霉素也仅见一时好转、减轻，并未根治，其后因气候变化或饲养管理失宜而复发，则可能为气喘病；而应用磺胺类、维生素类治疗无效，则应怀疑猪瘟。猪群中或同村、邻舍的猪是否有类似的病例同时或相继发生，可以判断是单发、群发，以及是否传染病。

病势传播得快慢，如果在短时间内迅速传播，大批流行，则提示急性传染病的可能，如猪瘟、猪丹毒、口蹄疫等。在长期经过中不断相继发生或散发，则主要考虑为气喘病、非典型性猪瘟、慢性猪肺疫或副伤寒等。

猪的年龄，有否死亡及死亡率如何，死亡猪的年龄，在问诊、调查时应给予特别注意。各种年龄阶段的猪均发病，发病率很高，死亡率也很高，而且各年龄的病猪均有死亡，则主要提示为猪瘟；仅哺乳仔猪发生，相继出现下痢，多为大肠杆菌病；下痢猪多为2月龄断奶仔猪，则主要提示仔猪副伤寒；成年猪与仔猪均发生同样严重的下痢，但哺乳仔猪死亡率特别高而大猪很少死亡，则为传染性胃肠炎的特点；如大猪表现有类流感症状的同时哺乳仔猪呈现神经症状，且大猪取良性经过而仔猪有较高的死亡率，则可能是伪狂犬病。

猪发病时，其他牲畜是否有类似疾病的发生；在判断多种动物共患疾病方面更为重要。如发生表现神经症状的病猪同时，与之接触过的或场内的羊也有同样神经症状的疾病，则提示李氏杆菌病的可能线索；在病猪的蹄趾部出现疹泡并呈现跛行的同时，牛、羊、骆驼等也有大批同样疾病的病畜，通常可以判断为口蹄疫，如仅发生于猪而牛、羊等不发病，则提示为猪传染性水疱病。

(2)问病史及疫情　场、村猪群过去有什么疫病，过去有否类似疫病的发生；其经过及结果如何，分析本次疫病与过去疫病的关系，尤其有利于某些可作为地区性常在的疫病（如猪丹毒、气喘病等）的判断、分析。

本地区及附近场、村过去的疫情和现在的病情如何，以及是否和疫病传播关系的条件及机会，在推断疫病的来源方面，可供参考。猪群的补给情况，是否经过检疫与隔离，以便综合分析。

(3)问防疫及其效果　防疫制度及其贯彻情况如何，是否有消毒设施，病死猪尸体是如何处理的，在分析病情的传播上有一定的实际意义。

预防接种的实际情况如何，特别应对猪瘟、猪肺疫、猪丹毒等主要传染预防接种的实际效果进行了解，有利于情况的分析及诊断的参考。

此外，对猪群的驱虫制度及其实施情况怎样，针对某些地区性常发病、多发病所采取的预防措施如何，也要进行了解。

(4)详细了解有关饲养、管理、卫生情况　猪舍饲槽、运动场的卫生条件、状况如何，粪便的清除及处理情况怎样，如果圈舍、饲槽、环境卫生不好，可成为仔猪副伤寒和大肠杆菌病的致病因素。

饲料的组成、种类、质量和数量，储存与调剂方法及饲喂制度如何，饲喂不当常可引起某些代谢紊乱、消化系统及中毒性疾病。如仔猪营养不良，佝偻病、白肌病、维生素缺乏症或贫血等，在此种情况下，机体抵抗能力降低，容易继发传染病；饲料调剂不当或用霉变饲料喂猪，常可造成中毒病和胃肠炎症。

随着养猪业向集约化、规模化的发展，对猪群群发性疾病的诊断已成为兽医卫生工作者在猪病防制领域的一项重要任务，因此在疾病诊断中，还必须注意对猪群群发性疾病的诊断，并做好群发病的防治工作。

四、病料的采集与送检

(1)病料的采集　病料采集时要注意合理取材，同时要注意以下几种情况：一是怀疑某种传染病时则采取该病常侵害的部位；二是找不出怀疑病症则采取全身器官组织或送检全猪；三是败血性传染病如猪瘟、猪丹毒等，应采取心、肝、脾、肺、肾、淋巴结和胃、肠等器官组织；四是专嗜性传染病或以侵害某种器官为主的传染病则采取该病侵害的主要器官组织；五是怀疑寄生虫病时，采取粪便检查虫卵；六是疑似中毒性疾病采取胃的内容物、血液、肝以及粪便、尿液等；七是检查流产病因采取胎儿和胎衣；八是检查血清抗体时，采取血液，待凝固析出血清后吸出装入无菌小瓶内送检。

(2)病料的保存　病料采集要适量，部位要准确，还需使病料保持新鲜，如果病料不能立即检查或者送到外地检验时，应加入适量的保护剂，供微生物检验的病料应放在阴冷或低温处，以减少病料的污染机会，并保存于饱和盐水或30%甘油缓冲液中，容器加塞封闭。病理组织学检验材料的保存应放置10%的福尔马林溶液或95%酒精中固定，固定液的用量为标本体积的10倍以上，并在24 h后换新鲜液1次。

(3)病料送检　病料送检应在容器上编号，并详细记录，附有送检单和可能怀疑的病原的有关材料。其他病料包装要安全稳妥。对于危险材料，怕热、怕冻材料应分别采取措施。一般来说，微生物学检验材料怕受热，病理检验材料怕冻，并且应尽快送到检验单位。

(4)注意事项

1.采取病料要及时，应在猪死后立即进行，最好不超过6 h，以防组织变性和腐败。

2. 采取病料应选择症状和病变典型的病例，最好能同时分别选择几种不同病程的病料，而且应是未经抗菌或杀虫药物治疗的，否则影响检测的结果。

3. 剖检取病料之前，应先对病情、病史加以了解和记录，并对剖检前后的病理变化进行详细记录。

4. 为减少污染机会，一般先采集微生物学检验材料，然后再结合病理剖检，采取病理检验材料等。

五、猪体温、呼吸、脉搏测定方法

(一)体温检查

猪体温检查通常是测量其肛门内直肠温度。方法如下：①将体温表远离水银柱的一端拴一细绳，并在细绳的另一端拴上夹子，以便固定；②使用前将体温表上的水银柱甩至35℃以下；③在体温表上涂少许润滑油，沿猪肛门慢慢插入，插入后将夹子夹在臀部被毛上，保留 3～5 min 后取出；④体温表取出后，先用酒精棉球将体温表擦净，看其数值，然后再把水银柱甩下。

健康猪的正常体温，成年猪 38～39.5℃，仔猪 38～40℃。

对猪病有诊断意义的热型有：①稽留热，体温日差在 1℃以内，且高热持续时间在 3 d 以上的称为稽留热；②间歇热，有热期和无热期交替出现的称间歇热；③弛张热，体温日差超过 1℃以上而不降到常温的称为弛张热。

（二）呼吸检查

一般通过观察猪的胸部起伏和腹部肌肉运动的情况，了解呼吸频数和呼吸节奏与强度。健康猪正常呼吸频数为每分钟 10～20 次，呼吸时，胸部、腹部起伏协调，节奏均匀。呼吸频数增多，常见于肺炎、胸膜炎、肠炎、中暑、中毒及一些传染病，如猪瘟、猪气喘病时较明显。

（三）脉搏检查

猪脉搏的检查，小猪一般在后腿的内侧股动脉部，大猪在尾根下部，即尾底动脉部。检查时可用手指轻按，感触脉搏跳动的次数和强度，亦可用听诊器或用手触摸心脏部，根据心脏跳动的次数，确定脉搏。健康猪正常脉搏每分钟 60～80 次。脉搏数增多，主要见于急性传染病、贫血等。脉搏数减少，多见于慢性疾病。

第二节　猪舍的消毒、防疫与检疫管理

一、猪舍的清洗与消毒

消毒就是利用物理的、化学的或生物学的方法来杀灭环境中的

病原菌，防止疫病的发生。环境中存在的各种有机物会阻碍消毒剂发挥杀菌作用或使其效力减弱，因此，消毒前应先进行清洗，将猪舍内的粪、尿污物清扫干净，再用消毒液喷洒，以使消毒剂充分发挥作用。猪舍的消毒是保持猪舍清洁，消除各种病原体，防止传播疾病的重要措施。首先，应制定严格的消毒制度，一般应坚持每周 1 次对猪舍进行消毒，最多不能超过 2 周。在采取全进全出式饲养模式的猪舍，每批猪出栏后都要彻底消毒。母猪产仔期间应多次消毒。消毒时，应对猪舍附近的庭院及病猪污染的地方和物品，同时进行消毒。消毒药的用量一般每平方米用 1 L 药液，消毒的时候，先喷洒地面，然后喷洒墙壁和顶棚，最后打开门窗通风，并用清水刷洗饲槽，以除去消毒药的异味。猪舍带猪消毒时，要选用对皮肤和黏膜没有刺激性或刺激性较小的消毒药物。

消毒时应注意消毒剂的选择，理想的消毒剂应为广谱、高效、低毒、无腐蚀性、价格低廉且使用方便。应用时要根据消毒的目的、对象、条件以及消毒剂的特征进行选择。过氧乙酸、火碱、福尔马林等刺激性较强的消毒剂适合于空圈、产房消毒及疫病后的紧急消毒。季胺盐类、有机氯类、络合碘类等消毒剂毒性低且无腐蚀性，适合于带猪消毒，也可用于饮水消毒。

二、猪舍的防疫与检疫

为了保障猪群的健康生产，在做好猪群合理的饲养管理和环境卫生工作的同时，还必须建立严格周密的卫生防疫制度。对猪群、人员和其他生物都要采取一定的防疫措施，猪群的防疫、检疫、消毒和驱虫等工作都要有计划地进行，要制定出适合自己猪群的免疫程序。定期检查饮水卫生和饲料加工、储运是否符合防疫卫生要求，以及猪舍、器具等的消毒效果。坚持自繁自养，必须引进猪只时应到无病区购买，购进后隔离观察半个月以上，经检疫消毒后方可进入猪舍，严禁购猪人员进入猪舍。落实好病猪疫病诊治和淘汰、死猪剖检及无害处理等工作。猪舍内应保持清洁、干燥通风、保暖及适当的饲养密度,减少各种应激。彻底消灭蚊蝇和老鼠,严禁犬、猫等其他动物进入猪舍。

应经常性地对猪只进行检疫,要根据检疫结果制定出本猪场的防疫计划和治疗措施,避免因盲目防治增加养猪成本,甚至对猪只产生毒副作用。应重视日常的兽医临床诊断治疗、定期的粪便检查及病死猪尸体的病理检查。对病死猪应尽量进行剖检,淘汰种猪或出售肥育猪之前,应与屠宰场联系,以便于对屠体进行检查。通过检查可摸清本猪场疫病发生发展的详细情况。

第三节　免疫接种及药物预防

一、免疫接种

免疫接种是现代养猪生产中预防猪某些传染病的重要措施。通过给猪只接种细菌、病毒及其抗原成分,使猪只产生特异性免疫力,从而减少疫病的发生,促进养猪业的发展,取得较好的经济效益。随着养猪业的飞速发展,猪的传染病也越来越猖獗,而且不断出现新的疫病,一些新的疫苗和生物制品也不断研制开发出来。养猪生产者可根据当地疫病发生的实际情况,制定出科学的免疫程序。根据免疫接种进行的时机不同,可分为预防免疫接种和紧急免疫接种 2 类。

(一)预防免疫接种

在经常发生某些传染病的地区,或有某些传染病潜在的地区,或受到邻近地区某些传染病威胁的地区,为了预防传染病的暴发流行,在平时有计划地给健康猪群进行免疫接种,就称为预防接种。预防接种通常使用疫苗、菌苗、类毒素等生物制剂作抗原激发免疫。根据所用生物制剂的品种不同，采用皮下、皮内或肌肉注射等不同接种方法。接种后经一段时间，可获得数月至 1 年以上的免疫力。

为了使预防接种达到预期的目的，应对当地各种传染病的发生和流行情况进行调查了解，摸清本地区过去曾发生过的传染病及其流行特点，针对所掌握的情况，拟定每年的预防接种计划。防疫接种时要做到头头接种不漏防，对新生仔猪或从外地引进的猪只要及时补种疫苗。如果本地区从未发生过某种传染病，也没有从外地传入的可能，就没有必要进行该传染病的预防接种。

预防接种前，应全面了解和检查猪群的详细情况，特别注意其健康状况、年龄大小、是否怀孕或泌乳、有无疾病发生以及饲养管理状况等。如果年龄不适宜，体质较差，有其他疾病，正在怀孕或泌乳以及饲养管理状况不佳时，暂时不要接种。幼年的、体弱的、有慢性疾病的或饲养管理状况不佳的，接种后不能产生很好的免疫应答；怀孕或泌乳期间接种，由于驱赶、捕捉等影响或由于疫苗引起的反应，有时会发生流产、早产、死胎、胎儿畸形或产奶量减少等。接种前，应注意了解本地区是否有疫情发生，如发现疫情，要首先安排对该病的紧急预防，待疫情控制稳定后再进行预防接种，如无特殊疫病流行，可按原计划进行定期预防接种。

如果同时接种 2 种以上的疫苗，要考虑疫苗间的相互影响和猪只对疫苗刺激的反应能力。有些疫苗同时应用在引起免疫应答时互不干扰或有相互促进作用，有利于抗体的产生。比如目前广泛使用的猪瘟、猪丹毒和猪肺疫三联冻干疫苗。有些疫苗同时使用可能相互抑制，使抗体的产生受到阻碍，有时同时注入的种类过多，猪只不能忍受刺激，还可能引起较剧烈的注射反应，减弱产生抗体的机能，降低预防接种的效果。因此，注射疫苗时应详细阅读疫苗生产商提供的产品使用说明。

免疫过的怀孕母猪所产仔猪在一定时间内有母源抗体存在，对建立自动免疫有一定影响，因此对仔猪免疫接种往往不能获得较为理想的结果。比如在母猪配种前后进行猪瘟疫苗的接种，所产仔猪由于从初乳中获得母源抗体，在20日龄以前对猪瘟具有坚强免疫力，30日龄以后母源抗体急剧衰减，至40日龄以后几乎完全丧失。因此，对哺乳仔猪一般采取在20日龄左右用猪瘟弱毒疫苗进行首次免疫接种，至65日龄左右再进行第二次免疫接种。

近年来，由于疫病在流行过程中，病原发生变异，仔猪超前免疫被广泛应用，即在初生仔猪吃上初乳以前对仔猪接种猪瘟弱毒疫苗，可使仔猪免受母源抗体的影响而获得可靠的免疫力，接种疫苗后2 h再吃初乳，所用疫苗剂量为正常量的1.5～2倍。

(二)紧急免疫接种

紧急免疫接种是在发生传染病时，为了迅速控制和扑灭疫病的流行，而对受威胁的尚未发病的猪群采取的应急性免疫接种。多年来的实践证明，当猪群开始发生疫病时，使用疫苗进行紧急接种是切实可行的。比如在发生猪瘟、口蹄疫等传染病时，已广泛应用疫苗作紧急接种，取得了较好的效果。

紧急免疫接种只适合于正常无病的猪，对病猪和可能已受感染处于潜伏期的猪，必须在严格消毒的情况下立即隔离，不能再接种疫苗。在外表正常无病的猪只中，可能混有一部分潜伏期患者，它们在接种疫苗后不能获得保护，反而促使它们更快发病，因此，在紧急接种后的一段时间内猪群中发病数量反而有增多的可能，但由于这些急性传染病的潜伏期较短，而疫苗接种后又很快就能产生抵抗力，使发病猪的数量不久即可得到控制，疫病的流行很快得到平息。

(三)免疫接种的注意事项

无论是预防免疫接种还是紧急免疫接种，注射疫苗前都必须对注射器、针头或所用到的其他器具进行清洗，煮沸消毒，且不可用药物消毒。有条件的每头猪使用一个注射针头，至少要做到注射一笼或一圈更换一个注射针头。注射完毕要将剩余的疫苗以及空疫苗瓶深埋或消毒处理。疫苗忌热，特别是弱毒疫苗必须低温冷藏，运输时要有冷藏设备。使用前应查看疫苗的出厂日期和保存期以及生产商提供的说明书。需要稀释使用的疫苗，要根据规定的头份进行稀释，无论是生理盐水、缓冲盐水、注射用水或铝胶盐水都应要求瓶内无异物、无杂质，并存放在阴暗处。稀释时应反复冲洗以防疫苗损失，稀释后的疫苗要在规定时间内用完。

免疫接种要根据猪群的健康状况进行，对正在发病或不健康的猪群暂时不能接种疫苗，应避开恶劣气候条件，选择在晴朗无风的时候进行。不同疫苗最好不同时接种，一般应间隔 3～5 d，用活疫苗免疫前后 7～10 d 内应避免使用抗病毒或抗菌药物，以免对疫苗毒株产生抑杀作用，影响免疫效果。接种疫苗后应加强饲养管理，减少应激因素，以促进机体产生坚强的免疫力。

(四)猪常用疫苗及使用方法

1. 猪瘟兔化弱毒冻干疫苗

【性状】　乳白色或淡红色海绵状疏松团块，易于瓶壁脱离，加入稀释液后迅速溶解。

【用途】　预防猪瘟。

【用法与用量】　按瓶签注明头份加生理盐水稀释成每头份 1 mL混悬液，肌肉或皮下注射，不论猪只大小每头猪一律按 1 mL。有疫情威胁的地区公、母猪每年接种 2 次，接种剂量为常规量的 4～6 倍。初生仔猪在没有吃初乳前，按常规量接种 1 次，待 2 h 后再自由哺乳，至仔猪 20 日龄左右时再作第二次免疫，接种剂量为常规量的 4 倍。对选留的后备母猪，在参加配种前应作第三次预防接种。

【免疫期】　注射后 4 d 产生免疫力，免疫期为 1 年。

【有效期】　在－15℃条件下保存，有效期 1 年；在 0～8℃干燥条件下保存，有效期 6 个月；在 8～25℃阴暗干燥处保存，有效期为 10 d；保存温度超过 25℃时，不能使用。

【注意事项】 若气温超过 8℃时，必须冷藏运输或保存；稀释后的疫苗在 15℃以下的气温条件下，6 h 用完；在 15～27℃条件下，应在 3 h 内用完，过时不能再用。有病、体弱或体温不正常的猪不能注射；给怀孕母猪注射时，要谨慎操作，以免引起流产。

2. 猪瘟、猪丹毒、猪肺疫三联冻干苗

【性状】 微黄色或淡褐色海绵状疏松团块。易于瓶壁脱离，加入稀释液后迅速溶解为均匀的混悬液。

【用途】 预防猪瘟、猪丹毒和猪肺疫。

【用法与用量】 按瓶签规定的头份用 20%氢氧化铝胶盐水每头份 1 mL 稀释。不论猪只大小一律耳后肌肉注射 1 mL。刚断奶的仔猪接种后免疫力不够确实，必须在断奶后 2 个月再补注 1 次。

【免疫期】 断奶半个月以上的猪，接种后免疫期：猪瘟、猪肺疫为 1 年，猪丹毒为 6 个月。

【有效期】 在－15℃保存，有效期 1 年；在 0～8℃保存，有效期 6 个月；在 20～25℃保存，有效期不超过 10 d；保存温度超过 25℃时不能使用。

【注意事项】 应冷藏运输或保存，稀释后的疫苗应在 4 h 内用完，初生仔猪、临产母猪以及瘦弱有病的猪均不能注射。

3. 猪丹毒氢氧化铝菌苗

【性状】 灰白色均匀混悬液，久置发生白色沉淀，上层为橙黄色透明液体，振荡后均匀分散。

【用途】 预防猪丹毒。

【用法与用量】 皮下或肌肉注射，体重 10 kg 以上的猪每头 5 mL，体重 10 kg 以下的哺乳仔猪每头 3 mL，45 d 后再注射 3 mL。

【免疫期】 注射后 21 d 产生免疫力，免疫期 6 个月。

【有效期】 2～15℃保存，有效期 18 个月；16～18℃保存，有效期 1 年。

【注意事项】 使用时应充分振荡摇匀，开封后的疫苗当日必须用完。

4. **猪肺疫氢氧化铝菌苗**

【性状】 乳白色混浊液，久置后有白色沉淀。

【用途】 预防猪肺疫。

【用法与用量】 20%的氢氧化铝混浊液疫苗，不论猪只大小一律按每头 5 mL 肌肉或皮下注射，冻干菌苗用 20%铝胶盐水稀释，断奶仔猪按每头 1 mL 肌肉或皮下注射，含活菌数不少于 3 亿个。

【免疫期】 注射后 14 d 产生免疫力，免疫期 6～9 个月，断奶仔猪可达 10 个月。

【有效期】 2～15℃保存，有效期 1 年；16～18℃保存，有效期 9 个月。

【注意事项】 使用时要充分摇匀，冻干苗稀释后必须在 4 h 内用完。

5. **猪 O 型口蹄疫灭活疫苗**

【性状】 乳白色或淡红色略带黏滞性流体的均匀乳状液。储存后液面上有少量油状物，瓶底有部分水样抗原泌出，振荡后即成均匀乳状物。

【用途】 预防猪 O 型口蹄疫。

【用法与用量】 猪耳根后深部肌肉注射，体重 10 kg 以下的猪每头 1 mL，10～25 kg 的猪每头 2 mL，25 kg 以上的猪每头 3 mL。

【免疫期】 注射后 15 d 产生免疫力，免疫期 6 个月。

【有效期】 4～8℃保存，有效期 12 个月。

【注意事项】 本品应防止冻结，严防高温和日光照射；使用时应充分振荡摇匀，如瓶口密封不严或瓶破裂不能应用；疫苗开封后必须当日用完；注射时要确实注射到肌肉内，每头猪更换 1 个针头；有病、瘦弱、哺乳仔猪及临产母猪不能注射。

6. **猪细小病毒灭活疫苗**

【性状】 浅黄或浅褐色悬浊液，久置分层，摇匀后均匀分散。

【用途】 预防猪细小病毒病。

【用法与用量】 每头猪皮下或肌肉注射 2 mL。种母猪于配种前 2～3 周进行免疫接种；种公猪 8 月龄首次免疫注射，以后每年注射 1 次。

【免疫期】 注射后 14～21 d 产生免疫力，免疫期为 1 年。

【有效期】 2～8℃避光保存，有效期 1 年。

【注意事项】 本品应防止冻结，使用前应充分摇匀；开封后的疫苗要当日用完；屠宰前 21 d 内禁用。

7. 猪水疱病活疫苗

【性状】 淡红色混悬液。

【用途】 预防猪水疱病。

【用法与用量】 不论猪只大小，一律深部肌肉注射 2 mL。

【免疫期】 注射后 5～7 d 产生免疫力，免疫期为 6 个月。

【有效期】 －10℃保存，有效期 1 年；4～10℃保存，有效期 3 个月；20～25℃保存，有效期不超过 1 周。

8. 仔猪副伤寒活菌苗

【性状】 灰白色海绵状疏松团块，易于瓶壁脱离，加入稀释液后迅速溶解。

【用途】 预防仔猪副伤寒。

【用法与用量】 按瓶签标明的头份，每头份加入 20％氢氧化铝胶盐水 1 mL 稀释，每头猪于耳后浅层肌肉注射 1 mL。在本病经常发生的地区可于仔猪断奶前后各注射 1 次，间隔 3～4 周。

【有效期】 －15℃保存，有效期 12 个月；2～8℃保存，有效期 9 个月；25～30℃保存，有效期 10 d。

【注意事项】 仔猪注射后 1～2 d 内有的猪可能出现减食、体温升高、局部肿胀、呕吐或腹泻等症状，一般 1～2 d 后能自行恢复，危重者可注射肾上腺素进行抢救。

9. **猪链球菌弱毒菌苗**

【性状】　浅褐色海绵状疏松团块,易于瓶壁脱离,加入稀释液后迅速溶解成均匀的混悬液。

【用途】　预防猪链球菌病。

【用法与用量】　按瓶签所注明的头份,每头份加入20%氢氧化铝胶盐水或生理盐水1 mL稀释,断奶仔猪至成年猪一律皮下或肌肉注射1 mL。

【免疫期】　接种后5～7 d产生免疫力,2周后产生较强的免疫力,免疫期为6个月。

【有效期】　－10℃保存,有效期1年;4～10℃保存,有效期3个月;20～25℃保存,有效期1周。

10. **猪传染性胃肠炎疫苗**

【性状】　淡黄色或浅褐色疏松团块,加入稀释液后迅速溶解。

【用途】　预防猪传染性胃肠炎。

【用法与用量】　妊娠母猪产前20～30 d后海穴注射2 mL,仔猪可通过乳汁获得免疫力;2周龄哺乳仔猪后海穴注射0.5 mL;体重10～25 kg的猪后海穴注射1 mL;体重25 kg以上的猪后海穴注射2 mL。

【免疫期】　注射后5 d产生免疫力,免疫期6个月。

【有效期】　－20℃保存,有效期2年;4℃保存,有效期不超过3个月;20～30℃保存,有效期不超过1周。

【注意事项】　本疫苗必须在特定的穴位注射,后海穴即猪尾根和肛门的凹陷处,进针时针头稍向上刺1.5 cm处。

11. **猪伪狂犬病灭活疫苗**

【性状】　本品为猪伪狂犬病毒灭活后制成的油包水或水包油型佐剂疫苗。

【用途】　预防猪伪狂犬病。

【用法与用量】　肥育猪10周龄时注射;种猪育成期接种2次,

间隔 3～4 周，以后每胎分娩前 3～6 周接种 1 次，注射剂量均为 2 mL。

【免疫期】 注射后 2～3 周产生免疫力，免疫期为 6 个月。

【有效期】 2～8℃避光保存，有效期 1 年。

【注意事项】 本疫苗保存期间严防冻结；使用前应充分摇匀；开封后的疫苗要当日用完；屠宰前 10 周内禁用。

12. 猪繁殖与呼吸综合征灭活苗

【性状】 浅褐色悬浊液，久置分层，振荡后均匀分散。

【用途】 预防猪繁殖与呼吸综合征。

【用法与用量】 皮下或肌肉注射。种公猪配种前 2～3 个月，母猪配种前 10～15 d 进行首次免疫，间隔 20 d 再加强免疫 1 次，剂量均为每头 4 mL；初生仔猪于 20 日龄免疫注射，每头 2 mL。

【免疫期】 注射后 5～7 d 产生免疫力，免疫期为 6 个月。

【有效期】 2～8℃保存，有效期 1 年。

【注意事项】 本疫苗不能冻结；开封后的疫苗要当日用完；屠宰前 3 周禁用。

13. 猪喘气病灭活疫苗

【性状】 浅红色悬浊液，分布均匀，久置后分层，振荡后均匀分散。

【用途】 预防猪支原体肺炎。

【用法与用量】 断奶至成年猪每头肌肉注射 2 mL。哺乳仔猪 1～2 周龄首次免疫，2 周后再加强免疫 1 次，剂量均为 2 mL。母猪一般不接种，以防母源抗体干扰仔猪的免疫。

【免疫期】 注射后 24 h 开始产生免疫力，3 d 可产生良好的保护作用，免疫期 6 个月。

【有效期】 2～10℃阴暗处保存，有效期 1 年。

【注意事项】 本疫苗不能冻结；使用前应充分摇匀，开封后的疫苗要当日用完；屠宰前 3 周内禁用。

14. 猪传染性萎缩性鼻炎油乳剂灭活疫苗

【性状】 乳白色油包水型乳剂，久置有沉淀，振荡后均匀分散。

【用途】 预防猪传染性萎缩性鼻炎。

【用法与用量】 母猪产前 4 周预防注射，公猪每年 2 次预防注射，均为皮下注射 2 mL；未免疫母猪所生的仔猪可在 1 周龄时皮下注射 0.2 mL，4 周龄时再注射 0.5 mL，加强免疫；免疫母猪所生的仔猪在断奶后 1～2 周，皮下注射 0.5 mL。

【免疫期】 免疫期为 6 个月。

【有效期】 4℃保存，有效期 1 年；20～25℃保存，有效期 4 个月。

【注意事项】 本疫苗不能冻结；使用前应充分摇匀；开封后的疫苗要当日用完。

15. 猪传染性胸膜肺炎油佐剂灭活疫苗

【性状】 乳白色油包水型乳剂，久置有沉淀，振荡后均匀分散。

【用途】 预防由放线杆菌 T 型菌株引起的猪传染性胸膜肺炎。

【用法与用量】 颈部皮下或肌肉注射。被动免疫可在母猪产前 1 个月注射 2 mL；主动免疫在仔猪 4 周龄时注射 0.5 mL，1～2 周后再注射 1 mL 加强免疫；种公猪每年注射 2 次，每次 2 mL。

【免疫期】 免疫期 6 个月。

【有效期】 4℃保存，有效期 1 年。

【注意事项】 本疫苗不能冻结，使用前应充分摇匀。

16. 仔猪黄痢菌苗（仔猪大肠杆菌 K_{88}、K_{99} 腹泻菌苗）

【性状】 白色疏松团块，加入稀释液后迅速溶解。

【用途】 预防仔猪黄痢。

【用法与用量】 用生理盐水或蒸馏水稀释，妊娠母猪于产前 6～7周和 2～3 周分别肌肉注射 2 mL。

【免疫期】 仔猪出生后可通过初乳获得免疫力。

【注意事项】 注射疫苗时动作应谨慎，避免使猪只发生流产。

(五)主要传染病免疫程序

1. 猪瘟

(1)种公猪　每年春、秋季用猪瘟兔化弱毒疫苗各免疫1次。

(2)种母猪　于产前30 d免疫接种1次;或春、秋两季各免疫接种1次。

(3)仔猪　20日龄、70日龄免疫接种1次;或在仔猪出生后吃初乳前立即用猪瘟兔化弱毒疫苗接种1次,免疫后2 h再进行哺乳。

(4)后备种猪　产前1个月免疫接种1次;选留作种用时立即接种1次。

2. 猪丹毒、猪肺疫

(1)种猪　春、秋两季分别用猪丹毒和猪肺疫疫苗各免疫接种1次。

(2)仔猪　断奶后分别用猪丹毒和猪肺疫疫苗免疫接种1次。70日龄分别用猪丹毒和猪肺疫疫苗免疫接种1次。

3. 仔猪副伤寒

仔猪1月龄用仔猪副伤寒活菌苗免疫接种1次。

4. 仔猪黄痢

妊娠母猪于产前40～42 d和15～20 d分别用大肠杆菌腹泻疫苗(K_{88}、K_{99}、987P)免疫接种1次。

5. 仔猪红痢

妊娠母猪于产前30 d和产前15 d分别用猪红痢疫苗免疫接种1次。

6. 猪细小病毒病

(1)种公猪、种母猪　每年用猪细小病毒疫苗免疫接种1次。

(2)后备公猪、母猪　配种前1个月用猪细小病毒疫苗免疫接种1次。

7. 猪气喘病

(1)种猪　成年猪每年用猪气喘病弱毒疫苗接种1次。

(2)仔猪　7～15日龄免疫接种1次。

(3)后备种猪　配种前再免疫接种1次。

8. 猪乙型脑炎

种猪、后备母猪在蚊蝇季节到来之前用乙型脑炎弱毒疫苗免疫接种1次。

9、猪传染性萎缩性鼻炎

(1)公猪、母猪　春、秋两季各免疫接种1次。

(2)仔猪　70日龄免疫接种1次。

二、药物预防

猪只可能发生的疫病种类很多,有些病目前已研制出有效的疫苗,还有不少疫病尚无有效的疫苗可以利用。因此,防治这些疫病,除了加强饲养管理,搞好检疫诊断、环境卫生和消毒工作外,应用药物防治也是一项重要措施。群体防治应使用安全而价廉的化学药物,现在有很多抗菌药物和活菌制剂被作为饲料添加剂,长期添加于猪的饲料或饮水中,对防治猪的一些传染病起到了很大的作用。常用于养猪生产的有磺胺类药物和抗生素类药物等,比如在饲料中添加土霉素、链霉素等抗生素不但可以促进猪只生长,而且还可预防仔猪黄白痢、猪气喘病等其他一些细菌性传染病的发生。为了防止肠道寄生虫病,可用驱虫药物进行定期驱虫。为了防止仔猪贫血,可在仔猪出生后3 d内注射铁制剂等。

此外,当饲料中添加抗生素时,必须减少饲料中钙的含量,尤其是添加土霉素和金霉素时更应注意。长期添加化学药物预防疾病,很容易产生耐药性菌株,影响防治效果,因此,要经常进行药物敏感试验,选择有高度敏感性的药物用于预防。目前,使用活菌制剂预防消化道的一些细菌性疾病,效果非常明显。

三、药品使用要求

兽药及药物添加剂应在具有兽医师或药剂师以上职称的技术人员指导下，按照规定的剂量与规格、适宜的给药途径和方法正确使用，防止配伍禁忌，并遵循以下原则：

1. 使用抗生素应严格掌握适应症，正确适当，疗程充足；联合用药时要有明确的临床指证，并注意药物配合所产生的无关、累积、协同、拮抗作用，及时观察动物的反应，修订用药方案。

2. 使用抗寄生虫药应针对寄生虫的生活史选用药物种类、给药方案以及适宜的给药剂量，保证既有效又无毒副作用；对易产生抗药性的，给药剂量要足、疗程要够，并合理轮换用药；拌料或饮水投药时应混合均匀。

3. 使用消毒药应根据不同病原及其特性，选择适宜种类的药物、浓度、作用时间和温度，确定合适的用药方法，如喷雾、泼洒、浸泡、涂擦、冲洗等。

生猪饲养场要实行用药登记管理制度，建立用药档案，以备查考。用药档案应包括：药品名称、剂量、疗程、疗效及停药期，用药猪编号、日龄或月龄、体重，实施用药者及主管兽医签字等。

应根据不同种类的药物，严格执行停药期制度，严禁超期用药。屠宰前30 d，禁用各种疫苗；宰前28 d，停止使用伊维菌素注射液；宰前21 d，停止使用硫酸阿普拉霉素预混剂；宰前15 d，停止使用硫酸泰乐菌素、磺胺二甲嘧啶预混剂；宰前14 d，停止使用辛硫磷浇泼溶液、氟苯咪唑、泰乐菌素注射液；宰前7 d，停止使用北里霉素预混剂、杆菌肽锌、硫酸粘杆菌素预混剂及可溶性粉、恩拉霉素预混剂、酒石酸北里霉素可溶性粉；宰前5 d，停止使用伊维菌素预混剂、延胡索酸泰妙菌素预混剂、复方磺胺嘧啶预混剂、盐酸林可霉素预混剂及可溶性粉、硫酸壮观霉素可溶性粉、磷酸泰乐菌素预混剂；宰前3 d，停止使用复方磺胺氯哒嗪钠粉、越霉素A预混剂、潮霉素B预混剂；宰前1 d，停止使用维吉尼霉素预混剂。

严禁使用下列药物：①激素类药物。包括二苯乙烯类，如己烯雌酚及其衍生物；抗甲状腺制剂，如甲砜霉素；类固醇、去甲睾酮；二羟基苯甲酸内酯、玉米赤霉醇；促生长素、盐酸克伦特罗、沙丁胺醇。②抗生素类。氯霉素、螺旋霉素、呋喃唑酮。③有机氯类驱虫药。六六六、滴滴涕、多氯联苯、六氯苯。④有机磷类驱虫药。二嗪农、皮蝇磷、霉死蜱、敌敌畏、敌百虫、蝇毒磷。⑤过期失效药物以及人用转兽用未经检验和批准的药物。

四、使用兽药遵循的原则

1. 允许使用消毒防腐剂对饲养环境、栏舍和器具进行消毒，但应符合NY/T 5033的规定。

2. 优先使用疫苗预防动物疾病，但应使用符合“兽用生物制品质量标准”要求的疫苗对生猪进行免疫接种，同时应符合NY 5031的规定。

3. 允许使用《中华人民共和国兽药典》二部及《中华人民共和国兽药规范》二部收载的用于生猪的兽用中药材、中药成方制剂。

4. 允许在临床兽医的指导下使用钙、磷、硒、钾等补充药、微生态制剂、酸碱平衡药、体液补充药、电解质补充药、营养药、血容量补充药、抗贫血药、维生素类药、吸附药、泻药、润滑剂、酸化剂、局部止血药、收敛药和助消化药。

5. 慎重使用经农业部批准的拟肾上腺素药、平喘药、抗(拟)胆碱药、肾上腺皮质激素类药和解热镇痛药。

6. 禁止使用麻醉药、镇痛药、镇静药、中枢兴奋药、化学保定药及骨骼肌松弛药。

7. 允许使用附录一中的抗菌药和抗寄生虫药，其中治疗药应凭兽医处方购买，还应注意以下两点：①严格遵守规定的用法与用量；②休药期应遵守附录一中规定的时间，附录中未规定休药期的品种，休药期不应少于 28 d。

8. 建立并保存免疫程序记录；建立并保存全部用药记录，治疗用药记录包括生猪编号、发病时间、症状、治疗用药名称(商品名称及有效成分)、给药途径、剂量、疗程、治疗时间等。预防或促生长混饲给药记录包括药品名称、给药剂量、疗程等。

9. 禁止使用未经国家畜牧兽医行政管理部门批准的用基因工程方法生产的兽药。

10. 禁止使用未经农业部批准或已经淘汰的兽药。

第四节　猪病的控制与扑灭

一、猪病的诊疗技术

(一)猪的保定方法

1. 徒手保定法

①两手握住猪的两耳根，用力向上提起，使其前驱离地，同时用腿夹住猪的背腰部，这种方法适用于中猪。

②两手握住猪的两腿，倒提起来，使其肚皮朝外，用两腿夹住猪的背部，这种方法适用于中猪和小猪。

③左手提起猪的左后肢，右手捏住左后肢膝皱折，将猪右侧横卧，立即用右脚踏住左侧颈部，并将左后肢向后伸展，使猪后躯呈半仰卧姿势，左脚踏住左后肢，这种方法常用于仔猪去势。

④倒卧保定，小猪提起放倒，大猪可由一人拖住一侧后肢，一人握住耳朵，向一侧放倒，再用手压住颈臀，或用绳捆住四肢。

2. 器械保定法

(1)绳索保定法　用直径 1 cm、长 3 m 左右的绳子，一端做一滑结环套，套在猪上颌部犬齿的后方，然后拉紧绳子的另一端，随着猪的挣扎，绳子与地面成 45°夹角后猪只逐渐变得安静，此时可将绳子拴在木桩上。

(2)耳钳保定法　逐渐接近猪只，动作要轻，不要使其受惊，将耳钳夹在猪的一只耳朵的耳根部，紧握钳柄，猪有疼痛感后不敢乱动。这种方法适用于体形较大的猪。

(3)鼻捻子保定法　慢慢接近猪只，用套触其口鼻，待其张口时趁机套入口中，迅速捻转木柄，将鼻梁勒紧，并使木柄前端顶在鼻梁上，若猪骚动，只轻轻一掀木柄即可。

(二)猪的给药方法

1. 经口给药

对猪进行预防和治疗疾病时，常常将药物拌入饲料或加入饮水中喂服。因药物的种类不同，加工制造的剂型也不一样，有的加工成预混剂拌料饲喂，有的加工成水溶性粉剂用饮水喂服，还有的为方便使用做成饮水剂、舔剂、膏剂等剂型。猪只患病后尚有食欲的，可将药物拌入饲料或加入到饮水中让其自由采食。对患病较为严重没有食欲的猪可采用人工灌服的方法。人工灌服药物一般用灌药瓶或投药管，家庭养猪多用灌药瓶投药，先把配好的药液放入灌药瓶中，将猪只保定后，用木棒撬开口腔把药液一口一口地倒入口腔，一定要等其咽下一口后再倒另一口，以防误咽。用投药管投药时要使用开口器，将猪只横卧保定，压紧其颈部，不要用力压胸部和腹部。用开口器将口撑开，投药管弯曲向内下方从舌旁伸入咽部再伸入食道，伸过咽喉 6～7 cm 时检查一次进向，一是将橡皮球捏扁不鼓起，二是猪只叫声正常。若符合这两条证明投药管已进入食道，再伸进 7～10 cm 然后重新检查 1 次。经两次检查无误后，将投药管固定，安装上漏斗即可投入药液。

2. **注射给药**

注射给药是预防和治疗猪只疾病最常用的给药方法。常用的注射方法有皮下注射、肌肉注射、静脉注射、胸腔注射、腹腔注射等。

(1)皮下注射　就是将药物注入皮下结缔组织内,大多数注射药物均可皮下注射。一般在耳根后方、肘后或腹股沟处,将局部剪毛,用5%碘酊消毒后左手拇指、食指捏起皮肤,右手拿吸入药液的注射器平行刺入皮下,均匀用力将药液注入,拔出针头并用酒精棉球对刺孔进行擦拭。进针后应稍抽活塞,如有回血,应抽退针头改变方向刺入。对于一些禁止皮下注射的药物应严格遵照其使用说明使用,以免引起局部发炎或坏死。

(2)肌肉注射　就是将药物注入横纹肌,因肌肉内知觉神经较皮下少,故疼痛较轻。凡是能皮下注射的药物,绝大多数也可肌肉注射,只有一些菌苗或量过大的药物不适合,另外一些刺激性稍强,不易皮下注射的药物都可肌肉注射。一般在颈部或后肢内侧,局部剪毛、消毒后,先拿针头快速垂直刺入,再接上注射器,抽吸无回血,即可均匀用力注入药液,注入后局部消毒轻按。凡是禁止皮下注射的药物都不能肌肉注射。

(3)静脉注射　就是将药物直接注入静脉管内,注射后可很快分布全身,起效迅速。严重症状的补液或一些刺激性较强的药物常采用这种方法。注射部位在耳大静脉或前腔静脉,局部剪毛、消毒后,左手拇指压迫刺点下方,使静脉怒张,右手拿针头迅速刺入静脉,刺入时针头与皮肤成45°角,针头刺入血管后可见回血,再稍压低针头的角度,将针头继续向血管中推进1～1.5 cm,然后接上输液胶管,将药液缓缓注入即可,注射完毕,左手拿酒精棉球紧压针孔,右手迅速拔出针头,然后再继续压紧局部片刻,以防血肿。注射时要排净输液器内的空气以免引起猪只死亡;大量输入液体时,药液的温度要接近体温,速度应控制在每分钟20～60 mL;一些油类制剂、菌苗、混悬剂等药物禁止静脉注射。对有强烈刺激性的药物要严防露注于血管外,以免引起发炎、化脓或坏死。

(4)胸腔注射 注射部位位于肩胛骨后缘3~6 cm处,两肋间进针。用5%碘酊消毒皮肤,左手寻找两肋间位置,针头垂直刺入胸腔。针头进入胸腔后,立即感到阻力消失,即可注入药液或疫苗。

(5)腹腔注射 注射部位依猪只的大小而有所区别。大猪在右髋关节下缘的水平线上,距离最后肋骨数厘米处的凹窝部刺入。小猪应倒提保定,使其内脏下移,然后将针头刺入耻骨前缘3~5 cm的正中线旁的腹壁内。注射部位皮肤用5%碘酊消毒,针头与皮肤垂直刺入腹腔,回抽活塞,如无气体和液体时,即可缓缓注入药液。注入药液的量较大时,应使药液的温度与体温接近。

二、猪病防治的一般原则

猪病防治要从养猪生产的各个环节着手。危害猪的疾病主要是传染病,有的可用药物预防,有的可通过注射疫苗和改善饲养管理进行预防,有的疾病到目前为止还没有特效药物和有效疫苗防治。因此,必须对猪病进行综合防治。

对猪病应坚持以预防为主,防重于治的原则。应建立严格的卫生防疫和消毒制度,并坚决实施。注意圈舍的环境卫生,保持圈舍清洁干燥。应尽量做到自繁自养,采用全进全出的饲养模式,严格按制定的防疫程序进行预防注射,定期对猪群进行驱虫。

三、传染病的控制与扑灭

猪群一旦发生疫病应立即隔离病猪和可疑感染的猪只,停止猪只的调入和调出,上报疫情并及时诊断治疗病猪及可疑病猪。根据疫病种类选用相应的疫苗、血清或敏感药物对假定健康猪进行紧急预防。猪舍全面清扫、冲洗、消毒，将杂草、污物焚烧，粪便堆积发酵。对饲喂器具、车辆、出入人员等必须严格进行消毒，疫病流行期间隔日或每日消毒 1 次。病死猪的尸体及其分泌物、排泄物等必须深埋、化制或焚烧，尸体不准食用或出售。最后一头病猪死亡或痊愈后在经一定时间未出现新病例，在经全面清洗消毒后方可恢复生产。

思考题

1. 猪病的致病因素有哪几类？最为常见的是什么因素？
2. 诊断猪病需要收集哪些资料？如何进行？
3. 如何做好注射的消毒工作？猪舍消毒在养猪生产中有何意义？
4. 常用疫苗有哪些？如何接种？

第十一章 常见猪病的诊断与防治技术

阅读指南

本章系统介绍猪的病毒性传染病、细菌性传染病、寄生虫病、内科病、营养代谢病、中毒、外科及产科等疾病的防治技术。猪病防治工作是一项复杂的系统工程，事关养猪生产的成败。重点掌握各种猪病的预防、诊断、扑灭和治疗技术，不断提高对各种疾病的控防水平，建立由兽医人员监督执行，饲养和管理人员参加的疾病防治队伍，从而保障养猪生产的健康发展。

第一节 病毒性传染病

一、猪瘟

猪瘟是一种急性、高热性、接触性传染病。其特征为急性经过、高热稽留，病原为猪瘟病毒。猪瘟在世界各养猪国家都有流行，因其传染性强、病死率高，严重地威胁着养猪业的发展。

（一）流行特点

本病仅感染猪，任何品种、年龄、性别的猪只都有高度的易感性，一年四季均可发生，病猪是主要传染源。在经常流行的地区，大猪的易感性比小猪差，初生仔猪由于吃免疫母猪的奶，可以从乳汁里得到一些免疫力，因此，易感性差些。

猪瘟病毒存在于病猪全身器官、组织、血液及分泌物和排泄物中。传染途径很广，健康猪与病猪接触或吃了被病猪污染的饲料、饮水、排泄物以及用未经煮沸混有猪瘟肉水的泔水喂猪，买卖病猪、病肉，给健康猪使用病猪接触过的注射器、饲喂器具等，都可造成疫病的发生。蚊蝇等叮咬也可造成疫病的发生。猪瘟也可垂直传播，即患猪瘟病的母猪可将病原传递给仔猪，使其发病或免疫失败。

(二)临床症状

自然感染的潜伏期 3～8 d，但也有的长达 21 d。其病症可分为最急性型、急性型、慢性型和非典型型 4 种类型。

最急性型是较为少见的一种类型，病猪体温升高到 41℃以上，常无猪瘟典型症状，而于 1～2 d 内突然死亡。有的病猪发病后，体温升高到 41～42℃，食欲减退或废绝，喜饮冷水，全身无力，长伏卧，可视黏膜充血。

急性型猪瘟是最常见的一种病型。感染后体温上升到 41.5～42℃，呈稽留热，临死前不久，迅速降至常温以下。病猪精神委顿、被毛粗乱、弓背、寒颤、垂头夹尾、伏卧、眼半闭，常挤卧于一隅或钻入草堆，肌肉震颤，呈怕冷状。病猪食欲减退或废绝，喜饮冷水，叫声嘶哑，病初几天常有呕吐现象。病猪两眼无神，出现结膜炎、脓性眼眵，两眼粘封，不能睁开。皮肤上可见出血点或出血斑，指压不退色。病猪的粪便从初期带肠黏膜和血丝的粪球变成稀糊状粪，有的便秘和腹泻相互交替。

慢性型猪瘟常见于流行末期，多数由急性型转为慢性，也有极少数是单独感染的。其症状很不规则，体温时高时低，食欲不振，便秘与腹泻交替，有时出现咳嗽。病猪消瘦，被毛粗乱，走路摇摆，精神委顿，有的不能站立，最后衰竭死亡。耐过的猪即使不死，也很难恢复健康，且生长发育缓慢，常继发感染沙门氏菌和巴氏杆菌。

尸体解剖可见四肢、股、腹部皮肤上常有凸起的紫斑；喉头、胃、膀胱的黏膜有不同程度的出血斑点；淋巴结周边出血，呈紫红色，切面呈大理石样；脾边缘有出血性梗塞，紫褐色突出于表面；肾脏呈土黄色水肿，有针尖大的出血点；盲肠、回肠和结肠黏膜上有扣状的轮层样溃疡;直肠黏膜有密集的小出血点。

非典型型猪瘟是最近几年临床上出现较多的一种病型。各种日龄的猪均可发生,以肥育猪发病较多。病猪体温升高,腹泻,排灰绿色粪便,病猪表现不出典型的猪瘟症状,病程长,致死率较低,但仔猪死亡率较高,为30%～50%。自愈猪变为侏儒或僵猪,其原因主要是免疫程序不合理,再就是种猪的持续感染。

(三)诊断要点

一般根据流行病学、临床症状和剖检病变可以作出初步诊断,进一步确诊必须进行实验室诊断。对猪瘟病猪的病性,有些因素常给诊断工作带来困难,因其临床症状和病理变化有很多方面类似最急性猪肺疫、急性猪丹毒、仔猪副伤寒等,应与之注意鉴别诊断。

(四)防治措施

目前,对猪瘟尚无特效的治疗药物,必须采取综合性的防治措施才能加以控制。

发现猪瘟疫情时,要立即上报,确定疫区,进行封锁,隔离病猪及可疑病猪。对猪舍及用具进行彻底消毒。封锁期间严禁猪和猪肉以及其他畜产品交易、流动。对猪群进行测温,体温升高的马上隔离,体温正常的以及受传染威胁的猪群,立即用猪瘟兔化弱毒疫苗进行紧急预防注射。剂量可增至常规量的8～10倍。

对发病初期的优良种猪可用抗猪瘟血清进行肌肉注射,每天1次,连用3 d,不过因血清价格较高,疗效也不甚理想,病猪即使不死也很难恢复健康,故一般无治疗价值。

因此,对此病应采取以防为主,防重于治的原则,坚持经常消毒,定期防疫,提高猪群的免疫水平,做好交易、运输和屠宰等环节的检疫工作,防止引入病猪,切断传播途径。坚持自繁自养,采用全进全出的饲养模式,制定合理的免疫程序。目前采用仔猪超前免疫,即在仔猪出生后吃奶以前进行接种,用猪瘟、猪丹毒、猪肺疫三联弱毒疫苗，或猪瘟兔化弱毒疫苗，按说明用量的2倍量肌肉注射，仔猪断奶后再加强免疫1次。做好防疫的同时，可在饲料中添加喹诺酮类药物，使猪只增加抵抗能力，对预防本病有一定的协同作用。

二、猪口蹄疫

口蹄疫是偶蹄兽的一种急性、热性、高度接触性传染病，且人、畜共患。其病原为口蹄疫病毒。口蹄疫病毒是目前已知病毒中最细微的一级，病毒本身粒子相差很大，为2～40 nm，主要存在于病变部的水疱皮和水疱液中，其次是病猪的血液和组织中，病猪的乳汁、粪尿、唾液、眼泪等也含有病毒。

(一)流行特点

口蹄疫病毒对外界环境的抵抗力很强，生存时间与含毒材料、病毒浓度及环境状况有密切关系。在自然情况下，含病毒的组织和污染的饲料、器具、皮毛及土壤等可保持传染性达数周至数月。低温不仅不使病毒减弱，反而能保存毒力，冻干的病毒可保存52个月以上，水疱中的病毒，在5℃的50%甘油生理盐水中时能存活1年以上。高温和阳光能迅速致弱其毒力，并将其毁灭，阳光直射60 min或煮沸3 min病毒就可死亡，但必须保证含毒的每一部分都能达到足够的温度和时间。

本病能侵害多种动物，尤其对偶蹄兽最为易感。根据口蹄疫流行病学调查资料显示，猪对口蹄疫的易感程度仅次于黄牛，在多数情况下，猪超过牛和羊，因此，有羊是病毒的“保持者”，猪是“扩大器”，牛是“指示灯”的说法。不同年龄的猪易感程度不同，仔猪的发病率高于成猪。本病与一般传染病不同的是它可以很容易地从一种动物传到另一种动物。将病毒接种于健康猪，10～12 h出现水疱，20～24 h内表现发热和病毒血症，2～4 d内蹄叉出现继发性水疱。口蹄疫病毒以直接接触和间接接触的方式进行传递，当病猪和健康猪饲养于同一圈舍或一起放牧时，就可直接传染。病毒也可以通过消化道、损伤的黏膜和皮肤感染。

口蹄疫的发生没有严格的季节性，一年四季均可发生。气温高低、日光强弱等因素对病毒的生存有直接影响，因此，不同地区表现不同的季节性。一般以秋末、冬春为常发季节，尤以春季为流行盛期，夏季较少发生。

病猪是主要的传染源，尤以发病初期，症状出现后的几天，排毒量最多，毒力最强。该病一经发生往往呈流行性。口蹄疫病毒分为7个主型：A、O、C型，亚洲Ⅰ型、非洲Ⅰ型、Ⅱ型、Ⅲ型。其中A、O型分布最广，危害最大。据大量资料统计和观察，口蹄疫的暴发流行具有周期性，一般每隔一二年或三五年流行1次。

(二)临床症状

潜伏期1～2 d，有时较长，病猪以蹄部水疱为主要特征。病初体温升高至40～41℃，精神不振，食欲减少或废绝。蹄冠、蹄叉、蹄踵，个别病猪在跗关节、腕关节以上出现局部发红、微热、敏感等症状，不久形成米粒大、蚕豆大的淡灰色、淡黄色或白色水疱。水疱内充满透明或浑浊的灰白色或淡黄色液体。水疱破裂后表面出血形成糜烂的暗红色，边缘附有上皮碎片，如无细菌感染，整个表面边缘长出上皮，开始时极薄，无色素，1周左右可结痂痊愈。如有继发感染，严重者侵害蹄叶，蹄壳脱落，患肢不能着地，常卧地不起，有的出现跛行。

病猪鼻盘、乳房也常见到水疱破裂后形成烂斑，尤其是哺乳母猪，乳头上的皮肤病灶较为多见，但也常发生于鼻面上。其他部位皮肤如阴唇及睾丸上的病变较为少见。发热较为严重时，有的病猪唇和舌、齿龈及上颚可见破裂的水疱皮，病变严重时还流涎，哺乳母猪泌乳量减少，有的发生乳房炎，怀孕母猪有时流产。被感染的仔猪，通常呈急性胃肠炎和心肌炎而突然死亡。该病一般呈良性经过，很少死亡，但哺乳仔猪死亡率较高，可达60%～80%。

(三)诊断要点

口蹄疫的诊断,主要是根据病猪的临床症状,其蹄部病变典型,鼻镜、乳头皮肤上和口腔黏膜上出现水疱和烂斑,结合传播迅速,流行猛烈,其他动物也能感染发病等特点,即可得出初步结论。

(四)防制措施

发生疫情时,要立即向上级有关部门报告,同时在疫区严格实行封锁、隔离、消毒的综合性措施,立即用与当地流行的病毒型相同的口蹄疫疫苗,对发病猪群中的健康猪和疫区以及受威胁区内的健康猪群,进行紧急预防注射。

根据国家规定,发现口蹄疫疫情应立即封锁疫区,对病猪一律进行扑杀、深埋,不准治疗,对圈舍、器具反复消毒 2 次后方可使用,并对疫区及周围受威胁区所饲养的猪,全部注射口蹄疫疫苗进行紧急预防,以防止本病的传播。

三、猪传染性胃肠炎

猪传染性胃肠是由猪传染性胃肠病毒引起的一种高度接触传染性的急性肠道传染病。各种年龄的猪均可发病,10 日龄以内的哺乳仔猪病死率很高,较大的或成年猪几乎没有死亡。

(一)流行特点

本病在猪群内传播迅速,一旦发生通常在几天内就全群发病。健康猪群的发病多由带毒猪或处于潜伏期中的感染猪引入。未引入猪而原因不明的发病也不少。在新疫区,最初感染时几乎所有的猪都发病,但 10 日龄以内的仔猪死亡率很高,可达 100%,断奶猪、肥育猪和成年猪发病后呈良性经过,并产生主动免疫。病猪康复后带毒排毒的时间较长,达 2～8 周,最长的达 104 d 之久。有些架子猪和肥育猪感染后往往不发病,排毒时间也不长,但是病毒在体内保存的时间较长，当饲料和环境突然改变或其他影响机体抵抗力的因素存在时，可重新引起排毒而导致本病的传染。母猪发病后可以获得9个月至3年保护仔猪免生本病的免疫力。在老疫区，由于母猪初乳中抗体的存在，哺乳仔猪的发病率和死亡率都很低，仔猪断奶后切断了补充抗体的来源，成为易感猪。

该病的流行具有明显的季节性，虽然全年均可发生，但以深秋、冬季和早春发病最多，夏季发病较少。

(二)临床症状

本病潜伏期很短，一般为12～18 h，有的可延长2～3 d。该病传染迅速，数日内可蔓延全群。仔猪突然发病，最初出现呕吐，接着发生频繁的水样腹泻，粪便呈灰白色、黄色或淡绿色，内有未消化的凝乳块。病猪明显脱水，体温下降，很快消瘦，严重口渴，食欲减退或废绝。一般2～7 d内死亡，其死亡率随日龄的增长而逐渐降低。发病恢复后的仔猪往往生长发育迟缓。

成年猪或哺乳仔猪感染后，症状轻重不一，有的无临床症状，有的出现厌食，呕吐，水样腹泻呈喷射状，排泄物灰色或褐色，脱水，泌乳停止等症状。一般5～8 d腹泻停止而康复，极少死亡。多数病猪体温正常或低于正常体温。极少病猪在腹泻前出现短暂的体温升高。

(三)诊断要点

根据本病的发病季节、临床症状、病理变化等特点可作出初步诊断。本病发生于寒冷季节，传播迅速，各种年龄的猪均可发病，10日龄以内的哺乳仔猪病死率极高，较大的或成猪5～8 d后康复，几乎没有死亡。病死仔猪明显脱水。

(四)防治措施

本病目前尚无特效的治疗药物。仔猪患病可采取对症治疗，以减少死亡，促其早日康复，为减轻脱水，防止酸中毒或细菌感染，首先饮用已加入电解质或口服补液盐的饮水，再用磺胺类药物、次硝酸铋或中药温脾止泻散等进行治疗。对脱水严重的病猪可静脉注射适量的复方氯化钠溶液。加强饲养管理，给病猪提供防寒保暖而又干燥的环境，保证充足的饮水。

本病应以预防为主，平时注意环境卫生，严格消毒，发现病猪及时隔离。当本病暴发时，为了预防本病，可以将病猪的内脏磨成糊状物，混于饲料中，给分娩前 15 d 的母猪内服，进行人工感染，耐过的母猪可将免疫抗体通过初乳传给初生仔猪。也可对怀孕母猪于产前 15～20 d，肌肉注射接种猪传染性胃肠炎弱毒疫苗，每头 1 mL，使其产生免疫力，让哺乳仔猪通过初乳获得抗体，产生被动免疫。

四、猪流行性腹泻

猪流行性腹泻是由病毒引起的一种高度接触性肠道传染病。本病于 1976—1977 年首先发现于比利时和英国的一些种猪场，之后很多国家相继报道。其病原是一种不同于猪传染性胃肠炎病毒的类冠状病毒。

（一）流行特点

病猪是主要传染源。不同年龄、品种、性别的猪均可被感染发病，哺乳仔猪和架子猪以及肥育猪的发病率通常为 100％，母猪的发病率为 15％～90％。病猪粪便中含有大量的病毒，主要传染途径是消化道。健康猪通过被病猪粪便污染的饲料、饮水、器具等被传染。该病传播迅速，数日内可蔓延全群，一般流行过程 4～5 周，主要发生于冬季和早春。

（二）临床症状

各种年龄的猪均可被感染发病，仔猪的潜伏期为 15～30 h，肥育猪约为 2 d。哺乳仔猪受害最严重，表现为呕吐、水泻，严重脱水，病死率平均为50%，日龄越小，症状越重，病死率越高。断奶猪和肥育猪表现为4～6 d的水泻，大多数病猪可康复，但生长发育迟缓。母猪发病以精神委顿、厌食和持续1周的下痢为特点。

(三)诊断要点

根据其流行特点和临床症状可作出初步诊断，但与典型的猪传染性胃肠炎较难区别。相对于猪传染性胃肠炎而言，该病死亡率较低，对2周龄时感染的仔猪很少发生死亡，且病毒在猪群中的传播相对较慢。

(四)防制措施

对本病目前尚无特效的治疗方法。可对怀孕母猪在产前2周用病猪粪便或小肠内容物进行人工感染，使初生仔猪通过乳汁获得母源抗体，从而缩短该病在猪群中的流行过程。其对症治疗方法与治疗猪传染性胃肠炎的方法类似。有条件的地区可用猪流行性腹泻弱毒疫苗或灭活疫苗进行预防注射。

五、猪轮状病毒病

猪轮状病毒病是由猪轮状病毒引起的猪的急性肠道传染病。病原体除猪轮状病毒外，从犊牛、羔羊、马驹等分离的轮状病毒也可感染猪，引起不同程度的症状。

(一)流行特点

轮状病毒主要存在于病猪及带毒猪的消化道，随粪便排出后污染饲料、饮水和各种器具，经消化系统使易感猪感染。病猪及康复猪排毒时间可达数天，病毒对外界环境的抵抗力较强，在18～20℃的粪便和乳汁中，能存活7～9个月。人和其他动物也可感染本病。该病多发生于晚秋、冬季和早春，各种年龄的猪均可感染发病，感染率最高可达90%以上，感染后耐过的猪可获得免疫。哺乳仔猪的发病率一般为50%～80%，且日龄越小，发病率越高，病死率一般在10%以上。流行方式多为散发，偶见暴发。

（二）临床症状

潜伏期一般为12～24 h，猪群中感染率很高，大多数母猪的血清和乳汁中含有轮状病毒抗体，不显示临床症状。2～56日龄仔猪感染后，精神沉郁，食欲减退，呕吐。粪便稀薄如水样，呈黄色、灰色或黑色，有恶臭味，病猪消瘦，于数日内死亡。其症状的轻重与发病猪的日龄、免疫状态和环境条件关系密切，一般10日龄以内的哺乳仔猪症状最重，随着仔猪日龄的增高，其症状逐渐减轻。

（三）诊断要点

该病在寒冷季节多发，病猪多为幼龄仔猪，其显著症状为腹泻，且粪便恶臭。根据这些特点就可作出初步诊断，如需确诊必须通过实验室检查。

（四）防治措施

本病目前尚无特效治疗药物，主要应以预防为主。平时加强饲养管理，注意保持圈舍清洁卫生，定期消毒，严格执行防疫制度，使初生仔猪尽早吃上初乳，接受母源抗体的保护，以减少发病，控制死亡。有条件的地区，可在怀孕母猪产前2周内和仔猪出生后1周后，分别用轮状病毒弱毒疫苗进行预防接种。为防止继发感染可用磺胺类药物或抗生素。

六、猪水疱病

猪水疱病是猪的一种急性、热性、接触性传染病，其特征是在蹄冠、蹄叉、蹄踵发生水疱、烂蹄和烂斑，部分病猪在鼻盘、口腔黏膜和乳头周围出现水疱。临床症状与猪口蹄疫相似，但其他动物不发病。其病原是肠道病毒属的猪水疱病病毒，该病毒在粪便和腌肉中存活较长的时间，对消毒药的抵抗力较强。

(一)流行特点

仅猪发病，其他动物不发病，不同品种、年龄、性别的猪均可发病，一年四季均可发生，但春秋多发，而且在猪只高度集中的牲畜交易场所及调运频繁的屠宰场传播较快，发病率较高，可达 70%～80%，但病死率很低。在分散饲养的情况下，很少引起流行。主要的传染来源是病猪和猪的头蹄、肉以及被病猪粪尿污染的器具、饲料、饮水、车辆和接触病猪的人员等。病猪康复后 3.5 个月内可经粪便进行传播，其传播方式主要是接触传染，经消化道、皮肤及黏膜感染。

(二)临床症状

潜伏期一般为 2～5 d。病初体温升高到 41℃左右，在蹄冠、蹄叉、蹄踵等部位出现圆形或椭圆形充满淡黄色液体的水疱，似黄豆至蚕豆粒大小不等，水疱连成一片，1～2 d 破溃，以后结痂。水疱破溃后体温降至正常。轻症 1～2 蹄发病，重者 4 蹄发病，严重者蹄壳脱落，呈明显跛行或卧地不起，食欲减退，精神委顿，有的病猪在鼻盘、唇、舌、乳头等部位出现水疱。一般多为良性经过，10 d 左右可以自愈，但重症或蹄壳脱落则需要较长的时间才能康复。

(三)诊断要点

该病的症状与口蹄疫的症状十分相似，因此应注意鉴别诊断。本病的发病无明显的季节性，发病率较低且传播较慢，仅猪易感而其他动物不发病。根据以上特点结合其流行特点、临床症状，即可作出初步诊断。

(四)防治措施

该病无特效药物，但一般可以自然痊愈。平时应以预防为主，搞好清洁卫生，定期消毒，严格执行防检疫制度，不从疫区调入猪只和猪肉制品。预防可用猪水疱病猪肾传代细胞弱毒疫苗或猪水疱病活疫苗，深部肌肉注射，3～5 d 产生免疫力，保护率为 80%以上，免疫期6个月。对发病猪只,为促进其早日康复,必须做好护理工作,并用适当的药物对症治疗。

七、猪痘

猪痘,又叫猪天花,是由病毒引起的一种急性、热性传染病。其病原体有2种:一种是猪痘病毒,仅能感染猪;另一种是痘苗病毒,除感染猪外,也能使牛、羊等其他动物发病。痘病毒对外界环境的抵抗力较强,在干燥的痂皮中能存活6～8周。

(一)流行特点

猪痘常发生于仔猪和小猪,成年猪的抵抗力较强。病毒随着皮肤痘疹的渗出液和脱落的痂皮而散布于环境中,健康猪和病猪直接接触,或通过虱子等吸血昆虫经损伤的皮肤感染,也能经呼吸道感染,散发或地方性流行。

(二)临床症状

猪痘的潜伏期一般为4～7 d。本病的典型症状是皮肤和黏膜上发生痘疹。病猪体温升高,精神不振,食欲减退,鼻、眼有分泌物。痘疹主要出现在皮薄毛少的四肢内侧和下腹部等处。病初皮肤上出现红点,以后扩大形成圆形的丘疹,高出皮肤表面,2～3 d后丘疹扩大到一分硬币大小,变成半球形,并很快结成痂块。病猪皮肤发痒,常在墙壁上摩擦,流出血样的液体,沾上垫草或泥土结成厚壳。结痂脱落后的病猪,其结痂部位遗留下白色的斑块而痊愈,病程一般2周左右。

(三)诊断要点

一般根据其流行特点和临床症状很容易确诊。仔猪和小猪多发,临床特征为皮肤和黏膜发生痘疹,且主要发生在皮薄毛少的四肢内侧和下腹部等。

(四)防治措施

注意圈舍的卫生，加强消毒，改善管理状况，消灭猪虱子等吸血昆虫，防止引入病猪。发现病猪立即隔离，一般不需要治疗。对有继发感染的猪，可用抗生素或磺胺类药物治疗。

八、猪狂犬病

狂犬病俗称疯狗病，是由病毒引起的一种急性、接触性传染病。本病人、畜共患，在世界很多国家存在，造成人、畜死亡。其病原是弹状病毒科的狂犬病病毒。该病毒易被阳光、紫外线、甲醛、强酸、强碱所杀死，在 80℃下几分钟即可死亡。

(一)流行特点

病犬是本病的主要传染源，人和各种畜禽对其都有易感性。病犬的呼气和唾液中在出现症状前 5 d 就含有病毒，部分健康犬的唾液中也含有病毒，成为危险的传染源。野兽和蝙蝠也可成为天然的传染源。动物之间主要是通过病犬咬伤或经黏膜接触病毒发生感染，也有的经消化道、呼吸道传染。咬伤部位越靠近头部，潜伏期越短，发病率越高。一般呈散发。

(二)临床症状

潜伏期的差异很大，这与伤口距中枢的距离、侵入病毒的毒力和数量有关，平均为 20～60 d。病猪兴奋不安，横冲直撞，叫声嘶哑，流涎，反复用鼻掘地面，有咬人、咬物的行为，四肢运动失调，举止笨拙，全身肌肉阵挛，咬伤处发痒。在发作期间，常钻入垫草中，稍有音响即一跃而起，无目的乱跑，最后发生麻痹症状，全身衰竭，经 2～4 d 死亡，病死率很高。

(三)诊断要点

病猪有病犬或其他病畜咬伤史和高度兴奋、惊恐不安，恐水怕风，对人、畜有攻击行为等典型症状，可以作出初步的诊断。要进一步确诊可通过病理组织学检查内基氏小体。

（四）防治措施

目前尚无治疗本病的有效方法，一般若猪被犬咬伤后，应对伤口彻底消毒处理，最好先让伤口局部出血，后用20%肥皂水、酒精、碘酊、0.1%新洁尔灭等消毒药和防腐剂处理，也可烧烙，并在72 h内用狂犬病弱毒细胞冻干苗进行紧急接种，连用5 d，使被咬伤的猪只在潜伏期内就产生主动免疫，可防止发病或减轻发病症状。

九、猪伪狂犬病

猪伪狂犬病又叫阿氏病，是由伪狂犬病毒引起的多种哺乳动物和鸟类的一种急性传染病。其特征是发热和脑脊髓炎症状。成猪常为隐性感染，可有流产、死胎及呼吸系统症状，初生仔猪除神经症状外还可侵害消化系统。病毒对外界环境抵抗力很强，在污染的猪圈或垫草上能存活1个多月，2%的火碱或3%来苏儿能很快将其杀死。

（一）流行特点

病猪、带毒猪以及带毒鼠类为本病的重要传染源。健康猪与病猪、带毒猪直接接触可感染本病。哺乳仔猪发病最多，且病死率极高，成猪多为隐性感染。这些病猪和隐性感染的猪可长期带毒排毒。本病可经消化道、呼吸道、损伤的皮肤、黏膜以及生殖道等多种途径感染，也可经交配和哺乳感染；怀孕母猪感染本病，可经胎盘感染子宫内的胎儿，引起流产或死胎。本病多发于冬、春两季，一般呈地方性流行。

（二）临床症状

潜伏期一般为3～6 d，少数达10 d。其临床症状随发病猪年龄的不同而有很大差异。成年猪一般为隐性感染，若有症状也很轻微，发热，精神沉郁，有些病猪咳嗽、呕吐，怀孕母猪可发生流产或死胎，一般于 4～8 d 内恢复。4 周龄以内的仔猪感染本病时病情极严重，损失很大，常可发生大批死亡。仔猪豁然发病，体温上升到 41～42℃，精神委顿，厌食，时有呕吐和腹泻，呼吸急促，浑身发抖，肌肉痉挛，运动不协调，呈不由自主地向后倒退或作转圈运动，体温下降，多数于 36 h 内死亡。初生仔猪发病者极少康复，病死率可达 60%。

（三）诊断要点

根据流行特点、临床症状即可作出初步诊断。为进一步确诊可做动物实验，取可疑病畜的脑组织或肺、脾脏 1 份，加 9 份生理盐水做成乳剂，取上清液，给家兔皮下或肌肉注射 1 mL。如为伪狂犬病，2～3 d 注射部位出现奇痒，家兔不断啃咬痒部，造成局部脱毛，皮肤及深部组织损伤出血，36 h 内死亡。

（四）防治措施

对本病没有特效的治疗方法，应以预防为主。平时圈舍定期用 2%氢氧化钠或 3%来苏儿液消毒；及时消灭猪舍附近的鼠类及野生动物，预防应注射伪狂犬病弱毒冻干疫苗。发现病猪应及时隔离，对病猪注射高免血清或病愈猪血液有一定的疗效。但出现症状后治疗效果往往不佳，且耐过的猪会长期带毒，因此一般没有治疗价值。

十、猪细小病毒病

猪细小病毒病是由细小病毒引起的，妊娠猪出现死胎、流产，而母猪本身又无明显临床症状的一种繁殖障碍的传染病。猪细小病毒呈球形，对鸡、豚鼠、O 型人血等，都有不同程度的血凝反应，对热、消毒和酸碱均有很强的抵抗力。

(一)流行特点

病猪和带毒猪是主要的传染来源,本病仅感染猪。急性感染猪的排泄物和分泌物中含有较多的病毒,子宫内被感染的胎儿没有引起死亡的,出生后9周仍可带毒排毒。属于接触传染,经口腔、鼻和交配感染,也可经胎盘感染。未发生过本病猪场,任何年龄、性别的猪可感染发病,已经发生过本病猪场,主要是母源抗体消失的青年初产母猪和肥育猪感染,而经产母猪多因曾感染本病后获得免疫很少发病。本病的流行没有明显季节性,而且传播相当广泛。

(二)临床症状

幼龄猪和成年猪感染后,往往没有明显的症状,哺乳仔猪感染后可发生倦怠、食欲不振、呕吐、下痢、跛行等症状。母猪被感染时,主要表现为母源性繁殖障碍,如多次发情而不受孕,或怀孕母猪产出死胎、木乃伊胎等。其死亡的胎儿几乎均在预产期和正常胎儿同时产出,很少流产。异常的胎儿产出不久便死亡,有的不死却不能站立或十分虚弱。

(三)诊断要点

母猪发生流产或产出死胎、木乃伊胎及异常胎儿,但母猪本身没有明显症状,结合本病的流行情况可作出初步诊断。如需确诊必须进行实验室诊断。

(四)防治措施

目前对本病无特效治疗药物。为防止本病传入,要保持好圈舍的清洁卫生、定期消毒,尽量做到自繁自养,从外地引进猪只,要切实做好检疫和隔离观察。预防可使用猪细小病毒油乳剂灭活苗,于母猪配种前4～5周,肌肉注射每头2 mL。2～3周后再加强免疫1次,免疫期更长。种公猪8月龄首次免疫注射,以后每年注射1次。注射疫苗后14～21 d产生免疫力,免疫期为1年。

十一、猪日本乙型脑炎

猪日本乙型脑炎又称流行性乙型脑炎，是由日本脑炎病毒引起死亡的一种急性人畜共患传染病。其病毒主要存在于中枢神经系统、脑脊髓液和血液中，对热和光的抵抗力不强，对化学药品较敏感，常用消毒药都有良好的灭活作用。

（一）流行特点

各种年龄的猪均可感染，但 6 月龄以内的猪多发。蚊虫是本病的传播媒介，因此，本病的发生有明显的季节性，主要在夏季至秋初 7～9 月份流行，随着天气转凉，蚊虫减少，发病也减少。本病多呈散发，而隐性感染者甚多，不论有无症状，只在感染的初期有传染性，在猪只饲养密度大、水田多、蚊虫多的地方呈地方性流行。本病主要通过蚊虫叮咬而传播，人和其他动物均可感染本病，虽多隐性感染，但这些带毒动物在感染的初期都成为主要的传染源。

（二）临床症状

潜伏期一般为 3～5 d，猪常突然发病，体温升高至 41℃左右，呈稽留热，持续几天或十几天以上。病猪精神委顿，嗜眠，喜卧，食欲减退或废绝，口渴，潮红，粪便干燥呈球形，表面常附有灰白色黏液，尿呈深黄色。个别猪后肢轻度麻痹，步态不稳，有的后肢关节肿胀而出现跛行。还有的病猪出现视力障碍，到处乱撞。

患病的怀孕母猪主要症状是流产、早产或延时分娩，胎儿多为死胎或木乃伊胎，且大小不等，流产后母猪症状很快减轻，体温和食欲逐渐恢复正常。公猪患病除表现一般症状外，常发生睾丸肿胀，多呈一侧性，肿胀程度不等，局部发热，有疼感，数日后开始消退，多数缩小变硬，丧失配种能力；也有两侧同时肿胀的，病猪精神、食欲无较大变化。

(三)诊断要点

根据流行特点、临床症状可作出初步诊断。本病具有明显的季节性,常发生流产、死胎,特别是木乃伊胎,公猪睾丸多为一侧性肿胀等。确诊必须进行实验室诊断。

(四)防治措施

发现病猪立即隔离治疗,加强护理,为减少并发症,防治继发感染,可配合应用抗生素或磺胺类药物。平时应定期对猪舍进行消毒,设法灭除蚊虫。预防可注射乙型脑炎弱毒疫苗,青年猪在蚊虫季节到来前,种用公、母猪在配种前 45 d,肌肉注射每头 1 mL,2 周后再注射 1 次,方法、剂量同前,效果较好。

十二、猪传染性脑脊髓炎

猪传染性脑脊髓炎又称猪脑脊髓灰质炎,是由血凝性脊髓炎病毒引起的一种传染病,主要侵害中枢神经系统,呈现中枢神经系统紊乱症状和四肢麻痹。病毒能耐酸和碱,对外界环境有很强的抵抗力,耐热,在 15℃温度下可存活 168 d。病毒对许多消毒药有较强的抵抗力,但用次氯酸钠、20%漂白粉和 70%酒精可将其杀死。

(一)流行特点

猪是唯一的易感动物,主要发生于 3 周龄以内的仔猪,日龄越小,发病率和死亡率越高,成猪多为隐性感染。病猪和健康带毒猪随粪便排出病毒,其传播途径主要是消化道和呼吸道。在新疫区,发病率和死亡率较高,在老疫区,多呈散发。本病一年四季均可发生,无明显的季节性。

(二)临床症状

潜伏期平均为 6 d。病初体温升高到 40~41℃,食欲减退或废绝,仔猪神经症状显著,呈现共济失调,转圈,寒颤和肌肉阵发性痉挛，兴奋发作，前肢僵硬，后肢麻痹。病情严重者，出现眼球震颤，肌肉抽搐，头颈后弯，昏迷。有时呈犬坐状或侧面躺下，受到响声或触摸刺激时，可引起不协调运动或头颈后弯，多数于3～4 d死亡。耐过的猪虽然不死，也会因发育不良成为僵猪。有的病猪出现不间断地呕吐，以消耗性疾病为主要特征，其死亡率为20%～80%。成年猪感染一般不表现临床症状。

（三）诊断要点

根据其流行特点、临床症状，即可作出初步诊断。本病只感染猪，其他动物不发病，仔猪发病率和死亡率较高，确诊需经实验室诊断。

（四）防治措施

对本病目前还没有特效治疗方法，平常应加强猪只的饲养管理，保持猪舍清洁卫生，提高猪的抗病能力。引种时要严格检疫，以防止引入病猪。预防可用组织培养灭活疫苗或弱毒疫苗。也有的让母猪怀孕前1个月与发生过本病的猪舍的猪接触，使其轻度感染，产生免疫力，从而保护将来出生的仔猪。

十三、猪繁殖与呼吸综合征

猪繁殖与呼吸综合征是一种新发现的接触性传染病，于1987年首先在美国发现，又称“蓝耳病”，1992年在国际猪病学术讨论会上，将本病命名为“猪繁殖与呼吸综合征”。该病是由病毒引起的，传播较快，严重影响着养猪业的发展。2006年我国流行“高热病”，最终确定为高致病性蓝耳病。

（一）流行特点

病猪和康复带毒猪是主要传染源，病毒在康复猪体内至少可存留6个月。猪是本病毒唯一的自然宿主。主要侵害种猪、繁殖母猪和仔猪，而肥育猪发病比较温和。病毒可从鼻、口腔分泌物，粪尿等途径排出体外，经多种途径传播。主要传播途径是生殖道和呼吸道，病毒可在妊娠后期通过胎盘感染胎儿；公猪感染本病后可通过精液传给母猪；病毒通过空气可传播相当长的距离。各种年龄的猪均可感染，一年四季均可发生，无明显的季节性。

高致病性猪繁殖与呼吸综合征是猪繁殖与呼吸综合征病毒变异株引起的一种急性高致死性疫病。仔猪发病率可达100%、死亡率可达50%以上，母猪流产率可达30%以上，育肥猪也可发病死亡。

(二)临床症状

种公猪出现厌食、昏睡、发热、暂时性精液减少和活力下降，并有异常呼吸症状。妊娠母猪出现厌食、体温升高到40～41℃、精神沉郁、呼吸困难、呕吐，发生流产、早产、死产。死产的胎儿常水肿，皮肤呈棕褐色，偶见木乃伊胎。活产的仔猪体重小而且衰竭。经2～3周后，母猪开始康复，再次配种时受精率可降低50%，发情期推迟。肥育猪发病症状较轻，仅表现5～7 d的厌食，呼吸急促，不安，易受刺激，体温略高，生长发育较正常猪迟缓。哺乳仔猪感染，呼吸困难较严重，甚至出现哮喘样的呼吸障碍，张口呼吸，流鼻涕，不安，侧卧，四肢划动。有时出现呕吐、腹泻、瘫痪、运动失调、多发性关节炎等症状。仔猪的病死率可达50%～60%。发病数日后，少数病猪的耳朵、外阴部、腹部及口鼻皮肤呈青紫色，以耳尖发绀最为常见。也有部分猪感染后无任何症状或症状较轻，但可长期携带病毒，成为持久的传染源。

(三)诊断要点

该病传播较快，该病毒主要侵害肺脏，病猪多数呼吸异常症状明显。有的猪腹部、耳部、阴唇等出现蓝红色的紫绀。公猪性欲减退，母猪出现繁殖障碍，发情延迟，子宫、阴道流出黏性、脓性分泌物，妊娠率下降，屡配不孕，怀孕母猪流产、早产、死胎、弱胎。根据以上临床症状，结合流行特点不难作出初步诊断。高致病性猪繁殖与呼吸综合征可根据临床症状、病理变化、死亡率和传播速度和低致病性的猪繁殖与呼吸综合征相区别。

(四)防治措施

加强饲养管理，坚持自繁自养，推行全进全出饲养制度；引进种猪应从无本病的地区或猪场引进，引进后隔离观察1个月方可入群，搞好环境卫生，对猪舍要定期消毒，杀除蚊蝇，注意通风，炎热的夏季要采取防暑降温措施；哺乳仔猪早断奶，减少病毒从老龄猪传给仔猪的机会；无害化处理好排泄物、垫料、流产胎儿及分泌物等。在流行地区，母猪基础免疫可使用猪繁殖与呼吸障碍综合征油乳剂灭活疫苗，30 d内对猪只免疫接种2次，肌肉注射；接种后15 d产生抗体，二免后30 d可以产生坚强保护力；泌乳期间再进行加强免疫，保护率可达到80%。同时在60 d内停止引进未接种的易感猪。对后备猪和育成猪可使用猪繁殖与呼吸障碍综合征弱毒冻干疫苗；发病猪场的阳性母猪及仔猪，不准留作种用。对发病猪，应增加营养，使用抗生素和维生素E，控制继发感染。用消炎、杀菌、清热、解毒、健胃等中草药共为末，按日粮总量的1%添加于饲料中，对防治本病有较好的效果，既能加强抑制和排斥病原体在消化道内的增殖和生存，又能起到刺激生长的作用，且无残留、无抗药性、无毒副作用。

十四、猪流行性感冒

猪流行性感冒是猪的一种急性、高度接触性呼吸道传染病。其临床特征是突然发病、高热和呼吸道炎症。病原体为猪流行性感冒病毒，流感病毒存在于病猪和带毒猪的呼吸道分泌物、肺和肺淋巴结中，对外界抵抗力较弱，一般消毒药在短时间内都可将其杀死，对热和日光的抵抗力也不强。

(一)流行特点

本病的传染源是病猪和带毒猪,病毒存在于呼吸道黏膜,随分泌物排出后,通过飞沫经呼吸道侵入易感猪体内,很快发病,迅速传播,2～3 d即可波及全群。不同年龄、性别和品种的猪对本病均有易感性。春秋冷湿季节及饲养管理不良能促使本病多发,呈地方性流行,在常发生本病的地区可呈散发性。一般发病率高,病死率低。

(二)临床症状

潜伏期2～7 d,病猪体温升高到40～41.5℃,精神极度沉郁,食欲减退或废绝,呼吸急促,阵发性咳嗽,结膜潮红,眼流出黏性分泌物,常卧地不起。如无并发症多经5～10 d康复。如果在发病期间管理不当,则可并发支气管肺炎或胸膜炎等,使猪只死亡率增加。

(三)诊断要点

根据本病发病突然,蔓延迅速,表现呼吸道症状,发病率高,死亡率低等流行特点和临床症状即可作出初步诊断,进一步确诊需进行实验室诊断。

(四)防治措施

本病无特效治疗药物,应以预防为主。在寒冷季节注意防寒保暖,加强管理,保持猪舍干燥清洁,防止猪只过于拥挤。搞好防疫,如发现疫情及时封锁隔离病猪,严格消毒。对发病猪要供给大量清洁饮水,为控制并发症,可使用抗生素和磺胺类药物,同时给予止咳祛痰药。病初使用板蓝根注射液、大青叶注射液或双黄连注射液有一定的疗效。有条件的地区可使用猪流感病毒佐剂灭活苗,经2次接种后,免疫期可达8个月。

十五、圆环病毒病

近年来,猪圆环病毒病作为一种新的病毒病在许多国家广泛流行。猪圆环病毒Ⅱ型可引起断奶仔猪多系统衰竭综合征、猪间质性肺炎、猪皮炎肾病综合征以及母猪繁殖障碍等，这些病总称为猪圆环病毒病。

（一）流行特点

各种年龄，不同性别的猪都可感染。以免疫抑制为主要危害的一类病毒性传染病，圆环病毒对免疫器官有严重的危害性。可导致机体免疫系统高度免疫抑制。

（二）临床症状

繁殖障碍猪圆环病毒Ⅱ型可导致母猪返情率增高，流产，产死胎、木乃伊胎和弱胎等，所产仔猪断奶前死亡率上升。公猪感染圆环病毒Ⅱ型后，可通过交配传染给与配母猪，从而导致其繁殖障碍。

猪皮炎肾病综合征通常发生于8～18周龄的猪，病猪食欲废绝，体温升高至41.5℃，皮下水肿。皮肤出现紫红色病变斑块，在会阴部和四肢最为明显，这些斑块有时会相互融合。在极少情况下皮肤病变会消失。也有的病变表现为猪的后躯部位出现紫红色淤血、淤点或淤斑。可视的浅表淋巴结肿大，出现黄色胸水或心包积液。肾脏呈肾小球性肾炎和间质性肾炎，表面可见淤血点。常见症状还有严重下痢和呼吸困难，以及被毛粗乱。

断奶仔猪多系统衰竭综合征多发于6～8周龄仔猪，发病率为20%～60%，死亡率为5%～35%。仔猪断奶后2～3周出现以咳嗽、呼吸困难、逐渐消瘦、死亡率和淘汰率均显著升高为特征的疾病。病猪发热（一般不超过41℃），食欲减退，继而出现消瘦、被毛粗乱、皮肤苍白或黄疸、呼吸困难等症状。个别猪眼睛有分泌物，腹泻，肘关节和膝关节肿胀。其剖检特征为全身淋巴结肿大和发生心包炎、胸膜肺炎、腹膜炎等，使用多种抗生素治疗效果不理想。

（三）诊断要点

本病因为猪的年龄不同，而表现不同的症状。可以根据症状作出初步诊断。本病要注意和猪瘟相区别。间质性肺炎主要危害6～14周龄的猪，发病率为2%～30%，死亡率为4%～10%。断奶仔猪多系统衰竭综合征多发于6～8周龄仔猪，发病率为20%～60%，死亡率为5%～35%。

(四)防治措施

本病无特效治疗药物，可以使用抗生素控制继发感染。仔猪断奶后3～4周是预防猪圆环病毒病的关键时期。因此，最有效的方法和措施是尽可能减少对断奶仔猪的刺激。避免过早断奶和断奶后更换饲料，断奶后要继续饲喂断奶前的饲料至少10 d；在断奶仔猪饲料中按每吨饲料中添加1.2 kg利高霉素，15%金霉素2.5 kg或强力霉素150 g，阿莫西林150 g，连续饲喂15 d；避免断奶后并窝并群；避免在断奶前、后1周内多次注射疫苗；降低饲养密度，为仔猪提供舒适的环境。

第二节 细菌性传染病

一、猪丹毒

猪丹毒是由猪丹毒杆菌引起的一种急性、热性传染病，人、畜共患。病程多为急性败血性或亚急性的疹块性，转为慢性的多发生关节炎，有的有心内膜炎。猪丹毒广泛流行于世界各地，对养猪业危害很大。其病原体为猪丹毒杆菌，革兰氏染色阳性。本菌对盐腌、火熏、干燥、腐败和日光等自然环境的抵抗力较强。在病死猪的肝、脾里4℃经159 d，毒力仍然强大；露天放置77 d猪的肝脏、深埋1.5 m 231 d的病猪尸体、12.5%食盐处理并冷藏于4℃148 d的猪肉中，仍可分离到猪丹毒病毒。但对消毒药的抵抗力较低，1%漂白粉、3%来苏儿、1%火碱、2%福尔马林等均能很快将其杀死。

(一)流行特点

本病主要发生于猪,其他家畜如牛、羊、犬、马和禽类也有病例报告。人也可以感染本病,称为类丹毒,取良性经过。病猪和带菌猪是本病的传染源。病猪的粪尿和口、鼻、眼的分泌物均含有丹毒杆菌。无论病猪场或没有发生过猪丹毒的猪场,都有一定比例的带菌猪。病猪及带毒猪从粪尿中排出猪丹毒杆菌污染饲料、饮水、土壤、用具和场舍等,通过饮食经消化道传染给易感猪。本病也可通过损伤的皮肤及蚊、蝇、虱、蜱等昆虫传播。屠宰厂、加工厂的废料、废水、食堂的残羹和腌制、熏制的肉品等常常引起本病发生。带菌猪在不良条件下抵抗力降低时,细菌也可侵入血液,引起自体内源性传染而发病。猪丹毒一年四季都可发生,无明显的季节性,但夏季发生较多,冬春季节较少。本病常为散发性或地方性流行,有时也发生暴发性流行。本病主要发生于架子猪,随着年龄的增长而易感性降低,

(二)临床症状

人工感染的潜伏期为3～5 d,个别短的1 d,长的可延至7 d。自然感染与此基本相似。潜伏期的长短决定于被感染动物的抵抗力以及侵入的猪丹毒杆菌的毒力和数量。临床上一般将猪丹毒分为急性败血型、亚急性疹块型和慢性型。

(1)急性败血型　是最为常见的一种类型,以突然暴发、急性经过和高病死率为特征。在流行初期,个别猪不表现任何症状而突然死亡,其他猪相继发病。病猪体温升高到42～43℃,稽留不退,寒颤,减食或呕吐,常躺卧地上,不愿走动。结膜充血,眼睛清亮有神。粪便干硬呈栗状,附有黏液,有时带血。仔猪后期可能下痢。发病1～2 d后常见皮肤有红斑,形状大小不一,指压退色。严重的呼吸加快,黏膜发绀。部分病猪皮肤发生潮红而发紫,以耳、颈、背部等部位较为多见,治愈后这些部位的皮肤坏死、脱落。病程急促,可以突然死亡。有些病猪经3～4 d体温降至正常以下而死,病死率80%左

右。哺乳仔猪和刚断奶的小猪发生猪丹毒时，一般突然发病，表现神经症状，抽搐，倒地而死，病程不超过 1 d。

(2)亚急性疹块型　为较轻的一种，其特征是皮肤表面出现疹块，败血症症状轻微，通常取良性经过。一般由于猪体抵抗力较强，或由于侵入猪体的丹毒杆菌毒力较弱所致。病初体温上升，食欲减退，便秘，口渴，有时呕吐；发病后 2～3 d，在身体各部皮肤发生方形、菱形或圆形疹块，凸出于皮肤表面，呈红紫色，中部苍白，上面有浆液分布，其后形成痂皮脱落，体温下降，经 1～2 周病猪多自行康复。

(3)慢性型　一般由败血型或疹块型转变而来，也有原发性。常见的有慢性关节炎、慢性心内膜炎和皮肤坏死 3 种。皮肤坏死一般单独发生，而慢性关节炎和心内膜炎有时在一头猪身上同时存在。病猪食欲无明显变化，体温正常或稍高，病猪发生心内膜炎的，呼吸困难，结膜发绀，全身虚脱，心跳增快；发生关节炎的，关节肿大，行动僵硬，发生跛行，多躺卧。病猪逐渐消瘦，生长发育迟缓。

(三)诊断要点

猪丹毒的诊断，可根据流行特点、临床症状等进行综合诊断，必要时可进行细菌学检查确诊。猪丹毒主要侵害架子猪，多发生于夏季，急性败血型病猪体温 42℃以上，死亡较突然；疹块型猪丹毒皮肤出现典型疹块；慢性猪丹毒皮肤大块坏死、四肢强拘、关节肿胀、疼痛、跛行等。病猪身上出现红斑、疹块，指压退色。以上特点可有助于对本病的诊断。

(四)防治措施

平时要加强饲养管理，保持圈舍清洁卫生，定期消毒，同时按免疫程序对猪只用猪丹毒 GC_{42} 弱毒菌苗或猪丹毒、猪肺疫氢氧化铝二联菌苗或猪丹毒灭活菌苗进行免疫。目前普遍使用的是猪瘟、猪丹毒、猪肺疫三联冻干苗，用 20％氢氧化铝胶生理盐水稀释，按标签说明，无论猪只大小一律耳后肌肉注射 1 mL，免疫期 6 个月。刚断奶的仔猪接种后由于受母源抗体的干扰，获得的免疫力不够确实，必须在断奶后再补注1次。

发生猪丹毒后，应及时隔离病猪，进行治疗，并对污染的场地彻底消毒。发病后24～36 h内治疗有显著疗效。首选药物为青霉素，肌肉注射，每天2次，直至体温和食欲恢复正常后再注射2～3次，以防复发。其次，土霉素、洁霉素和泰乐菌素等多种抗生素对本病也有较好的疗效。

二、猪链球菌病

猪链球菌病是由多种链球菌引起的一种人、畜共患传染病。临床上以淋巴结脓肿较为常见，但以败血型和脑膜炎型的病死率较高，严重影响着养猪业的发展。其病原体为多种链球菌，是革兰氏阳性球菌。本菌对环境的抵抗力不强，对干燥、湿热均较敏感，常用消毒药10 min内可将其杀死。

（一）流行特点

各种年龄的猪对本菌都易感，但以哺乳仔猪多发。病猪和病愈带毒猪是本病自然流行的主要传染源。病猪的鼻液、唾液、尿、血液、肌肉、内脏、肿胀的关节内均可检出病原体。未经无公害处理的病猪和死猪的肉、内脏及废弃物是散播本病的主要原因。牲畜交易市场的接触，运输工具的污染，阉割和注射消毒不严格等常造成本病的传播和散发。本病可通过口、鼻、皮肤伤口而传播。一年四季均可发生，无明显的季节性，但以5～11月份发生较多，一般呈地方性流行。

（二）临床症状

潜伏期为1～3 d或稍长。感染猪症状因年龄不同而有一定差异。哺乳仔猪呈重剧的败血症，突然发病，食欲减退或不食，体温升高，血尿，皮肤有出血斑，有时腹泻，往往于36～48 h内死亡。8周龄以内仔猪多引起脑炎，体温升高，食欲不振，行走摇晃，有时出现剧烈震颤，常于 2 d 内死亡。还有的发生中耳炎，头偏向一侧，出现神经症状，多半死亡。断奶仔猪常于头、胸、腹合股内侧皮肤出现圆形浅玫瑰色硬币大丘疹，后覆盖褐色痂皮，如大面积感染可引起死亡。架子猪感染本病为皮下及浅层淋巴结脓肿，破溃后流出黄白色、浓稠的脓汁，很少死亡。成猪易感性较低，主要表现化脓性或浓纤维素性关节炎；有的引起慢性增生性心内膜炎；有的引起母猪流产、乳房炎及扁桃体炎等。

（三）诊断要点

猪链球菌病的病型比较复杂，其流行情况无特征，易与猪丹毒、李氏杆菌和其他败血性传染病及出现脑膜炎症状的传染病、内科病混淆。特别是新发生地区，遇到可疑病情需进行实验室细菌检查才能确诊。

（四）防治措施

注意加强饲养管理和环境卫生。加强检验、检疫工作，严格处理病猪及病死猪肉，常发地区可用猪链球菌活菌苗注射防疫，也可按注射量的 4 倍口服免疫，接种后 7～9 d 产生免疫力，14 d 后产生较强的免疫力，免疫期为 6 个月。对发病的猪应立即进行治疗，青霉素、丁胺卡那霉素、磺胺类药物及喹诺酮类药物等对本病都有良好的疗效。

三、猪李氏杆菌病

李氏杆菌病是多种家畜、家禽、野生动物及人共患的传染病。猪患病后较为明显的症状是败血症症状和中枢神经机能障碍。其病原体为李氏杆菌，为革兰氏阳性杆菌。该菌对周围环境的抵抗力很强，在土壤、粪便、干草上能存活很长时间，能耐食盐和碱，但常用的消毒药能将其杀死。

(一)流行特点

本病的易感动物较广，几乎各种家畜、家禽和各种野生动物都可自然感染，人也有感染。因此，本病的传染源较多，病原体随病畜、带菌动物的分泌物和排泄物排出后，污染圈舍、器具、饲料和饮水，通过消化道、呼吸道及损伤的皮肤传染，也可通过眼结膜传染；还可通过吸血昆虫咬伤而传染；当机体抵抗力降低时可引起内源性感染。本病的发生有一定的季节性，多发生于早春、秋冬或气候突变的季节，常散发或地方性流行。不同品种、年龄、性别的猪都能感染，但以仔猪最为易感。发病率很低，死亡率很高。

(二)临床症状

猪李氏杆菌病的临床症状很不一致，可分为败血型、脑膜脑炎型和混合型，以混合型最为常见，且多发生于哺乳仔猪。病猪突然发病，初期体温升高达 41～42℃，吃奶减少或不吃，粪干尿少，中、后期体温降至正常或常温以下。多数病猪表现脑脊髓炎症状，运动失调，兴奋不安，无目的地乱跑，转圈，前肢僵硬，后肢麻痹。多数于 1～3 d 死亡，病死率很高。成猪患病多为慢性，表现长期不食，消瘦，贫血，步态不稳，肌肉震颤，体温较低，病程可拖延 3～5 周，多数能耐过，死亡率很低。怀孕的母猪发病，常引起流产，有的在身体各部形成脓肿。病愈的猪会长期带毒。

(三)诊断要点

本病单纯根据临床症状和流行病学不易诊断，而病理解剖变化又不明显，因此必须配合细菌分离和病理组织学检查才能最后确诊。应注意与猪的伪狂犬病、猪传染性脑脊髓炎等病进行鉴别诊断。

(四)防治措施

搞好猪舍的环境卫生和防疫，隔离病猪，对病死猪进行无害处理。消灭猪舍附近的鼠类，及时驱除寄生虫，增强猪的抵抗力。发现病猪及时治疗，应用抗生素与磺胺类药物配合效果较好，喹诺酮类药物对本病也有良好的治疗效果。

四、猪副伤寒

猪副伤寒又称沙门氏菌病，是仔猪常见的一种传染病，故也称仔猪副伤寒。临床上分为急性和慢性两种类型，急性者出现败血症症状，慢性者发生坏死性肠炎，出现严重下痢。其病原体主要是猪霍乱沙门氏菌和猪伤寒沙门氏菌，为革兰氏阴性杆菌，对外界环境的抵抗力较强，在污染的水和土壤中能存活 4 个月以上，在冻土中可以过冬，在 10％～19％食盐腌肉中能存活 75 d。但对消毒药的抵抗力不强，3％来苏儿、10％双链季氨盐、25％二氯乙氰尿酸钠等消毒剂，15～30 min 可将其杀死；在阳光照射下可迅速死亡；60℃经 20 min 即可将其杀死。

(一)流行特点

本病是一种条件性传染病，主要发生于密集饲养的断奶后的仔猪，成年猪及哺乳仔猪很少发生。其传染方式有两种，一种是由于病猪及带菌猪排出的病原体污染了饲料、饮水、器具及圈舍等，健康猪吃了被污染的食物而感染发病；另一种是病原体平时就存在于健康猪体内，但不表现症状，当饲养管理不当，冬春气候寒冷，气温突变，或猪只感染寄生虫等病体质较弱时，病原体乘虚而入，引起感染发病。主要经消化道传染，带菌猪的存在是本病经常流行的主要原因。本病一年四季都可发生，但在冬季和早春气候寒冷时发病较多。常为散发，有时呈地方性流行。

(二)临床症状

潜伏期 3～30 d，其临床症状可分为急性型和慢性型两种，以慢性型最为常见。

(1)急性型　特征为败血症症状。多见于断奶后不久的仔猪。病猪体温升高到41～42℃,精神委顿,食欲不振,鼻镜干燥。病初便秘,不久下痢,粪便呈淡黄色,恶臭,有时混有血液,常伴有腹疼症状,耳、颈、胸腹部、大腿内侧的皮肤先变成红色,后又变成紫色。后期体温下降,呼吸困难,多数经2～4 d死亡。也有的尚未出现明显症状就死亡。不死的转为慢性。

(2)慢性型　是最为常见的一种类型,主要表现为顽固性下痢。病猪体温稍微升高,精神不振,食欲减退,反复下痢,粪便稀薄,呈淡黄色或暗绿色,恶臭,常混有血液或假膜。以后逐渐脱水消瘦,皮肤上出现痂样湿疹。有的病猪发生肺炎,呈现咳嗽及呼吸困难等症状。病的后期,大便失禁,体温下降到常温以下,最后衰竭死亡。病程2～3周或更长。不死的生长发育迟缓。

(三)诊断要点

急性型病例的主要特征是出现败血症症状,耳及腹部皮肤有紫斑,淋巴结肿胀、充血;慢性病例主要表现为肠炎,顽固性下痢。对病死猪进行解剖,可发现肝、脾及肠系膜淋巴结肿大,常见到针尖大至栗子大的灰白色坏死灶,这是猪副伤寒的特征性病变。根据其流行特点、临床症状即可作出初步诊断,如不能确诊,需进行实验室诊断。

(四)防治措施

首先要改善饲养管理和卫生条件,增强猪体的抗病能力。常发病地区应适时接种仔猪副伤寒活菌苗。平时应注意消灭病源,切断传染途径,以及健全消毒制度等综合性防治措施。发生本病时,要及早确诊,并进行分群隔离。对病猪应根据情况治疗或宰杀,正确处理死猪及病猪粪便,淘汰僵猪,以免传播病原。治疗本病常用抗生素(如土霉素、新霉素和强力霉素等)、磺胺类药物和部分中草药方剂(如黄芩、黄柏、栀子、连翘、苦参、银花炭、槐花炭各6 g,水煎服),内服大蒜泥或大蒜酊也能取得较好的疗效,但用药的同时必须改善饲养管理和卫生条件，才能收到良好的效果。

五、猪水肿病

猪水肿病又称猪大肠杆菌肠毒血症，是由病原性大肠杆菌产生的毒素引起的一种急性、高度致死性、神经性传染病。其临床特征是突然发病，头部水肿，运动失调，惊厥和麻痹。发病率和死亡率都很高，给养猪业带来很大损失，严重影响着养猪业的健康发展。

(一)流行特点

常发生于营养良好、生长健壮、刚断奶不久的仔猪，肥育猪或10日龄以下的哺乳仔猪很少发病。饲养管理条件和生活环境的突然改变；突然断奶或更换饲料；春、秋季节昼夜温差较大或天气忽冷忽热等，均可导致大肠杆菌乘虚而入，大量繁殖，并产生毒素，导致本病的发生。一年四季均可发生，尤以秋、冬季节多发，流行广泛。一般呈散发，有时呈地方性流行。

(二)临床症状

同窝仔猪中个体大，生长发育较好的最先发病，且症状严重，个别仔猪不表现任何症状，突然死亡；病程稍长的表现运动障碍，四肢无力，卧地不起，全身肌肉及四肢抽搐，口角流出白沫，呼吸困难，发病后数小时内死亡，也有的1～2 d死亡。病初有神经症状，表现为步态不稳，共济失调，兴奋，无目的地行走或转圈，强迫行走时，四肢乱蹬，叫声嘶哑，头部、颈部水肿，眼睑肿胀严重，结膜苍白或淤血，腹腔、胸腔积液。有的全身水肿，皮肤发亮，按压部位有压痕；两耳及四肢下部发紫，体表淋巴结明显肿大，但体温正常；病猪粪尿减少，有的下痢。

(三)诊断要点

根据本病主要发生于断奶前后的仔猪，突然发病，死亡快，营养良好、生长健壮的仔猪最先发病，头颈部特别是眼睑肿胀严重，春、秋季节多发等流行特点、临床症状和病理变化，即可作出初步诊断。应注意与贫血性水肿、缺硒性水肿相区别，二者均无明显的神经症状，且注射抗贫血药物或硒后很快见效。

(四)防治措施

应加强仔猪断奶前后的饲养管理，增强机体对疾病的抵抗能力；饲料要多样化，注意补充无机盐类和维生素的饲料，保持蛋白质在适当的水平上；哺乳仔猪应特别注意添加硒和维生素 E，多饲喂一些青绿多汁饲料；给仔猪断奶要逐渐进行，不要太突然；避免饲养管理条件的突然改变；搞好圈舍的清洁卫生，对猪舍、运动场和器具要定期消毒。在仔猪开食或断奶前后，可在饲料中添加抗菌药物预防本病的发生。仔猪 10～15 日龄时，肌肉注射水肿多价灭活苗或仔猪副伤寒、水肿二联灭活苗，每头仔猪 2 mL。

治疗本病要做到早期发现，及时治疗，在发现第一个病例后，立即将病猪隔离治疗，并对全群进行预防性治疗。卡那霉素、磺胺类药物和喹诺酮类药物对本病都有较好的治疗效果，一定注意在病猪恢复后再继续治疗 2 d，以巩固治疗效果。

六、猪肺疫

猪肺疫又称猪巴氏杆菌病、锁喉风，是猪的一种急性传染病。其病原体为猪巴氏杆菌，为革兰氏阴性菌。主要特征为败血症，咽喉及其周围组织急性炎性肿胀，或表现为肺、胸膜的纤维蛋白渗出性炎症。本病分布很广，发病率不高，常继发于其他传染病。该病菌对外界环境的抵抗力不强，在日光或高温下会立即死亡；一般的消毒药都可迅速将其杀死。

(一)流行特点

病猪和健康带毒猪是主要的传染源,病原体存在于病猪的肺脏病灶及器官,存在于健康猪的呼吸道及肠管中,随分泌物及排泄物排出体外,经呼吸道、消化道和损伤的皮肤而传染。当猪只受寒、感冒、饥饿、劳累、饲养管理不当或其他疾病影响时,机体抵抗力下降,病原菌就会大量繁殖,增强毒力,引起发病。发病一般没有明显的季节性,但受各种因素的影响,在北方主要发生在初春、秋末气候多变的季节;在南方主要发生在潮湿、闷热的夏、秋季节。一般大猪感染较少,中、小猪及怀孕母猪感染较多。猪肺疫常为散发,有时呈地方性流行。

(二)临床症状

临床上将猪肺疫分为最急性型、急性型和慢性型3种类型。

(1)最急性型　呈败血症症状,病猪体温突然升高到41℃以上,颈部和喉头部的皮肤高热、红肿,有时波及耳根部或胸前,食欲废绝,口、鼻流出泡沫,呈犬坐姿势,呼吸高度困难,常张口呼吸,多于数小时或1 d内窒息死亡。

(2)急性型　主要呈现纤维素性胸膜肺炎症状,败血症症状较轻。病猪发热,痉挛性咳嗽,呼吸困难,按压胸部有疼痛表现;有鼻液和浓性眼眵,口、鼻流出泡沫状液体,重症者带有血色;食欲废绝,可视黏膜和皮肤发绀,皮肤有紫斑;病初便秘,以后下痢带血,往往3～5 d死亡。

(3)慢性型　多见于流行后期,表现为持续性咳嗽和下痢。病猪呼吸困难,体温时高时低,精神不振,食欲减退;有时关节肿胀,皮肤发生湿疹,最后腹泻,病猪逐渐消瘦衰竭而死,病程一般在2周以上。

(三)诊断要点

根据病猪淋巴结肿大、充血,呼吸困难、咳嗽等临床症状,结合流行特点等不难作出初步诊断,如确诊需进行实验室细菌分离培养。

最急性型猪肺疫与猪炭疽容易混淆，应注意鉴别诊断。二者都在咽喉部发生炎性肿胀，只是最急性猪肺疫往往呈地方性流行，症状明显，经过很短；而猪炭疽大多数无明显临床症状，呈慢性经过，急性者很少。

（四）防治措施

本病的发生与猪的饲料、饲养管理、环境条件等有密切的关系，因此应采取综合措施进行预防。圈舍要保持干燥和清洁，并定期消毒；气候骤变或寒流侵袭时，应注意防寒保暖；炎热的夏季应注意通风降温；应饲喂全价配合饲料，供给充足的清洁的饮水；及时分群，避免圈舍内猪只过于拥挤；防止猪只饥饿及过度地消耗体力。预防本病可注射猪肺疫氢氧化铝菌苗或猪瘟、猪丹毒、猪肺疫三联苗。注射后 14 d 产生免疫力，免疫期 6 个月。

发现病猪及可疑病猪及时隔离治疗，发现早，治疗及时，有一定的疗效。治疗应首选喹诺酮类药物，也可使用硫酸链霉素、庆大霉素、盐酸土霉素、卡那霉素和磺胺类药物；早期用中药方剂清肺散或麻杏石甘散均能取得较好的治疗效果。

七、猪气喘病

猪气喘病又称地方流行性肺炎，是猪的一种慢性呼吸道传染病。主要症状是咳嗽和气喘，病变的特征是融合性支气管肺炎。其病原体为猪肺炎霉形体。本病分布广泛，我国多数地区都有发生，不仅影响正常猪的生长发育，有时还会造成猪只大批死亡，严重影响着养猪业的健康发展。猪肺炎霉形体对外界的抵抗力不强，在 15～25℃的室温条件下，36 h 内即失去致病力；在低温或冷冻的条件下可存活较长的时间；一般常用的消毒药都可迅速将其杀死。

(一)流行特点

本病的自然病例仅见于猪,其他家畜和动物未见发病。不同年龄、性别和品种的猪均能感染。其中哺乳仔猪和幼猪最易发病,其次是妊娠后期或泌乳期的母猪。成年猪多呈隐性感染。病猪和隐型带菌猪是本病的主要传染源,病原体存在于病猪的呼吸道及分泌物中,通过咳嗽、喘气和喷嚏排出体外,被健康猪吸入而感染发病。因此,当病猪与健康猪接近,如同圈饲养,尤其是猪舍通风不良、潮湿和拥挤时,最易发病和流行。本病一年四季均可发生,但在寒冷、多雨、潮湿或气候骤变时,较为多见。新疫区常呈暴发流行,症状重,发病率和病死率均较高,多取急性经过。老疫区病猪症状不明显,病死率较低,多取慢性经过,只是在饲养管理和卫生条件不良时才使得病情加重,病死率增高。

(二)临床症状

本病的潜伏期一般为 11～16 d,最短的 3～5 d,最长的可达 1 个月以上。主要症状为咳嗽和气喘。病初轻声连咳,继而痛咳,若气喘严重,咳嗽不明显。咳嗽在早晨喂料前后或受到冷空气刺激时最易听到,同时流出少量的清鼻液;气喘症状多在患病中期出现,这时的呼吸次数每分钟可达 80～100 次,流灰白色黏性或浓性鼻液,有时鼻腔堵塞,甚至发出吱吱声。体温一般正常,食欲无明显变化,但往往随着病情的发展,气喘症状加重或有继发感染体温升高时,病猪减食或完全停食。病猪在后期气喘加重,常张口喘气,并发出喘鸣音,同时精神委靡,身体消瘦,不愿走动。隐性型病猪没有明显症状,有时发生轻咳,不易觉察,但病猪的肺部已有病变,多见于成年猪。该病的病程长短不一,一般 15～30 d,最长的可达半年以上。

(三)诊断要点

在有疫情的猪群,若发现猪气喘,咳嗽,食欲不定,体温不高,日渐消瘦;天气变冷使症状加重,且多为小猪发病,可初步诊断为猪气喘病。临床上应与慢性猪肺疫区别，二者均有持续性的咳嗽，呼吸困难，消瘦等症状。但猪气喘病病猪体温正常，气喘较重，食欲无明显变化；而慢性猪肺疫病病猪体温升高，气喘较轻，食欲减退。

（四）防治措施

饲养管理和卫生条件是影响本病发病率和病死率的重要因素，因此要加强饲养管理，合理配制饲料，增强猪的体质；猪舍要冬暖夏凉，注意通风和防止拥挤，定期消毒，保持圈舍的清洁卫生；实行自繁自养，以减少疫病传入的机会。用中药苦参、百部、桔梗各等量，每头每次 10 g，每周喂 3 次，对防治本病有一定的作用。有条件的地区可使用猪气喘病菌苗对种公猪和种母猪胸腔注射 1 头份，每年注射 1～2 次。于仔猪出生后第 7 天和第 21 天分别注射 2 mL。发现病猪立即隔离饲养，以免扩大传染。治疗本病可使用硫酸卡那霉素、乳酸环丙沙星或磺胺类药物，肌肉注射，用至痊愈为止。用中药方剂麻杏石甘散加全蝎、蜈蚣治疗本病，有较好的效果。麻黄 30 g、杏仁 80 g、石膏 80 g、甘草 20 g、全蝎 3 g、蜈蚣 5 条，共为末，以上剂量 25～35 kg 重的猪喂 5～7 d，每天早晚各 1 次，一般 1 剂就可痊愈，重者可再服 1 剂；根据猪只大小酌情加减剂量，对食欲废绝的猪可采取灌服。

八、猪传染性胸膜肺炎

猪传染性胸膜肺炎，又称猪胸膜肺炎放线菌感染，或猪胸膜肺炎嗜血杆菌感染，是猪的一种常见的呼吸道传染病，以呈现胸膜肺炎和病变为特征。其病原体为胸膜肺炎放线杆菌，是一种多形态的小杆菌，革兰氏染色阴性。本病菌对外界环境的抵抗力不强，一般的消毒剂均可迅速将其杀死。

(一)流行特点

病猪和带菌猪是本病的传染源,因本病菌在猪体外仅能存活很短的时间,因此猪与猪之间的接触是本病传播的主要方式;在短距离的猪舍之间,也可通过空气媒介发生间接传播。其传播主要是引入带菌猪或慢性病猪所致,隐性感染的母猪生下的仔猪能起到带菌者的作用,康复带菌猪可引起新购入的仔猪感染。初次发病的猪群发病率和病死率均很高,经过一段时间逐渐趋向缓和,发病率和病死率显著降低,但过一段时间后又可能暴发流行。因此,本病的发病率和病死率差异很大,发病率 8.5%～100%,病死率 0.4%～100%。本病一年四季均可发生,不同品种、年龄、性别的猪都有较高的易感性,但以 4～5 月龄的猪发病死亡较多。

(二)临床症状

人工感染的潜伏期为 1～7 d。其临床症状与猪的免疫状态、应激程度、环境状况和病原的毒力及其数量等有关,一般可分为最急性型、急性型、亚急性型和慢性型。

(1)最急性型　猪群中有一头或几头猪突然死亡,死前往往见不到症状表现,病死猪的体躯末端部发绀,口鼻流出带血红色的泡沫。随后疫情在猪群中迅速蔓延,其他猪相继发病,病猪体温升高到 41.5℃以上;精神委顿,食欲明显减退或废绝,张口伸舌,呼吸困难,常呈犬坐姿势,口鼻流出带血色的泡沫样分泌物,鼻端、耳及前肢末端皮肤发绀,多数于 24～36 h 内死亡,病死率较高。

(2)急性型　病猪突然发病,体温升高到 40.5～41.0℃,精神沉郁,食欲不振或废绝;呼吸急促,喘气或咳嗽,出现腹式呼吸;常呆立或呈犬坐状,看似非常痛苦的样子;有短时腹泻、呕吐,鼻盘和两耳发绀,通常于发病后 2～4 d 内死亡,耐过的猪可逐渐康复,有的转为亚急性型或慢性型。

(3)亚急性型或慢性型　通常由急性型转化而来,临床症状不太明显。仅见食欲不振，精神欠佳，间歇性咳嗽，日增重缓慢，饲料转化率下降，有时出现跛行，关节肿大，不能站立，成为带菌者。

（三）诊断要点

根据流行情况、病状及病变特征即可作出初步诊断。临床特征为经过迅速、高热、厌食、精神沉郁、严重呼吸困难、皮肤发绀，从口鼻中流出带血的泡沫状液体，有短期腹泻或呕吐等。如需确诊需进行细菌分离鉴定或其他实验室检查。

（四）防治措施

本病的隐形感染率较高，在引进仔猪或种猪时，应注意隔离观察和检疫，以防引入带菌猪。平常加强消毒，保持圈舍的清洁卫生，注意圈舍的通风换气，消除应激因素；发现病猪及时隔离治疗，避免病猪与健康猪接触，阻止病原的传播。有条件的地区，可使用猪传染性胸膜肺炎多价油佐剂灭活苗注射免疫，于仔猪 6～8 周龄肌肉注射，8～10 周龄再注射 1 次。对本病要及时发现，早期治疗，才能取得较好的疗效。治疗可使用盐酸环丙沙星、长效土霉素、氟甲砜霉素，肌肉注射，每天 1 次，连用 5 d。停药 3 d 后，对重症未治愈的猪再连续注射 3 d，可收到较好的效果。

九、猪传染性萎缩性鼻炎

猪传染性萎缩性鼻炎是一种以鼻甲骨萎缩为特征的一种慢性呼吸道传染病。其病原是支气管败血波氏杆菌和产毒素的 D 性多杀巴氏杆菌。两者都能单独诱发典型的猪萎缩性鼻炎，前者单独感染时，鼻腔病变较轻，当病猪同时感染两种病原菌时，可加重病情的发展，并加剧鼻甲骨的萎缩。支气管败血波氏杆菌是小杆菌或球杆菌，革兰氏染色呈阴性。本病菌对外界环境的抵抗力不强，一般的消毒药均可迅速将其杀死。

(一)流行特点

各种年龄的猪都可感染本病,以 6～8 周龄的仔猪易感性最高。只有出生后几天到几周的仔猪感染本病才引起鼻甲骨萎缩,断奶后的猪可能只发生卡他性鼻炎或咽炎,成猪感染后往往不表现任何症状而成为带菌者。病猪和带菌猪是主要传染源,病原体随分泌物或排泄物排出后,通过空气飞沫经呼吸道传染,泌乳母猪即使不表现临床症状,只要带毒就可感染全窝仔猪。本病多见于春、秋季节。一些应激因素,如饲养管理不良,卫生条件差,猪舍潮湿、拥挤,饲料中缺乏蛋白质、维生素和无机盐等都可促进本病的发生。

(二)临床症状

病猪在发病初期表现为鼻塞,呼吸不畅,进而发展为呼吸困难,间歇性咳嗽,打喷嚏,甩鼻,驱赶运动时症状加重;有鼾声,并从鼻腔流出透明黏性至脓性分泌物,有时带有血丝。病猪骚动不安,摇头,用鼻拱地或在硬物上摩擦。经常流泪,以致在内眼角下的皮肤上形成灰色或黑色的泪斑。经数周后,一部分猪可以自愈。多数猪鼻甲骨萎缩,鼻和面部变形。随着病情的发展,鼻盘周围的皮肤发生皱褶,使鼻缩短或偏向损害较重的一侧。在发生喷嚏症状的同时,眼可能出现浮肿。随着病情的推移,有的病猪流鼻血,眼色鲜红,病情严重的猪,起卧之后身下一滩血污,有的猪继发结膜炎,有的猪继发肺炎或脑炎。因鼻部变形,影响采食,体质瘦弱,一般变成僵猪。感染日龄越小,病猪病变程度也越严重,3 个月以上的猪感染症状不明显,但成为带菌猪。

(三)诊断要点

该病病变仅限于鼻腔和邻近组织,最有特征的变化是鼻腔的软骨和骨组织软化及萎缩,特别是以鼻甲骨的卷曲最为常见。下鼻甲骨与中隔部都失去原形,甚至大部分消失。鼻黏膜、额窦水肿,鼻腔有黏性脓性渗出物流出。根据以上病症,结合流行情况便可作出初步诊断，但发病初期，其症状和病变不明显，需经实验室诊断才能确诊。

(四)防治措施

加强饲养管理，搞好圈舍的环境卫生，严格消毒；不从病猪场引进种猪，坚持自繁自养制度，切断病原侵入的条件。如果需要从外地购入猪只时，要进行严格的检疫，隔离观察1个月，确认无病时方可入群。对污染的场地，必须空闲1个月的时间，每周先用清水清洗后，再用3%烧碱水消毒后方可进入新一批仔猪。预防可使用猪传染性萎缩性鼻炎油乳剂灭活菌苗，妊娠母猪产前1个月每头皮下注射2 mL；所产仔猪于1周龄和4周龄分别颈部皮下注射0.2 mL和0.4 mL。治疗本病可使用卡那霉素、泰乐菌素、硫酸链霉素、土霉素或磺胺类药物。

十、猪布鲁氏菌病

本病是由布鲁氏菌引起的一种人、畜共患慢性传染病。其特征是侵害生殖系统，使母猪发生流产和不孕，公猪发生睾丸炎。其他动物和人都可感染。人感染本病表现为发热、多汗、关节疼、神经疼及肝、脾肿大。本病广泛分布于世界各地，引起不同程度的流行，给畜牧业的发展和人类的健康带来严重危害。该病菌对外界环境的抵抗力较强，在土壤、水中和皮毛上能存活较长的时间。但对消毒药的抵抗力较弱，一般的消毒药都能在短时间内将其杀死。

(一)流行特点

病猪和带菌猪是主要传染源，最危险的是受感染的妊娠母猪，它们在流产或分娩时将大量的布鲁氏菌随着胎儿、羊水和胎衣排出。流产后的阴道分泌物以及乳汁精液、尿、粪便中都含有布鲁氏菌。布鲁氏菌病的主要传播途径是消化道，猪只通过摄入被病原体污染的饲料和饮水而感染，也可经呼吸道、生殖器官、损伤的皮肤、黏膜感染。任何品种、年龄、性别的猪均可感染。本病的发生无明显的季节性，但以春季较为多见，呈地方性流行。

(二)临床症状

被感染的猪大部分呈隐性症状，少数猪呈典型症状，主要表现为流产，不孕，睾丸炎，后肢麻痹及跛行，短暂发热，但很少死亡。流产多发生在妊娠第4～12周，也有的在妊娠第2～3周就流产，早期流产的往往不易发现，因母猪常将胎儿连同胎衣吃掉。流产的前兆症状为精神沉郁，阴唇和乳房肿胀，有时阴道流出黏性或脓性分泌物。有的猪在接近妊娠期满时早产，所产仔猪有的健康、有的虚弱和不同时期的死亡，阴道常有黏性红色分泌物流出，经8～10 d可自愈，但排菌时间可达30 d以上。

(三)诊断要点

根据猪群中常有不明原因的流产、不孕症及胎衣停滞、公猪发生睾丸炎等，即可作出初步诊断，只有通过实验室诊断才能确诊。

(四)防治措施

本病应以预防为主，坚持自繁自养，定期检疫。引种时要隔离观察，在确认健康无病的情况下方可入群。如发现流产病猪，除将其隔离消毒外，还要将胎儿、胎衣、羊水及阴道分泌物深埋。本病无治疗价值，一旦发生，一般不采取治疗办法，应全群淘汰；对被污染的圈舍进行严格消毒，患本病的公猪不能留作种用，禁止健康公猪与患病母猪交配。因本病为人、畜共患病，因此与病猪接触时应注意防护，严防感染。

十一、猪破伤风病

破伤风是由破伤风梭菌引起的一种人、畜共患的急性、中毒性传染病。临床特征为全身骨骼肌持续性痉挛和对外界刺激的反应兴奋性增高。破伤风梭菌为细长杆菌，多单个存在，能形成芽孢，在菌体一端，似鼓锤状；周身有鞭毛，能运动；为厌氧菌，幼龄培养物革兰氏染色阳性，48 h 后常呈阴性反应。本菌抵抗力不强，100℃ 5 min 可将其杀死，一般的消毒药均可在短时间内将其杀死。但形成芽孢后抵抗力增强，自然条件下能在土壤中存活数年，100℃需经 10～90 min 杀灭，对 10％碘酊、10％漂白粉液、3％双氧水液敏感，对其他消毒剂有较强的抵抗力。

(一)流行特点

各种家畜均有易感性，破伤风梭菌广泛存在于园土、尘埃及草食兽的粪便中，当猪阉割、发生创伤或脐部感染时，病原菌侵入创内而繁殖，引起本病的发生。特别是深部创伤，在无氧情况下病菌会引起大量繁殖而发病。在临诊上不少病例常见不到伤口，这可能是潜伏期中创伤已经愈合，或可能经子宫或损伤的黏膜而感染。本病均为零星散发。本病的发生没有明显的季节性，但环境不卫生，春、秋雨季时病例较多。不同品种、性别、年龄的猪均可发生，尤以幼龄猪更为易感。

(二)临床症状

潜伏期一般 1～2 周，最短 1 d，最常可达数月。发病时肌肉强直，咬肌紧缩，张口困难，叫声尖细，牙关紧闭，流涎；耳竖立，头颈向前伸，四肢伸直、僵硬；对光照、声音和其他刺激敏感，逐渐全身痉挛，角弓反张，卧地不起呈强直状态；呼吸困难，最后窒息死亡，病死率较高。

(三)诊断要点

根据病猪的特殊临床症状，如神志清醒，应激增高，肌肉强直，体温正常并多有创伤史，不难作出初步诊断。

(四)防治措施

本病应以预防为主，猪只阉割、手术、处理仔猪脐带以及发生各种创伤时，应立即用5%碘酊严格消毒，并立即注射精制破伤风抗毒素。本病必须早发现，早治疗才有希望痊愈。治疗时应采取综合措施，在加强护理的同时，将病猪放置在阴暗的地方，保持安静，减少刺激，彻底清创并严格消毒，同时用精制破伤风抗毒素1万～2万IU，肌肉或静脉注射，连用3 d，以中和游离毒素。为防止继发感染，可使用抗生素或磺胺类药物。中药方剂千金散治疗本病有较好的疗效。也可用蟾酥治疗本病，在病猪的尾根部腹面用手术刀刺一小口，以出点血为好，放入绿豆大的一块蟾酥，用胶布缠上3～5 d后取出，一般1次即可治愈。如病猪应激性不高，肌肉强直不剧烈，病程发展缓慢，口松，流涎较少，体温正常，并能度过2周，多数可治愈。反之，病死率极高。

十二、猪炭疽

炭疽是由炭疽杆菌引起的一种急性、热性、败血性人、畜共患传染病。猪炭疽多为咽喉型，在咽喉部显著肿胀。炭疽杆菌为革兰氏阳性，在体内的细菌，能在菌体周围形成很厚的荚膜；在体外，能在菌体中央形成芽孢，它是唯一有致病性的需氧芽孢杆菌。炭疽杆菌菌体对外界环境的抵抗力不强，但炭疽杆菌芽孢的抵抗力却很强。在干燥状态下的炭疽芽孢，可存活12年以上；煮沸需15～25 min才能将其杀死。消毒药物以碘溶液、过氧乙酸、高锰酸钾及漂白粉对芽孢的杀伤力较强。

(一)流行特点

各种家畜、野生动物和人均有不同程度的易感性，猪的易感性较低。本病的主要传染源是病畜，濒死病畜体内及排泄物中常有大量菌体，当尸体处理不当时，形成大量有强大抵抗力的芽孢污染土壤、水源、牧地，则可成为长久的疫源地。本病主要经消化道传染，常因采食污染的饲料、饮水而感染，其次是通过皮肤感染，主要是由带有炭疽杆菌的吸血昆虫叮咬或皮肤破溃造成创伤而感染。还可因吸入带有炭疽芽孢的灰尘，通过呼吸道感染。本病多发生于气候炎热、吸血昆虫较多的夏季，呈散发或地方性流行。

（二）临床症状

潜伏期一般 1～5 d，猪对炭疽的抵抗力较大多数动物强，因此，局部症状明显。典型的症状为咽型炭疽，咽喉部和附近淋巴结明显肿胀，体温升高，精神委顿，食欲不振；症状严重时，黏膜发绀，呼吸困难，最后窒息死亡。但有不少病例，临床症状不明显，死后宰杀才发现病变。肠型炭疽常伴有消化道失常的症状，表现为不食、呕吐、便秘或腹泻，体温升高，多数以死亡告终。败血型炭疽极为少见，病猪体温升高，不食，行走摇摆，呼吸困难，全身痉挛，叫声嘶哑，可视黏膜发绀，于 1～2 d 内死亡。

（三）诊断要点

当发现猪只有颈部肿大，呼吸困难，天然孔出血等症状时，可怀疑为炭疽。病猪死亡后如有炭疽可疑，则禁止做病理解剖检查，以防止尸体内的炭疽杆菌暴露在空气中形成炭疽芽孢，变成永久的疫源地。如确诊需经实验室检查。

（四）防治措施

本病是一种烈性传染病，不仅危害家畜，也危害人类的身体健康。因此，平时应加强对本病的屠宰检疫。发生本病后，要立即封锁疫点，将病死猪和被污染的垫料一律烧毁，圈舍用消毒剂彻底消毒。对未发病的猪和周围受威胁的猪一律用炭疽芽孢苗注射。无毒炭疽芽孢苗，每只猪皮下注射 0.5 mL；第二号炭疽芽孢苗，每只猪皮下注射 1 mL。在最后一只病猪痊愈或死亡后 15 d，不再发生新病猪时方可解除封锁。磺胺类药物和抗生素类药物对治疗本病有较好的疗效。

十三、仔猪白痢

仔猪白痢又称迟发性大肠杆菌病，是由致病型大肠杆菌引起的哺乳仔猪的一种急性肠道传染病。临床特征为排灰白色、糨糊样稀粪，有腥臭味。其病原为致病性大肠杆菌的某几个血清型。

(一)流行特点

大肠杆菌在自然界分布很广，也常常存在于猪的肠道内，在仔猪健壮时不会引起发病。但在仔猪受饲养管理不当、猪舍阴冷潮湿、气候骤变等因素影响时，仔猪的抵抗力降低，就会引起本病的发生。病猪的排泄物中有大量的大肠杆菌且毒力很强，健康猪吃进被污染的饲料、饮水或乳汁后，就会发病。仔猪多在一起活动、采食，因此，往往只要有一头猪发病，就会很快传染全窝仔猪。本病以10～20日龄的仔猪发病最多，一年四季均可发生。

(二)临床症状

主要症状为下痢，病猪每天下痢数次，粪便呈灰白色或灰褐色，常混有黏液而呈糊状，含有气泡，气味腥臭，肛门、后肢和尾巴常被稀粪污染；病猪体温正常或稍高，吃奶减少，日渐消瘦，精神不佳；被毛粗乱无光，眼结膜苍白，恶寒战栗，喜卧于垫草中。有的并发肺炎，呼吸困难，有啰音，多在1周内死亡，也有的拖延至2～3周。

(三)诊断要点

根据病猪的发病日龄，传播速度及病猪排灰白色稀粪等临床表现，结合饲养管理条件，不难作出正确诊断。

(四)防治措施

本病的发病率和病死率都与饲养管理的好坏密切相关。因此，改进母猪产前产后的饲养管理非常重要，母猪怀孕后期和产后应供给营养丰富的全价配合饲料，猪舍要保持清洁卫生，注意通风保暖，并注意消毒；仔猪应早断奶、早开食、早补铁，这样可有效防止本病的发生。母猪分娩前 15～25 d 注射白痢疫苗，可使仔猪通过吃母乳获得抗体而不发生本病。治疗可选用土霉素碱、氟哌酸等药物，杀痢王、止痢宝、益擦灵等擦剂或一些膏剂对防治本病都有很好的效果。

十四、仔猪黄痢

仔猪黄痢又称早发性大肠杆菌病，是由致病性大肠杆菌引起的，初生仔猪的一种急性、致死性传染病。其主要特征是排黄色稀粪和急性死亡。发病率和病死率都很高，是严重影响养猪业的一种常见传染病。

（一）流行特点

本病主要发生于产后几小时至 5 日龄以内的哺乳仔猪，尤其以 1～3 日龄的仔猪最为多见；7 日龄以上的仔猪很少发病。育成猪、肥育猪和母猪不发病。不仅同窝仔猪发病，以后分娩的仔猪也会继续感染发病。

（二）临床症状

主要症状是排黄色稀粪，粪便呈水样，内含凝乳小片，顺肛门流出。小母猪阴户尖端红色，不吃奶，很快脱水衰竭死亡。急性者，看不到明显症状，于产后几小时突然身体软弱，倒地昏迷死亡。其病理变化为颈部、腹部皮下常有水肿，肠内有大量黄色液状内容物和气体，肠黏膜有急性卡他性炎症，呈红色，以十二指肠最为严重。

（三）诊断要点

根据其流行特点、临床症状即可作出初步诊断，有条件的可进行尸体解剖，结合病理变化做进一步的确诊。

(四)防治措施

平时应加强饲养管理，搞好圈舍内的清洁卫生；合理搭配饲料，母猪临产前，对产房进行清扫、消毒，并垫上干净的垫草，保持好房内的温度；仔猪产下后，应使仔猪尽早吃上初乳，以获得母源抗体，增强抵抗力。预防可使用仔猪大肠杆菌四价提纯苗，本菌苗用 K_{88}、K_{99}、987P 及 F_{41} 4 种大肠杆菌菌株通过现代生物技术发酵培养，经冷冻真空干燥制成；用于免疫妊娠母猪，使其产生免疫力，初生仔猪通过初乳得到抗体，从而预防仔猪黄痢。妊娠母猪在分娩前 3 周左右，耳根皮下注射每头 2 mL。治疗可使用抗生素类药物或磺胺类药物，近几年应用微生态制剂防治仔猪黄痢取得了较好的效果，目前应用较为广泛的有促菌生、乳康生和调痢生等。

十五、仔猪红痢

仔猪红痢又称猪梭菌性肠炎或猪传染性坏死性肠炎，是由 C 型或 A 型魏氏梭菌的外毒素引起的初生仔猪的一种急性传染病。其特征是排红色粪便，肠黏膜坏死，病程短，病死率高，严重影响着养猪业的发展。

(一)流行特点

本病主要发生于 1 周龄以内的哺乳仔猪，以 1～3 日龄的初生仔猪最为多见，偶尔可在 2～4 周龄及断奶仔猪中见到。魏氏梭菌广泛存在于人和家畜的肠道、土壤、粪便和尘埃中，当猪只营养不良、气候骤变，或产房不净时容易引起发病。发病率和病死率都很高。

(二)临床症状

一般出生后 1～3 d 发病，最急性病例排血便，往往于生后当天或第 2 天死亡；急性病例排浅红褐色水样粪便，多于生后第 3 天死亡；亚急性病例开始排黄色软粪，以后呈淘米水样，并含有灰色的坏死组织碎片，虽有食欲，但逐渐消瘦，多于5～7日龄死亡；慢性病例呈间歇性或持续性下痢，排灰黄色稀便，并带有黏液，病程较长，生长发育迟缓，常虚脱衰竭死亡。

(三)诊断要点

主要病变在小肠，肠腔内有红色或暗红色内容物和气泡，肠黏膜红肿出血，重者有灰黄色麸皮样坏死。根据流行特点、临床症状，结合其病理变化即可作出初步诊断。

(四)防治措施

平时要加强环境消毒，注意猪舍的清洁卫生。预防可给妊娠母猪免疫注射仔猪红痢灭活菌苗，于分娩前30 d和15 d，各肌肉注射1次，每次5～10 mL。经产母猪前一胎注射免疫过的，可于产前15 d注射1次即可，每头3～5 mL。注射后10 d即可产生可靠的免疫力。治疗可使用硫酸链霉素、磺胺类或喹诺酮类药物，不过本病治疗起来往往效果不好，有的根本来不及治疗，主要靠平时预防。

十六、猪痢疾

猪痢疾是一种危害严重的猪肠道传染病。其特征主要是出血性下痢。病原体为猪痢疾密螺旋体，为革兰氏阴性。本病可使猪只死亡或生长发育受阻，给养猪业带来很大损失。猪痢疾密螺旋体对外界环境有较强的抵抗力，在25℃的粪内能存活7 d，在4℃的土壤中能存活18 d。但本菌对消毒药的抵抗力不强，一般的消毒药都能在较短的时间内将其杀死。

(一)流行特点

本病仅发生于猪，病猪和带菌猪是主要的传染源，经粪便排菌，病原体污染饲料、饮水后，经消化道传染。病猪康复70 d后仍可排毒，也可经饲养人员的衣服、鞋等污染而传播。各种年龄的猪都可发病，尤其以 2～3 月龄的猪发病为最多。本病的发生无明显的季节性，传播缓慢，流行期长，可长期危害猪群。一些应激因素，如猪舍阴冷潮湿、气候多变、饲料突变、饥饿拥挤等均可诱发本病。本病一旦传入猪群，很难肃清。在大面积流行时，断奶仔猪的发病率可高达 90%，如治疗及时，病死率较低，一般为 5%～25%。

（二）临床症状

潜伏期一般为 10～14 d。主要症状是程度不同的腹泻。暴发初期常呈现急性，初期排黄色至灰色的软粪，病猪精神沉郁，食欲减退，体温升高到 40～40.5℃，随着病情的发展，粪便逐渐变为混有黏液或带血的稀粪。严重时粪便呈红色糊状，混有大量黏液、血块和脓块，有的带有许多小气泡和伪膜。病猪弓背吊腹，脱水，消瘦，衰竭而死亡或转为慢性型，病程 1～2 周。偶尔可见最急性型病例，见不到腹泻症状就突然死亡，病程仅几小时。慢性型病猪表现为时轻时重的黏液出血性下痢，粪便呈黑色，病猪生长发育迟缓，高度消瘦，体温一般正常或稍高，病程较长。部分病猪康复后再过一段时间还可复发。

（三）诊断要点

根据流行特点、临床症状和病变特征即可作出初步诊断，确诊需进行实验室检查。

（四）防治措施

对本病应采取综合性的防治措施，坚持自繁自养，不从疫区引进种猪；必须引进时应严格检疫，并隔离观察 1 个月，确定无病时方可入群。保持猪舍的环境卫生，定期消毒；一旦发现本病，最好全群淘汰，并对猪舍彻底清扫，严格消毒并空圈 3 个月方可引进新猪。目前尚无预防本病的菌苗，平时预防可用土霉素碱、痢菌净、恩诺沙星等药物添加到饲料中，能有效地控制本病的发生。

十七、猪钩端螺旋体病

钩端螺旋体病是一种重要而复杂的人畜共患传染病。临床表现形式多样，主要表现为发热、黄疸、血红蛋白尿、流产、皮下水肿以及皮肤和黏膜坏死等。其病原体是多种钩端螺旋体。钩端螺旋体在25～30℃的水中能存活3周以上，对热和光敏感，在干燥环境中容易死亡；不耐酸碱，常用的消毒药能迅速将其杀死。本病在多数地区都有流行，以长江以南发生较多。

(一)流行特点

钩端螺旋体的动物宿主非常广泛，几乎所有的温血动物都可感染，特别是鼠类最易感。鼠类感染后，大多呈健康带菌者，带菌时间可长达1～2年甚至终生。病畜和带菌动物是传染源，带菌鼠类和被感染猪在本病的传播上起着极为重要的作用。病原体从尿液排出后，污染周围的水源、土壤、饲料、圈舍和器具等，经损伤的皮肤、黏膜和消化道而传染，也可通过交配、人工授精和在毒血症期间由吸血昆虫传播。各种年龄的猪均可发生，但以仔猪发病较多。本病的发生有明显的季节性，以每年的7～10月为流行的高峰期，其他月份仅为散发。以气候温暖、潮湿多雨、鼠类较多的地区发病较多。

(二)临床症状

潜伏期为2～20 d。根据病程和症状可将其分为急性黄疸型、亚急性和慢性型、流产型3种类型。

(1)急性黄疸型　多发生于育肥猪，病猪有时不出现明显症状而突然死亡。多数病猪体温升高，厌食，精神沉郁，粪便秘结呈羊粪状，尿呈浓茶样或血尿。几天内，有的数小时内突然惊厥而死，病死率很高。

(2)亚急性和慢性型　多发生于断奶前后至30 kg左右的猪。

病初体温升高，眼结膜潮红，食欲减退，精神不振。继而眼结膜潮红浮肿，有的泛黄或苍白浮肿。皮肤发红或发黄，头颈部甚至全身水肿，指压凹陷；尿液变为黄色、茶尿甚至血尿，有腥臭味。粪便有时干硬，有时稀薄。病猪逐渐消瘦、无力，病程十几天，有的1个多月，致死率50%～90%。恢复的猪往往生长发育迟缓，有的成为僵猪。

(3)流产型　怀孕母猪感染本病可能引起流产，流产率20%～70%不等。流产的胎儿有的死胎、木乃伊胎，也有的虽活着，但产后不久即衰竭死亡。有的母猪流产后发生急性死亡，有的除流产外见不到其他症状。

(三)诊断要点

本病的临床症状和病理变化多种多样，据此难以确诊，只有结合微生物学和免疫学诊断进行综合分析才能确诊。有条件的可使用钩端螺旋体多价菌苗，对疑似本病的猪只进行紧急接种，若为本病，则接种后2周内新病例停止出现，疫情停息。

(四)防治措施

本病应以预防为主，要彻底消灭圈舍及周围环境的鼠类，加强消毒，防止水源、饲料、器具等被污染。在本病常发地区，应注射钩端螺旋体多价菌苗，第一次注射3 mL，间隔1周再注射5 mL，免疫期为1年。治疗本病可使用硫酸链霉素、庆大霉素、强力霉素和土霉素等。

十八、猪衣原体病

衣原体病是由鹦鹉热衣原体引起的人、畜、鸟共患传染病。猪感染本病表现为流产、结膜炎、多发性关节炎、肠炎或肺炎等症状。衣原体是一种介于立克次体与病毒之间只能在活的细胞内寄生生活的微生物。衣原体在低温条件下可长期存活，但对热敏感，常用的消毒药均能迅速将其杀死。

(一)流行特点

病猪、康复猪及隐性感染猪是本病的主要传染源。它们通过眼、鼻等分泌物和粪、尿等排泄物排菌，主要的传播途径是直接接触，通过消化道及呼吸道受到感染，也可通过胎盘及交配而感染。各种性别、品种、年龄的猪均可感染发病。本病一般呈地方性流行。当饲养管理条件差，猪舍阴暗潮湿，猪只密度过大，营养不全等应激因素导致抵抗力下降时，可诱发本病。

(二)临床症状

大多数为隐性感染，少数猪感染后，经过 3～15 d 的潜伏期而出现症状。本病可引起母猪流产、死胎、弱胎及传染性不孕。断奶仔猪感染引发肺炎，体温升高，呼吸加快，关节肿胀；病猪喜卧，不愿走动。病后期出现肠炎、结膜炎等症状。病猪食欲废绝，排出恶臭稀粪，咳嗽，眼潮红，有浆液性分泌物。通常呈亚急性或慢性经过。耐过的猪生长发育迟缓。

(三)诊断要点

由于本病的症状和病理变化多样，无特有症状，因此，应结合流行特点及实验室检查综合判断。确诊有赖于在病料中发现衣原体包涵体及分离出病原。

(四)防治措施

坚持自繁自养，不从疫区引进种猪，必须引进时需严格检疫并隔离观察 1～2 个月，确定无病后方可入群。做好健康猪的保护工作，定期消毒。发病后，对流产胎儿、排泄物、被污染的垫草等应深埋或焚烧，对猪舍彻底消毒。对同群猪用衣原体灭活疫苗进行预防注射，母猪在配种后 1～2 个月，注射 2 次，间隔 2 周。其他猪每年注射疫苗 2 次。因本病为人畜共患病，因此，饲养人员应注意自身防护，以防感染。

十九、猪附红细胞体病

猪附红细胞体病是由附红细胞体寄生于猪红细胞表面、血浆引起的临床上以发烧、贫血、黄疸为特征的一种人、畜共患传染病。本病传染性强，致死率高。近年来，本病在我国许多地区都有发生，且发病有逐年增多的趋势，给养猪业造成了极大的损失。其病原体为猪附红细胞体，属于立克次体目，能耐低温，在5℃条件下能保存15 d，在加入15%甘油的血液中，于～79℃条件下可保存80 d；但对干燥和化学药品的抵抗力很低。

（一）流行特点

不同年龄和品种的猪均有易感性，仔猪的发病率和病死率较高。由于附红细胞寄生于血液，因此，本病的传播与吸血昆虫有关，特别是猪虱。注射针头、手术器械、交配等也可传播本病。一些应激因素如饲养管理不良、气候恶劣或有其他疾病等，可使隐性感染的猪发病，甚至大批发病，症状加重。

（二）临床症状

潜伏期一般为7 d。发病猪因年龄不同而表现不同的症状。仔猪发病表现为皮肤和黏膜苍白，黄疸，体温高达42℃以上，精神沉郁，食欲不振，耳廓边缘发绀，治愈率较低，自然康复或治愈的往往变成僵猪。成年猪发病，病猪体温升高到41℃左右，呈稽留热，体表多处出现大片紫红色斑，指压退色，精神沉郁，食欲下降或废绝，便秘和下痢交替。濒死期体温下降，排红色尿液，有的猪表现为咳嗽、气喘或呼吸困难。母猪发病除厌食、发烧外，偶见乳房和阴唇水肿，黏膜苍白及黄疸，不发情或屡配不孕，有的产弱仔且泌乳量减少。

（三）诊断要点

根据流行特点、临床症状及贫血、黄疸等病理变化即可作出初步诊断。如确诊可进行镜检或实验室血液检查。

(四)防治措施

治疗本病最有效的药物是新胂凡纳明，静脉注射，每千克体重10～15 mg。用药后 24 h 内病原体可从血液中消失，3 d 内症状可消除。因其副作用较大，用药时一定注意掌握好剂量。发病猪体温升高的可配合使用退热药物。对出生不久的哺乳仔猪可用铁制剂和土霉素同时肌肉注射，以控制其贫血反应。由于猪皮肤苍白，有的有出血，临床上应用维生素 C 注射液、维生素 B_1 注射液、止血敏以及补铁药物等配合治疗，效果更好，病猪康复得更快。预防本病必须采取综合性的防治措施，在本病高发季节驱除体内外寄生虫，控制或减少应激因素，加强检疫，注意消毒。母猪产前饲喂或注射土霉素，能有效防止母猪发病，对仔猪也可起到预防作用。

二十、猪副嗜血杆菌病

猪副嗜血杆菌病又称多发性纤维素性浆膜炎和关节炎，也称格拉泽氏病，由猪副嗜血杆菌引起。该病通过呼吸系统传播，感染途径、方式多种多样。

(一)流行特点

猪副嗜血杆菌主要发生在断奶后和保育阶段的幼猪，发病率一般为 10％～15％，严重时死亡率可达 50％。该细菌寄生在鼻腔等上呼吸道内，属于条件性细菌，可以受多种因素诱发。患猪或带菌猪主要通过空气、直接接触感染其他健康猪，其他传播途径如消化道等亦可感染。

副嗜血杆菌可能导致高发病率和高死亡率的全身性疾病，各年龄段均有发病死亡的病例，以 5～8 周龄为甚。猪副嗜血杆菌只感染猪，可以影响从 2 周龄到 4 月龄的青年猪，主要在断奶前后和保育阶段发病，通常见于5～8周龄的猪，发病率一般为10%～15%，严重时死亡率可达50%。

（二）临床症状

（1）急性病例　往往首先发生于膘情良好的猪，病猪发热，体温升高至40.5～42.0℃，精神沉郁、反应迟钝，食欲下降或厌食不吃，咳嗽，呼吸困难，腹式呼吸，心跳加快，体表皮肤发红或苍白，耳梢发紫，眼睑皮下水肿，部分病猪出现鼻流脓液，行走缓慢或不愿站立，出现跛行或一侧性跛行，腕关节、跗关节肿大，共济失调，临死前侧卧或四肢呈划水样。有时也会无明显症状而突然死亡，严重时母猪流产。在发生关节炎时，可见1个或几个关节肿胀、发热，初期疼痛，多见于腕关节和跗关节，起立困难，后肢不协调，直至衰竭而死亡。

（2）慢性病例　多见于保育猪，主要是食欲下降，咳嗽，呼吸困难，皮毛粗乱，四肢无力或跛行，生长不良，甚至衰竭而死亡。

临床症状取决于炎症部位，包括发热、呼吸困难、关节肿胀、跛行、皮肤及黏膜发绀、站立困难甚至瘫痪、僵猪或死亡。母猪发病可流产，公猪有跛行。哺乳母猪的跛行可能导致母性的极端弱化。死亡时体表发紫，肚子大，有大量黄色腹水，肠系膜上有大量纤维素渗出，尤其肝脏整个被包住，肺的间质水肿。

（三）诊断要点

根据流行情况、临床症状和剖检病变（尤其是剖检病变），即可初步诊断，确诊需进行实验室检查。本病主要与传染性胸膜肺炎鉴别：猪副嗜血杆菌感染引起的病变包括脑膜炎、胸膜炎、心包炎、腹膜炎和关节炎，呈多发性；而典型的传染性胸膜肺炎引起的病变主要是纤维蛋白性胸膜炎和心包炎，并局限于胸腔。

（四）防治措施

加强饲养管理，严格进行猪舍的消毒工作。发病后可以注射氟苯尼考、普鲁卡因青霉素、头孢噻呋等抗菌素进行治疗。

第三节　常见寄生虫病

一、猪蛔虫病

本病是猪蛔虫寄生在猪小肠而引起的，主要危害仔猪，能使其发育不良，甚至可引起死亡。

（一）病原及生活习性

病原为猪蛔虫，寄生于猪的小肠内，是一种大型线虫，虫体为黄白色或粉红色，外观似蚯蚓，雄虫长 12～25 cm，雌虫长 20～40 cm。雌虫随粪便排出大量的虫卵，在适宜的条件下，虫卵发育成有感染性虫卵，被猪吞食后而感染；并在小肠内孵化出幼虫，幼虫钻入肠壁毛细血管，随血流进入肝脏、肺脏，幼虫蜕皮后，随支气管黏膜到达喉头，进入口腔，被咽下后再进入小肠发育成成虫。从猪吞食感染性虫卵到小肠发育成成虫需 2～2.5 个月，如果猪不再感染，经 12～15 个月可将蛔虫排净。

（二）临床症状

蛔虫成虫寄生在猪小肠内，分泌刺激性毒素，损害肠黏膜或引起肠阻塞。当大量幼虫行至肺脏时，可引起蛔虫性肺炎，病猪表现为体温升高，咳嗽，呕吐，精神迟钝，食欲减退，贫血消瘦，被毛粗乱无光，发育不良。有时蛔虫进入胆管可引起胆管阻塞而引起黄疸；有的进入肝脏，有的进入胃内，引起腹痛或呕吐；蛔虫毒素也可引起过敏、痉挛及皮疹。

（三）诊断要点

患蛔虫病的猪只一般表现体温升高，咳嗽，流涎，根据临床症状可作出初步诊断。成虫一般不引起临床症状，但严重时可引起肠阻塞和肠破裂。病猪有时通过粪便排出虫体,配合粪便检查,发现虫卵即可确诊。

(四)防治措施

保持圈舍的清洁卫生,加强消毒,定期对猪群进行驱虫,防止猪蛔虫污染环境。驱虫可使用左旋咪唑或丙硫苯咪唑,种猪每半年驱虫 1 次,仔猪断奶后就应进行驱虫。应用驱虫药 2～3 d 内,对排出的有虫体粪便应及时清扫,防止猪吃后再感染。仔猪驱虫使用左旋咪唑擦剂,也有较好的效果。

二、猪肺虫病

猪肺虫病又称后圆线虫病,是由后圆线虫寄生在猪的支气管和细支气管内所引起的一种寄生虫病。全国各养猪地区都有分布,呈地方性流行;主要危害 60 日龄以内的幼猪,严重时可引起死亡。

(一)病原及生活习性

后圆线虫寄生于猪的支气管和细支气管内。虫体呈丝线状,乳白色或灰白色。雄虫长 12～26 mm,雌虫长 20～50 mm。雌虫在气管内产卵,卵随痰或黏液转移至口腔被咽下,最后随粪便排出体外。虫卵及由虫卵孵出的幼虫被蚯蚓吞食,在其体内发育成感染性幼虫,蚯蚓受损伤后幼虫逸出进入土壤。土壤中的感染性幼虫或由幼虫感染的蚯蚓被猪吞食后使猪感染。幼虫经肠壁随血液到达肺,在支气管发育为成虫而寄生。自感染后约经 24 d 发育为成虫,排卵。成虫寄生寿命约为 1 年。

(二)临床症状

轻度感染的猪症状不明显。重度感染的猪呼吸困难,呈阵发性剧烈咳嗽,精神委靡,黏膜苍白,消化不良;有的发生呕吐、腹泻,日渐消瘦,行走摇摆,生长发育迟缓。严重的可导致死亡。

(三)诊断要点

本病仔猪出生后 15 d 就可被感染，尤以 20～70 日龄的猪感染最多，常呈地方性流行，能引起猪大批死亡。夏季多发，冬季下降，春季最少。结合其临床症状即可作出诊断。

(四)防治措施

猪舍应建于高燥处，舍内和运动场铺水泥地面，以防止蚯蚓进入。猪舍内用 1%火碱水或 30%草木灰水消毒，既能杀灭虫卵又能消灭蚯蚓。定期清除圈内粪便，并堆积发酵消灭虫卵。春、秋两季对猪群进行两次预防性驱虫。驱虫可选用左旋咪唑、丙硫苯咪唑，也可用阿维菌素或伊维菌素皮下注射或口服。

三、猪囊尾蚴病

猪囊尾蚴病又称猪囊虫病，是全国重点防治的人、畜共患寄生虫病之一，它不仅严重危害养猪业，而且也威胁着人类的身体健康。

(一)病原及生活习性

猪囊虫是寄生在人体内的有钩绦虫的幼虫，其虫体长 2～8 m，由 700～1 000 个节片组成，头节呈圆形，直径为 1 mm，有 4 个吸盘和 1 个顶突并有 2 排角质小钩。猪囊尾蚴为白色半透明的囊泡，囊内充满液体，囊壁上有一个黍粒大乳白色头节，其结构与成虫头节相同。猪囊虫寄生在肌肉内，以咬肌、舌肌、膈肌、心肌、肩和臀部肌肉较为常见，严重感染时，脑、肝、肺甚至脂肪里都有。人吃了未煮熟的带有囊尾蚴的猪肉而感染，经 5～12 个月发育为成虫。猪囊尾蚴在人体内能生存 10～25 年，每月排出体外 200 个节片，每个节片约有 15 万个虫卵散布到外界环境中。人既是有钩绦虫的终末宿主，又是中间宿主。

(二)临床症状

患有猪囊虫病的猪一般没有明显的临床症状,有的只是在宰杀时才发现。病猪严重时,行走不便,全身肌肉疼痛,在眼睑、舌底可发现突出黏膜表面的疙瘩。病猪打呼噜、干咳、呼吸和吞咽困难,叫声嘶哑;肩胛部宽大、眼球发红、腮腺部增大。

(三)诊断要点

病猪除有以上症状外,可直接检查突出舌面及眼结膜上的囊尾蚴;病猪体形往往呈哑铃状,肩部和臀部肥大而背腰部细小;有条件的可进行实验室诊断。

(四)防治措施

因猪囊虫寄生在肌肉内,给治疗带来一定的难度,因此本病应以预防为主。管理好人粪尿,将其发酵后施用;使人们认识到本病的危害性,不吃没煮熟的猪肉,并严格处理囊虫病猪肉,做好检疫工作,切断本病的传染源。发现病猪要及时治疗,丙硫苯咪唑和吡喹酮等药物对治疗本病有一定的效果。应用丙硫苯咪唑治疗囊虫病猪,口服和肌注两种方法均有效。一般 75 kg 以内的小猪用丙硫苯咪唑油混悬液按每千克体重 80 mg 一次肌注即可,但用于治疗 75 kg 以上的大猪,口服以间隔 2 d 给药 1 次,并将总量分成 3～4 次投给为宜。丙硫苯咪唑无论口服或肌肉注射,对重患囊虫病猪的治疗效果都不理想。

四、猪细颈囊尾蚴病

猪细颈囊尾蚴病是细颈囊尾蚴寄生在猪的大网膜、肝脏或者肠系膜、浆膜等处引起的一种寄生虫病。本病流行很广,主要影响中、小猪的生长发育和增重,严重感染时,可引起仔猪死亡。

(一)病原及生活习性

细颈囊尾蚴俗称“水铃铛”,是寄生在猪及其他家畜的腹腔内的泡状绦虫的蚴虫，其大小随寄生时间长短而不同，自黄豆大到鸡蛋大不等，囊壁乳白色半透明，囊内有透明液，透过囊壁可见一个向内生长而具有细长颈部的头节。它寄生于猪及其他家畜的肝脏表面、网膜及肠系膜上，严重感染时可寄生于肺脏。当终末宿主——犬吞食了含有细颈囊尾蚴的脏器后，在小肠内，虫体头节伸出并吸附在肠黏膜上，发育为成虫——泡状绦虫。泡状绦虫呈白色或微黄色，长75～500 cm，由250～300个节片组成。猪等中间宿主吞食了病犬排出的含有虫卵的粪便而感染，虫卵中的六钩蚴在肠内钻入肠壁血管，随血流到达肝表面或落入腹腔而附着于网膜或肠系膜上，经3个月发育成具有感染性的细颈囊尾蚴。

(二)临床症状

其症状以感染数量多少而不同，一般感染时没有明显的症状，但病猪生长发育迟缓。大量寄生时病猪消瘦、衰弱、出现黄疸，有时腹围增大。

(三)诊断要点

根据其临床症状结合流行病学可作出初步诊断，病理变化为在肝脏和肠系膜上可发现细颈囊尾蚴。

(四)防治措施

注意不要用病猪的内脏喂犬，也不要让犬进入猪舍，防止犬粪污染饲料和饮水。对家养的犬要定期驱虫。发现病猪应及时治疗，治疗可选用吡喹酮等药物。

五、猪姜片吸虫病

猪姜片吸虫病是由布氏姜片吸虫寄生于猪的小肠内引起的一种寄生虫病，是我国南部和中部地区常见的一种人、畜共患的吸虫病，对人类的健康和养猪业的发展都有极大的危害。

(一)病原及生活习性

布氏姜片吸虫寄生于人和猪的小肠内,以十二指肠为最多,虫体背腹扁平,前端稍尖,后端钝圆,肥厚宽大,呈肉红色,很像切下的生姜片,故称姜片吸虫。猪姜片吸虫雌雄同体,在小肠内产卵,虫卵随粪便排出体外,落入水中孵出毛蚴,钻入扁卷螺体内发育繁殖,逸出尾蚴,尾蚴离开螺体后随即附着在水生植物上,并脱落尾部形成囊蚴。猪吃了这些带有囊蚴的水生植物后,就可能感染姜片吸虫病。

(二)临床症状

少量寄生时,症状不明显。寄生较多时,病猪表现为精神沉郁,食欲减退,腹痛,低头弓背,消瘦,有时出现贫血或水肿,腹泻,粪便带有黏液。仔猪生长发育迟缓,母猪不发情。当虫体寄生过多时,常引起肠管的机械性阻塞,病猪极度瘦弱而衰竭死亡。

(三)诊断要点

根据临床症状,结合其流行病学,不难作出初步诊断。在疫区遇有腹痛、腹泻或发育不良的仔猪,如怀疑为姜片吸虫可采用水洗沉淀法进行检查诊断。

(四)防治措施

加强粪便管理,猪粪应堆积发酵后再作肥料;利用各种水生植物喂猪时,应青贮发酵或煮熟后再喂;消灭中间宿主扁卷螺;定期对猪进行驱虫,驱虫后的粪便要集中处理,达到灭虫、灭卵的目的,减少传染源。驱虫可选用吡喹酮、硫双二氯酚或硝硫氰胺等药物,槟榔与南瓜子配合使用也有较好的效果。

六、猪旋毛虫病

旋毛虫病是由旋毛虫引起的一种重要的人、畜共患寄生虫病。自然界中有100多种动物可感染本病,哺乳动物中以猪和犬最为易感。

(一)病原及生活习性

旋毛虫成虫寄生于宿主的小肠，幼虫寄生于同一宿主的肌肉中。成虫为前细后粗的小线虫，白色，肉眼勉强可以看到。雄虫长 1.4～1.6 mm，雌虫长 3～4 mm。雌雄交配后，雄虫死亡，雌虫钻入肠腺或黏膜下淋巴间隙中产出幼虫。幼虫停留在十二指肠和空肠内发育，经 48 h 变为成虫，成虫又可产出大量幼虫，幼虫随淋巴液和血液进入横纹肌而逐渐形成包囊，经 6 个月钙化，钙化包囊的幼虫仍具有一定活力，成为人和其他动物的传染源。旋毛虫幼虫的寿命很长，在猪体内经 11 年还保持有感染力。在人体中有经 31 年还保持感染力的报道。

(二)临床症状

虫体少量寄生时无明显症状。感染严重时，病猪体温升高，腹泻，呕吐，腹痛，迅速消瘦，大部分病程缓慢，肌肉疼痛，长期躺卧不起，四肢伸展，有时出现眼睑水肿，四肢浮肿及剧烈瘙痒等症状。

(三)诊断要点

本病生前诊断较为困难，多在屠宰后才能发现。从尸体中取隔肌左右角，剪成麦粒大小，并排放在旋毛虫检验板上压薄镜检，发现旋毛虫幼虫方可确诊。

(四)防治措施

保持好圈舍的环境卫生，加强对旋毛虫的检疫，检出患有旋毛虫的病猪应按规定处理。用丙硫苯咪唑，按每千克饲料加入 0.3 g 拌料，连续饲喂 10 d，能彻底杀死肌旋毛虫。

七、猪肾虫病

猪肾虫病是由猪冠尾线虫寄生在猪体内引起的一种寄生虫病，主要发生于我国南方地区，常呈地方性流行，引起母猪不孕或流产，公猪不能配种，严重时造成大批死亡，给养猪业造成很大的危害。

(一)病原及生活习性

猪肾虫寄生在肾脏周围的脂肪输尿管周围的包囊中，也有时寄生在腹腔脏器和膀胱等处。虫体粗壮，形似火柴杆，呈暗红色，雄虫长 20～30 mm，雌虫长 30～45 mm。包囊与输尿管相通，虫卵随病猪的尿排出体外。卵长椭圆形，灰白色，卵壳很薄。被排出的虫卵在外界适宜的条件下，经 4～6 d 发育成感染性幼虫，经口腔或皮肤进入猪体内，随血流到达肝脏，在肝脏发育 3 个月后再进入肾脏及周围组织，发育为成虫。

(二)临床症状

虫体少量感染时无明显症状，病猪仅表现营养不良，受胎率低，腰部痿弱，不能交配。重症时病猪后肢运动失调，走路摇摆，有时出现后躯麻痹，不能站立，弓背，有蛋白尿或血尿。母猪不发情、不孕或流产。病情严重的极度衰竭而死亡。

(三)诊断要点

早期诊断可做皮内变态反应试验，用冠尾线虫的成虫研磨配成 1%浓度的溶液，给猪皮内注射 0.1 mL，5～15 min 后检查，如果在注射部位出现的丘疹直径大于 1.5 cm 为阳性反应，小于 1.2 cm 为阴性反应，1.2～1.49 cm 为可疑反应。后期诊断可镜检尿液，检查虫卵。根据流行病学、临床症状进行综合分析，解剖检查虫体或尿液检查有大量虫卵可确诊本病。

(四)防治措施

坚持自繁自养，不从疫区引种，必须引进时，应隔离观察 5 个月以上，经尿检无病方可入群。管理好猪尿，保持猪舍干燥卫生；定期对环境进行消毒。对断奶仔猪和母猪分别驱虫，驱虫可选用丙硫苯咪唑或阿维菌素。

八、猪球虫病

猪球虫病是由寄生于猪肠上皮细胞的艾美耳球虫和等孢属球虫引起的一种寄生虫病。多发于1～3周龄的仔猪，一般情况下死亡率不高，但在气候及环境条件恶劣并继发大肠杆菌或轮状病毒感染时，病死率会明显增高。

(一)病原及生活习性

球虫的生活史一般包括3个发育阶段，猪吞食了孢子化卵囊而被感染，在小肠内孢子从孢子囊中游离出来，侵入肠上皮细胞进行裂体增殖；反复进行若干世代后，开始进行有性的配子生殖；大小配子结合为合子，合子外壁增厚成为卵囊，随粪便排出体外，卵囊在适合的温湿度条件下进行孢子增殖，形成孢子化卵囊。

(二)临床症状

病猪精神委顿，食欲不振，排出土灰色、黄色胶冻状或水样稀便，混有大量黏液和未消化的食物，下痢与便秘交替发生。一般持续5～7 d，随着症状的加重病猪常因严重脱水而死亡。耐过的猪往往体况很差，被毛粗乱，生长发育迟缓。

(三)诊断要点

根据流行病学及临床症状，结合病理变化即可作出诊断。其剖检变化为空肠和回肠呈卡他性炎症，肠壁增厚，并有黏液性渗出物附着或呈坏死性病变。

(四)防治措施

搞好圈舍的清洁卫生，加强消毒，定期对猪群进行预防驱虫，防止猪只排出虫卵，控制球虫的大量繁殖。球虫虫卵对外界环境的抵抗力很强，常用的消毒药对其无致死作用，因此，可采用喷灯火焰消毒。磺胺类药物对防治猪球虫病有较好的效果。

九、猪弓形虫病

弓形虫病是全球性流行的人、畜共患原虫病，猪暴发本病时，可引起猪只大批死亡，病死率可高达60%以上，严重影响着养猪业的发展。

(一)病原及生活习性

本病的病原是龚地弓形虫，简称弓形虫。弓形虫的发育需要2个宿主，在终末宿主体内进行肠内发育，在中间宿主体内进行肠外发育。终末宿主为猫属动物，终末宿主吞食弓形虫的孢子化卵囊或包囊感染，在其肠上皮细胞进行类似球虫的发育，最后形成卵囊排出体外，在体外经2～4 d发育成孢子化卵囊。中间宿主多为哺乳动物，猪吞食弓形虫的孢子化卵囊及包囊感染，子孢子及包囊子进入淋巴循环和血液循环，被带到全身各组织器官，侵入有核细胞进行无性繁殖，形成虫体假囊。假囊崩解后，虫体释放出来，侵入新的有核细胞繁殖。在形成免疫的宿主体内，虫体分泌物形成囊膜，在囊膜内进行缓慢的生殖，成为包囊。

(二)临床症状

仔猪症状明显，潜伏期3～7 d，体温40.5～42℃，呈稽留热；精神沉郁，食欲减退，粪便干燥，有的拉稀，粪便呈水样，无恶臭；后期呼吸困难，咳嗽，有浆液性或黏液性鼻汁；随病情的发展病猪在耳尖、颈部、四肢和腹下出现淤血斑或出血点，类似猪瘟，腹股沟淋巴结肿大；抗菌药物治疗不见效；最后呼吸极度困难，步态不稳，卧地不起。终因呼吸、心跳衰竭，体温急剧下降而死亡。有的能自然耐过，但往往留下咳嗽、气喘、运动障碍、斜颈、耳廓干性坏死等后遗症。成年猪多为隐性感染，其症状轻微，怀孕母猪往往发生流产和死胎。

(三)诊断要点

根据流行病学、临床症状及病理变化即可作出初步诊断，只有查出虫体才能确诊。

(四)防治措施

保持猪舍的环境卫生，严禁猫类动物接近猪只并防止其排泄物对猪舍、饲料和饮水的污染；做好灭鼠工作。发现病猪及时隔离，对流产的胎儿、尸体及排泄物要严格管理，加强消毒，防止污染环境。磺胺类药物对防止本病有较好的效果。

十、猪疥螨病

猪疥螨病俗称疥癣，是一种接触性寄生虫病。健康猪与病猪接触或通过被螨及卵污染的圈舍、垫草或器具间接接触而引起感染。猪舍阴暗、潮湿、环境不卫生及营养不良等均可促使本病的发生。

(一)病原及生活习性

疥螨寄生在猪皮肤深层由虫体挖凿的隧道内。虫体很小，肉眼不易看到，长 0.2～0.5 mm，呈淡黄色，背面隆起，腹面扁平，似龟状。腹面有 4 对短粗的圆锥形肢；虫体前端有一钝圆形口器，为咀嚼式口器，在宿主表皮挖凿隧道，以皮肤组织和渗出液为食，在隧道内发育和繁殖。疥螨的全部发育过程都在宿主体内度过，包括卵、幼虫、若虫和成虫 4 个阶段，离开宿主仅能存活 3 周左右。

(二)临床症状

疥螨病的主要症状是皮肤发痒，患部结痂、脱皮及病猪消瘦。病猪经常在墙角、饲槽、圈舍墙壁等处用力蹭磨，常使毛皮脱落。在病猪的耳壳外面、腹部及股内侧可发现有黄色厚痂和血凝块；病情严重时，全身大部分被毛脱落，露出痂皮和擦破的创面，病猪日渐消瘦，生长发育迟缓。

(三)诊断要点

根据病猪皮肤脱毛、结痂和剧痒症状可作出初步诊断。可用水洗沉淀法做粪便检查,检出疥螨虫卵。

(四)防治措施

要经常保持猪舍的干燥和猪体的清洁卫生。对圈舍和饲喂器具要经常消毒。用阿维菌素、伊维菌素拌料饲喂或皮下注射对防治本病都有较好的效果。

第四节 普通内科病

一、消化不良

消化不良是胃肠道黏膜表层的轻度炎症,使得消化器官机能紊乱,胃肠的消化、吸收功能减退,食欲不振或废绝。

(一)病因

本病多因饲养不当,喂给霉烂变质的饲料,或喂食过饱,时饱时饥,造成消化机能紊乱而引起;饲喂条件的突然改变或饲料温度的变化无常,饲喂过多的蛋白质、脂肪等高营养饲料,以及某些传染病、热性病和肠道寄生虫病等都可继发本病。

(二)临床症状

病猪精神不振,站卧不安,不爱吃食或拒食,咀嚼缓慢,饮水增加,口臭,有舌苔。有时呕吐和呼出带有酸臭味的气体。粪便干燥或下痢,粪内混有黏液和未消化的饲料。重症病例出现腹胀、腹疼。体温一般无明显变化。

(三)防治措施

加强饲养管理,合理调配饲料,定时、定量、定食温饲喂,不喂发霉变质的饲料，注意清洁卫生，定期驱除肠道寄生虫。治疗可选用下列处方：人工盐 30 g，大黄苏打片 50 片，1 次内服；或硫酸钠 75 g，鱼石脂 30 g，混合后加适量温水，1 次内服；或生姜、大枣、陈皮各 5 g，酒曲 50 g 共为末，1 次内服；或用紫皮蒜 10～20 g，捣碎后加水适量内服。

二、胃肠炎

胃肠炎是指胃肠黏膜表层和深层组织的重剧炎症。以体温升高、剧烈腹泻及全身症状重剧为特征。

（一）病因

其病因与消化不良的病因相同，只是作用更为剧烈，持续时间更长。另外，误食一些有毒植物或有刺激性的酸、碱等化学药物，使胃肠黏膜受到强烈刺激，胃肠血液循环和屏障机能紊乱，细菌大量繁殖，细菌毒素被吸收等都可发展成为胃肠炎。

（二）临床症状

病初精神委靡，多呈现消化不良的症状，随着病情的发展，病猪食欲废绝，饮欲增加，鼻镜干燥，可视黏膜呈暗红色，继而变为紫红色，口腔干燥，舌苔白色，呼出恶臭气体；体温升高，呼吸急促，呕吐，腹疼；排腥臭稀粪，有时带有黏液或血丝。出血性胃肠炎，可视黏膜苍白，粪便变黑呈柏油状。

（三）防治措施

加强饲养管理，保证饲料的清洁卫生，不喂发霉变质的饲料，饲喂条件或饲料不要突然改变。发现病猪及时治疗。治疗应先除去病因，用药以抑菌消炎为主，配合强心、补液、解毒和清理胃肠。可内服氟哌酸、硫酸新霉素、磺胺脒等药物，也可注射恩诺沙星、庆大霉素等，症状严重的，可用复方氯化钠注射液 500 mL、10％葡萄糖注射液

200 mL、10％安钠咖注射液 10 mL、氨苄青霉素 1.5～2.0 g，混合后 1 次静脉注射（仔猪酌情减量）。中药方剂白头翁散对防治猪胃肠炎有较好的效果。

三、肠便秘

猪肠便秘是由于肠迟缓或肠麻痹，粪便在肠腔内郁滞秘结的一种腹痛性疾病。各种日龄的猪均可发生，尤以仔猪较为多发。

（一）病因

主要是由于长期饲喂质量粗糙的饲料或霉变腐败以及混有泥沙的饲料等引起。饲喂不按时，饥饱不均，气候或饲料突变，饮水和运动不足等都可使胃肠机能减弱，食物逐渐停滞而发生阻塞。一些传染病或其他热性病、慢性胃肠病或肠管内寄生虫病等都可继发本病。

（二）临床症状

病猪初期表现为精神不振，食欲减退，饮欲增加，继而出现腹痛不安症状，常作排粪姿势，但排粪困难，仅能排出少量表面带有黏液或血丝的干粪球，以后停止排粪，腹部膨大，肠音消失，呼吸困难。瘦弱的病猪，用手按压腹壁时，常可摸到大肠内干硬的粪块，按压时，病猪表现疼痛不安。病猪口渴，尿色深黄且量少。如没有继发感染，体温一般变化不大。

（三）防治措施

合理搭配饲料，多供给青绿多汁饲料，保证充足的饮水，让猪只适量运动，注意饲喂卫生，防止传染病和寄生虫病的发生。治疗可内服硫酸镁或硫酸钠等盐类泻剂 50～80 g，或植物油、石蜡油 100～200 mL，或大黄 20 g，芒硝 50 g，1 次内服。病猪腹痛严重时，可肌肉注射 30％安乃近注射液 10～20 mL，心脏衰竭时，肌肉注射 10％安钠咖注射液 5～10 mL。

四、感冒

感冒是由于寒冷作用所引起的、以上呼吸道黏膜炎症为主的急性发热性疾病。各种日龄的猪均可发生，但以幼龄、瘦弱和衰老的猪多发。本病无传染性。

（一）病因

在春、秋季节，天气突然变化时，机体突然遭受寒冷袭击，可发生此病。长途运输、卫生条件不好、营养不良、圈舍潮湿拥挤及患有其他疾病时，都可促进本病的发生。

（二）临床症状

病猪突然发病，体温升高到41℃以上，精神沉郁，食欲减退，鼻盘发干，咳嗽，流清鼻涕，结膜潮红，羞明流泪，有眼眵，畏寒怕冷，喜钻草窝。病猪常发生便秘，严重的行走不便，躺卧不起。如没有继发感染，一般3～7 d可自愈。

（三）防治措施

做好防寒保暖工作，气候突变时更应注意猪舍的保温，平时圈舍应通风透气，让猪只适量运动，增强抗病能力。发现病猪及时治疗，治疗应以解热镇痛为主，防止继发感染。可选用以下药物：30%安乃近注射液20 mL、氨苄青霉素1.0～1.5 g、558消炎退热灵或庆增安注射液20 mL，肌肉注射，每日2次，连用3 d。中药方剂九味羌活汤对防治风寒感冒具有较好的效果。

五、支气管炎

支气管炎是支气管黏膜的炎症，各种年龄的猪均可发病，尤以幼龄和老龄猪多发。临床上多见卡他性炎症。

(一)病因

感冒是引起支气管肺炎的主要原因,猪舍狭窄、潮湿、猪群拥挤也可引发本病。吸入有刺激的物质、将固体或液体咽入气管或误投药物等也可引起。还可继发于某些传染病、寄生虫病、中毒病、肺部疾病或咽炎等。

(二)临床症状

开始发生短而干的咳嗽,呈阵发性,伴有疼痛,随后变为湿咳,呼吸困难,精神沉郁,食欲减退,常躺卧不动。体温一般正常,如没有并发症,可于1周以上自行恢复。若转为慢性支气管炎,病猪常因消瘦、咳嗽、气喘、体质虚弱而死亡。

(三)防治措施

经常保持猪舍清洁干燥,防止猪群拥挤,注意猪舍的防寒保温,避免猪只感冒。治疗应首先除去病因,而后用止咳平喘药缓解症状。抗菌消炎可选用以下处方:青霉素钾40万~120万IU,安痛定20 mL,肌肉注射,每日4次;或2%盐酸环丙沙星注射液20 mL,肌肉注射,每日2次;或用中药方剂麻杏石甘散内服,都能取得较好的效果。

六、肺炎

肺炎是肺组织受到物理、化学或生物因素的刺激而引起的炎症。各种日龄的猪均可发生,尤以仔猪较为多发。

(一)病因

饲养管理不当,猪圈阴暗潮湿或营养不良的情况下,猪的抗病能力降低,再加上气候突变,感冒受凉或吸入刺激性气体时,即可引起本病。也可继发于猪丹毒、肺虫病、蛔虫病或贫血病等。误咽或灌药不慎而使药液误入气管可引起异物性肺炎。

(二)临床症状

病猪精神沉郁,食欲减退,体温升高到40～41.5℃,咳嗽,伴有胸痛,不爱活动。重者眼结膜潮红,鼻流白色或黄色黏液,咳嗽剧烈,呼吸困难,胸部听诊有啰音。如病情继续加重,则出现张口呼吸,病猪逐渐消瘦。

(三)防治措施

注意猪舍清洁卫生和保暖,供给全价配合饲料。发现病猪立即隔离消毒,小心护理,进行治疗。治疗应先除去病因,选用抗生素类药物或磺胺类药物,具体用药可参照支气管炎的防治。

七、中暑

在炎热的夏天,由于强烈的日光直射头部或因潮湿闷热等原因造成猪只散热障碍所引起的脑膜充血和脑实质的急性病变就称为中暑。

(一)病因

在夏天猪圈无防暑设备;或夏季长途运输猪只没有采取防暑措施;或因长途运输过度疲劳;或因在潮湿闷热的环境中通风不良,猪只产热多,散热少,体内积热,造成严重的中枢神经系统机能紊乱等,都可引起猪只中暑。

(二)临床症状

在炎热或闷热的气候下突然发病。病猪精神沉郁或狂躁不安;呼吸急促,心跳加快,体温升高到43℃;皮肤干燥,体表静脉怒张,结膜潮红或呈蓝紫色;瞳孔初期散大,后缩小,眼球凸出,视力减弱或消失;口吐白沫,有的呕吐,食欲废绝,但喜饮水;四肢无力,步态不稳,共济失调,多卧地不起,陷入昏迷状态。严重病例呈癫痫样发作,往往全身剧烈震颤,或痉挛而死。

(三)防治措施

在炎热的夏季,猪舍或运输猪只的车船要有遮阴设备,注意空气的流通,防止过于拥挤;供给充足的饮水,防止本病的发生。发现病猪应尽快将其转移到阴凉通风处,保持安静,用冷水浇洒头部和胸部,冷浴后用酒精擦拭;必要时可用冷水灌肠。让病猪多饮冷淡盐水,肌肉注射30%安乃近20～30 mL,将体温降至38.5～39℃即可,不能过低。为减轻脑充血及降低颅内压可颈静脉放血500～1 000 mL,放血后输入等量复方氯化钠注射液,体质较弱的静脉注射10%葡萄糖注射液500～1 000 mL。为防止酸中毒可静脉注射10%碳酸氢钠注射液300～500 mL,强心可皮下或肌肉注射10%安钠咖注射液10～20 mL。中药方剂香薷散对治疗本病有一定疗效,香薷25 g、黄芩25 g、黄连15 g、甘草15 g、柴胡20 g、当归25 g、连翘25 g、花粉25 g、栀子15 g,共为末开水冲,候温加蜂蜜200 g灌服。

第五节　营养代谢病

一、仔猪贫血

仔猪贫血是指哺乳仔猪所发生的一种营养性贫血,多发生于寒冷的冬末、春初季节。

(一)病因

仔猪缺乏铁、铜、钴等微量元素,或者发生蛔虫病、猪瘟等病,都可引起贫血。因疾病引起的贫血,随着对疾病的治疗可以得到解决。这里所指的是仔猪缺铁性贫血。铁是仔猪出生后快速发育及维持自体代谢与生理作用所必需的重要元素。铁是多数代谢物质的组成成分,也是血红蛋白、肌红蛋白、转铁蛋白、乳铁蛋白等蛋白质的主要组成成分。仔猪胎期储存的铁量只够出生后 10～14 d 的需要，而母猪乳汁含铁量仅为所需量的 1/7，因此，仔猪出生后如不及时补铁，20 日龄左右就会因缺铁而导致贫血。仔猪生长迅速，一般出生后 4 周就可以增长 7 倍，越是生长发育快的仔猪越容易发生贫血。圈养于木质地板或水泥地面的猪不能舔食土壤摄取矿物质，更易患此病。仔猪开食后能吃上饲料，可以从饲料中获得足够的铁，发生此病的现象就逐渐减少了。

(二)临床症状

健壮肥大的仔猪最易患此病。猪只往往不表现症状，猛跑后突然倒地，呼吸困难，心力衰竭而死。但多数病程较长，病猪精神委靡，呼吸加快，鼻端、四肢内侧皮肤及可视黏膜苍白，有的轻微黄疸，被毛粗乱无光，心跳快而弱，容易疲劳。有的病猪颌下或腹下水肿，且大多伴有消化不良性下痢。病程长者可延至 2 个月以上，病猪高度消瘦，弓背缩腹，垂头屈腿，衰竭而死，耐过的猪即使不死也会生长发育迟缓成为僵猪。

(三)防治措施

预防仔猪缺铁性贫血，关键是给仔猪补铁。目前应用最为广泛的是注射铁制剂，效果确实而迅速。可用葡聚糖铁钴注射液或右旋糖酐注射液(如牲血素、补铁王等)，于仔猪出生后 3～5 日龄，每头深部肌肉注射 2 mL。仔猪饲料中应供给足够的铁，初生仔猪应早补铁、早断奶、早开食，以防止本病的发生。

二、佝偻病

佝偻病是幼龄猪体内钙、磷代谢障碍，使得骨组织中骨细胞钙化不全、骨质硬度不足、松软及变形、软骨肥大、骨骺增厚的非炎性疾病。

（一）病因

主要由于缺乏维生素D或饲料中钙、磷比例失调，或饲料中蛋白质、脂肪的含量过高，在体内代谢过程中形成大量酸类，与钙形成不溶性钙盐大量排出体外，导致机体缺钙；或猪舍潮湿、阳光照射不足，缺乏运动，使猪只逐渐缺乏维生素和钙、磷而发病。此外，胃肠病、寄生虫病、先天性发育不良以及母乳营养不全等因素，均可阻碍维生素和钙、磷的吸收与利用。维生素D能促进钙盐的吸收和促使钙盐在骨内的沉着，钙、磷则是形成骨质的主要成分。当钙、磷和维生素D缺乏时，影响骨的钙化，而使骨的硬度降低。

（二）临床症状

病初精神委靡，食欲减退，消化不良，继而发生跛行，关节肿胀，有疼痛感，喜卧厌动，站立困难，跪着吃食，如强迫活动，则弯腕站立或以腕关节爬行，后肢以跗关节着地。病猪喜啃墙壁、石块、泥沙及其他异物，头大颈粗，前额突出，负重的长骨变形，关节肿大，骨质疏松，极易发生骨折。

（三）防治措施

要经常使猪晒太阳，饲喂全价配合饲料，多补充一些豆科青绿饲料，对怀孕母猪和哺乳仔猪应多补充钙及维生素D，并适当运动。发现病猪及时治疗，饲料中添加足量的钙和维生素D，仔猪可肌肉注射维丁胶性钙注射液，每千克体重0.2 mL，每日1次，连用5～7 d；成年猪可静脉注射10％葡萄糖酸钙注射液50～150 mL，每日2次，连用3～5 d。

三、维生素A缺乏症

维生素A缺乏症是由于维生素A缺乏所引起的疾病，临床上以生长发育不良、视觉障碍和器官黏膜损伤为特征，以仔猪较为多发，常发生在初春、晚秋和冬季。

(一)病因

维生素 A 对猪的生长发育、消化吸收、呼吸、视觉和抗病力都有重要的作用。日粮中缺乏青绿饲料或粗饲料经曝晒、氧化、酸败等，都会使饲料中的维生素 A 原遭到破坏；猪舍阴暗潮湿、通风不良或猪患胃肠病等，都可促进本病的发生。一般 3 周龄以内的哺乳仔猪发病，多因母乳中缺乏维生素 A 所引起。

(二)临床症状

仔猪发病后，皮肤粗糙，皮屑增厚，呼吸道和消化道黏膜常有不同程度的炎症，病猪咳嗽、下痢，生长发育迟缓。病情严重的走路不稳、痉挛、转圈、运动失调、视力减弱、听觉迟钝、后肢麻痹。妊娠母猪常产出瞎眼和眼部畸形的仔猪，或活力不强、易于患病及死亡的仔猪。

(三)防治措施

平时饲料中适当添加富含维生素 A 的青绿饲料，对妊娠母猪和哺乳仔猪更应足量供给。对病猪可肌肉注射维生素 A 2.5 万～5.0 万 IU，每日 1 次，连用 3～5 d；仔猪可灌服浓鱼肝油 2～5 mL，每日 2 次，连用 3～5 d。对眼部、呼吸道和消化道有炎症的病猪应对症治疗。

四、维生素 B 缺乏症

维生素 B 缺乏症是由于缺乏维生素 B 所引起的疾病，多发生于 7～21 日龄的哺乳仔猪。

(一)病因

长期饲喂缺乏维生素 B 的饲料，饲料经加热或碱处理致使维生素 B 被破坏，猪只患有消化道疾病对维生素 B 的吸收及合成能力降低等，都可引起维生素 B 缺乏症。

(二)临床症状

病猪突然发病，食欲减退或废绝，拉稀，全身大部分皮肤发红，继而出现散在性小水泡，渐成灰黑色厚痂皮，皮肤粗糙而又皱纹。病猪全身搔痒而到处磨蹭。往往一窝仔猪同时发病，如不及时治疗，可于10 多天死亡。

(三)防治措施

维生素 B 存在于糠麸、酵母和青绿饲料中，平时应注意适当给以补充，避免饲料过度加热和碱处理。对患病猪可肌肉注射复合维生素 B 注射液 5～10 mL，每日 1 次，连用 3～5 d；饲料中适量添加复合维生素 B 粉，连喂 7～10 d。

五、仔猪白肌病

仔猪白肌病是以骨骼肌、心肌的变性、坏死而导致运动障碍和急性心力衰竭等为特征的一种营养代谢疾病。该病多发生于 20 日龄左右的哺乳仔猪。

(一)病因

发病的主要原因是饲料中硒和维生素 E 的含量不足。我国大部分地区缺硒，碱性土壤中的硒以亚硝酸盐或硒酸盐的形式被植物吸收，酸性土壤中的硒不溶于水，不能被利用，各方面的水土流失也可使土壤中硒的含量降低，直接导致饲料中缺硒。维生素 E 存在于青饲料和植物油内，性质极不稳定，很容易被破坏造成饲料中缺乏。硒和维生素 E 在动物体内有抗氧化作用，能抑制组织的过度氧化，减少氧的消耗以维持肌肉的正常代谢。当缺乏时就会使得肌纤维营养不良而发生变性和坏死。

(二)临床症状

患病仔猪一般营养良好，身体健壮而突然发病，体温无明显变化，食欲减退，精神不振，呼吸急促，心跳加快，心律不齐，结膜苍白、黄染，尿呈红色至酱油色，多于数小时内死亡。病程稍长者，病猪不愿走动，强迫运动，则步态不稳，身体摇晃，前腿跪下，肌肉发抖。心跳加快且节律不齐，肠音减弱，粪便稀软或水样，恶臭，有时带有脓血，排尿次数增多，尿液呈红色、深红色至酱油色，最后呼吸困难，心脏衰竭而死亡。

(三)防治措施

有本病发生的地区，应在饲料中添加硒和维生素 E，对妊娠母猪可于产前 15～25 d 内及仔猪出生后第 2 天起，每 30 d 肌肉注射 0.1%亚硒酸钠注射液 1 次，母猪 3～5 mL，仔猪 1 mL；也可于母猪产前 15～30 d 在饲料中添加适量的亚硒酸钠维生素 E 粉，以预防本病的发生。

六、仔猪低血糖症

仔猪低血糖症是以血糖含量大幅度减少并出现脑神经机能障碍为特征的一种营养代谢病。在饲养管理不良的情况下，妊娠母猪所生的仔猪容易发生本病；多发生于冬、春寒冷季节，出生后 1 周龄以内的仔猪发病较多，发病率和死亡率都很高。

(一)病因

主要由于母猪妊娠后期的饲料营养不全，或产后缺乳，以及仔猪本身不能吃到乳汁等引起。由于仔猪出生后活动加强，体内耗糖量增多，在胎儿时期缺糖或出生后不能充分得到补充时，血糖急剧下降。脑组织机能活动所需的能量主要来自糖的氧化，但脑组织含糖原极少，需要不断地从血液中摄取糖，因此，当血糖含量降至一定的水平时，就会严重影响脑的机能，出现脑神经兴奋或抑制现象。

（二）临床症状

同一窝仔猪往往全部或相继发病。轻症病猪突然不吃奶，精神沉郁，头向后仰，四肢软弱无力，全身发抖，运动失调。重症病例尖叫，卧地后呈角弓反张，四肢伸直或呈游泳状运动，口腔有少量白沫，眼球震颤，瞳孔散大；有的表现肢体绵软，皮肤感觉迟钝或消失，对外界环境的变化反应不敏感，可视黏膜苍白，体温降至 36℃以下，意识丧失，昏迷不醒，很快死亡。病程一般数小时，有时可拖延 3～5 d，如不及时治疗死亡率可达 100％。

（三）防治措施

要加强妊娠母猪后期的饲养管理，饲喂全价配合饲料，让初生仔猪尽快吃上母乳，若母猪缺乳，可对仔猪进行人工哺乳。发现病猪及时治疗，主要以补糖为主，用 10％葡萄糖注射液每头 20 mL 腹腔或前腔静脉注射，每日 2 次，连用 3 d。

第六节　中毒病

一、亚硝酸盐中毒

由于含硝酸盐较多的青绿饲料堆积储存或调制不当，使其中的硝酸盐转变成剧毒的亚硝酸盐，被猪采食后引起的中毒。因一般多在饱食后 1 h 左右呈现症状，故又称猪饱潲病。

（一）病因

猪常采食的一些青绿饲料如小白菜、菠菜、萝卜叶、甜菜叶和瓜藤等都含有较多的硝酸盐，尤其是使用硝酸铵或尿素过多的植物中，其含量更高。这些饲料如果蒸煮不透或焖在锅内长时间放置，使温度保持在40℃左右；或将幼嫩青绿饲料堆积放置过久而腐烂，特别是发热后，更为其中的硝酸盐转变成剧毒的亚硝酸盐提供了适宜的温度。

亚硝酸盐吸收后，能使血液中正常的血红蛋白氧化成高铁血红蛋白，高铁血红蛋白与氧结合牢固，从而失去血红蛋白的正常携氧功能，使组织缺氧，特别是脑和心肌严重缺氧，最后导致中枢神经麻痹而窒息死亡。

(二)临床症状

突然发病，通常在采食青菜后1 h左右出现症状，同群同饲的猪多同时或相继发病，且体质强健的猪只症状严重。病猪表现为不安，乱走乱撞，步态不稳，有时作转圈运动，或精神委靡，呆立不动，流涎，口吐白沫或呕吐，腹痛下痢，口腔黏膜及皮肤苍白，继而变为蓝紫色。耳和四肢甚至全身体表发凉，体温降至常温以下，在剪耳或断尾放血时，仅流出少量似酱油状凝固不全的血液。呼吸加快，脉搏细数，很快四肢麻痹，全身抽搐，伸舌，叫声嘶哑，窒息而死。整个病程不超过1 h。

轻度中毒的猪，主要表现为呼吸加快，心跳急速，可视黏膜呈暗紫色，精神沉郁，有时有短时的兴奋，口腔分泌物增加，尿多，血液凝固不全。其症状可于数小时逐渐缓解。

(三)防治措施

注意不要饲喂腐烂的青饲料，需要加热时要用急火煮透，不要用小火焖煮或煮好后焖在锅内过夜。发现病猪及时治疗，目前，用于治疗亚硝酸盐中毒的常用药物是亚甲蓝(美蓝)注射液，另外还有甲苯胺蓝、维生素C等还原剂。病初，可使用催吐剂，用温水或0.2%高锰酸钾溶液洗胃，内服硫酸钠或硫酸镁等盐类泻剂或牛奶、鸡蛋清等，并剪耳、断尾放血。小剂量肌肉或静脉注射1%亚甲蓝注射液，每千克体重1～3 mg，或甲苯胺蓝注射液，每千克体重5 mg；促使高铁血红蛋白还原成血红蛋白。配合10%葡萄糖注射液大剂量静脉注射维生素C注射液,每千克体重20～30 mg。

二、氢氰酸中毒

氢氰酸中毒是由于猪只采食大量含氰甙配糖体的植物,在胃内由酶的水解作用,产生游离的氢氰酸,发生以呼吸困难为特征的一种中毒病。

(一)病因

某些植物和果实如高粱苗或玉米苗(特别是再生苗)、亚麻叶、亚麻籽或亚麻饼、白果、桃仁和杏仁等都含有大量的氰甙。氰甙本身无毒,但在酶的水解作用下,可产生游离的氢氰酸,氢氰酸在体内被吸收后,氰离子与细胞色素氧化酶的铁结合,抑制氧化酶的活性,破坏组织对氧的吸收,导致机体缺氧。脑组织对氧极为敏感,从而引起中枢神经系统机能障碍,导致呼吸中枢和血管运动中枢麻痹而死亡。

(二)临床症状

采食后迅速发病,呼吸困难而急促,口内流白色泡沫状液体,呕吐,下痢,四肢肌肉哆嗦,呼出气带有苦杏仁味。先兴奋,很快转为抑制,发病后1～3 h,结膜由紫红色变为鲜红色;步态不稳,突然倒地,出现阵发性或强直性痉挛。以后痉挛逐渐减弱或停止,唇、舌、咽等麻痹,视力和听力减退,瞳孔散大,皮肤失去知觉,体温下降,粪尿失禁,最后因心脏呼吸麻痹而死亡。中毒较轻的猪可以耐过。

(三)防治措施

饲喂含氰甙的高粱苗或玉米苗等饲料时,必须加以限制,不要多喂。有些含氰甙的果实等必须饲喂时要进行加热处理,氢氰酸在酸性溶液中易挥发,煮时可加入少量食醋,煮好后打开锅盖,以防中毒。本病发展迅速,死亡很快,因此,发现后必须及早抢救。立即静脉注射0.5%～1%亚硝酸钠注射液，每千克体重1 mL，随后静脉注射5%～10%硫代硫酸钠，每千克体重2 mL，内服0.1%高锰酸钾溶液，皮下注射10%安钠咖注射液5～10 mL或0.1%肾上腺素0.2～1 mL，静脉注射10%葡萄糖注射液250～500 mL。

三、酒糟中毒

酒糟中含有蛋白质、脂肪等营养物质，新鲜的酒糟能促进食欲，帮助消化，是良好的猪饲料。若储存或保管不当，使其发生腐败霉烂，就会产生大量的有毒物质，引起猪只中毒。

(一)病因

突然饲喂大量的酒糟或饲喂的酒糟腐败霉烂，以及长期单一饲喂酒糟而不搭配其他饲料，酒糟中的有毒物质就会直接刺激胃肠并被吸收而引起猪只中毒。

(二)临床症状

急性中毒的病猪食欲减退或废绝，腹痛剧烈，先便秘后腹泻，体温一般正常。重症病猪有时兴奋，有时四肢麻痹，卧地不起，呼吸急促，心跳加快，脉搏微弱，体温降低，而后昏迷死亡。慢性中毒的猪，结膜和口腔黏膜多黄染，食欲不振，腹泻，有的病猪体表常出现皮疹，有的出现血尿，妊娠猪常引起流产。

(三)防治措施

合理饲喂新鲜酒糟，不可过量，应注意与其他饲料搭配饲喂，其最大饲喂量不能超过日粮的1/3，当时用不完的要隔绝空气保存好，发霉变质的酒糟不能用来喂猪。发现病猪及时治疗，并立即停喂酒糟。内服硫酸钠或石蜡油等进行缓泻，静脉注射葡萄糖氯化钠注射液500 mL、10%氯化钙注射液20～40 mL，肌肉注射10%安钠咖注射液5～10 mL；用10%碳酸氢钠溶液1 000～2 000 mL内服或灌肠。

四、黄曲霉毒素中毒

本病是由于猪只采食了由黄曲霉寄生而含有黄曲霉毒素的饲料所引起的一种中毒病。各种猪均可发生,仔猪较为敏感,发病率比成年猪高,公猪比母猪高。

(一)病因

黄曲霉毒素是黄曲霉菌的一种代谢产物,自然界中含有许多霉菌,常寄生于含有淀粉的饲料上,当温湿度适合时,就会大量繁殖,在其生长繁殖的过程中,能产生包括黄曲霉毒素在内的很多毒素。当用感染黄曲霉毒素的花生、玉米、大豆或这些作物的副产品喂猪时,就会引起中毒。

(二)临床症状

常在吃霉败饲料1～2周发病。急性病例多发生于2～4周龄的仔猪,病猪可在运动中突然死亡,或在发病后2 d内死亡。病猪表现为精神不振,食欲废绝,后躯萎缩,走路摇摆,黏膜苍白,粪便干燥,直肠出血,体温正常。有时呈现神经症状,以头抵物或呆立不动。慢性病例,走路僵硬,常离群独处,低头弓背,肚腹卷缩,粪便干燥,喜吃稀食或青绿饲料,有的呈现兴奋狂躁,黏膜黄疸。有的病猪眼鼻周围皮肤发红,以后变为蓝色。

(三)防治措施

要将饲料进行干燥处理,严格控制饲料的温度和水分,抑制黄曲霉菌的生长繁殖,不饲喂发霉饲料。本病尚无特效解毒药物,一般采取对症疗法。发现中毒后,立即停喂发霉饲料,增加青绿饲料,多数中毒较轻的病猪可自行恢复。对急性病例,可内服硫酸钠等盐类泻剂缓泻,用0.1%高锰酸钾溶液洗胃,静脉注射10%葡萄糖注射液

300～500 mL、10％维生素 C 注射液 20 mL，肌肉注射 10％安钠咖注射液 5～10 mL。

五、食盐中毒

食盐是动物生长发育必不可少的物质之一，适量的食盐可增进食欲，帮助消化，但猪对食盐极为敏感，采食过多则可引起中毒，甚至死亡。

（一）病因

主要是由于不正确利用腌制品，饲喂含盐量过高的酱渣、咸菜、肉汤等；长期的缺盐饲养，容易使猪只形成“盐饥饿”，突然饲喂 1 次若含盐量过高，也会引起食盐中毒。另外，饮水不足，机体中水盐代谢不平衡，以及体内缺乏维生素 E 和含硫氨基酸时，猪对食盐的敏感性增高等，都会导致本病的发生。

过多的食盐进入体内，大部分存留于消化道内，直接刺激胃肠黏膜并引起炎症反应，同时由于胃肠内的渗透压升高，导致组织脱水，出现口渴、血液浓稠以及少尿等现象；血液中钠离子浓度的增高，破坏了机体离子间的平衡，引起神经调节机能失调，出现严重的中枢神经扰乱症状。

（二）临床症状

急性中毒的病猪，初期表现口渴，兴奋不安，流涎，食欲减退或废绝，有的出现神经症状，常无目的地走动、转圈，遇到障碍物时，用头撞击。听觉和视觉出现障碍，对外界刺激反应迟钝。有的眼球、鼻盘不断震颤，头向后仰，呈角弓反张姿势，继而呈现阵发性肌肉痉挛，每隔数分钟发作 1 次，严重时连续发作，心跳急速，呼吸困难，瞳孔散大，黏膜发紫，最后四肢瘫痪，倒地死亡。

(三)防治措施

应严格控制食盐的饲喂量,猪饲料中食盐的含量不能超过0.5%,平时应供给充足的饮水。发现中毒应立即停喂食盐或含盐量过高的饲料,病猪有渴欲时,给予大量的清水,发病1 d以后无渴感时,要限制饮水,以防加剧脑水肿。对急性中毒的猪,可催吐和用油类泻剂缓泻。静脉注射10%葡萄糖酸钙注射液,每千克体重3~5 mL,痉挛发作时可内服溴化钾、氯丙嗪等镇静剂,缓解痉挛;心脏衰弱时,肌肉注射10%安钠咖注射液5~10 mL。

六、棉籽饼中毒

本病是由于用棉籽饼作猪饲料,长期、大量的饲喂而引起的一种中毒病。

(一)病因

棉籽饼是棉花籽经过榨油后的副产品,其中的主要有毒成分为棉酚,在用棉籽榨油的过程中,大部分棉酚与蛋白质等结合而成为固定的棉酚,不呈现毒性作用,少部分游离棉酚毒性很强,棉籽饼游离棉酚含量高于0.02%时,就具有毒害作用。棉酚在体内有蓄积作用,长期饲喂尽管量不太大,也会引起中毒。饲料中维生素、矿物质缺乏也能促使中毒的发生。棉酚可通过乳汁排泄,引起哺乳仔猪中毒。棉酚能刺激胃肠黏膜而引起严重的胃肠炎;能损害血红蛋白中的铁的作用而导致溶血;能使神经机能发生紊乱;还能使子宫强烈收缩,引起流产。

(二)临床症状

病猪精神沉郁,体温升高,喜卧于阴凉的地方,皮毛逆立、粗乱,皮肤出现疹块,食欲废绝,时常呕吐,结膜充血,有时出现血尿,呼吸急促,心音增强,胸下、腹下有水肿。

（三）防治措施

用棉籽饼作饲料时，用量不可太大，应与其他饲料配合饲喂。棉籽饼喂前应压碎并煮沸或用 0.1%～0.2%硫酸亚铁溶液浸泡进行脱毒。发现中毒现象，立即停喂棉籽饼，并饥饿 1 d，用 0.2%高锰酸钾溶液或 5%碳酸氢钠溶液洗胃或灌肠。内服硫酸镁或硫酸钠等盐类泻剂，促使排出毒素；静脉注射 10%葡萄糖注射液 250～500 mL，肌肉注射安钠咖注射液 5～10 mL。

七、有机磷农药中毒

有机磷农药具有强大的杀虫效力，对人、畜的毒性很大，当其通过各种途径进入动物机体时就会引起中毒。

（一）病因

有机磷农药是人工合成的磷酸酯类化合物，主要用来杀灭农作物害虫，其种类较多，常用的有 1605、1059、3911、氧化乐果、敌敌畏、敌百虫等。猪只常因误食或接触喷洒过上述农药的饲草、饲料而引起中毒。有机磷化合物为一种神经毒物，它的毒理作用主要是抑制机体的胆碱酯酶的活性，体内的乙酰胆碱不能分解而发生蓄积，引起神经生理系统的紊乱造成中毒。

（二）临床症状

急性中毒的病猪食欲减退或废绝，腹痛剧烈，先便秘后腹泻，体温一般正常。重症病猪，有时精神兴奋，大量流涎，口吐白沫；有时四肢麻痹，呈现胃肠炎症状，拉稀，呕吐，瞳孔缩小，全身出汗，呼吸急促，脉搏微弱，步态不稳，肌肉震颤，卧地不起，体温降低，最后昏迷死亡。慢性中毒的，结膜和口腔黏膜潮红，食欲不振，腹泻，四肢软弱，虽有食欲，但起立困难，皮肤发红或发生皮炎。

(三)防治措施

加强有机磷农药的保管,对猪只驱虫禁止使用敌百虫等剧毒药物,喷洒过农药的作物不能当作饲料喂猪,应用时严防猪只误食。皮肤中毒,可用碱水或肥皂水冲洗(敌百虫、敌敌畏中毒禁用碱水或肥皂水)。如经口进入体内,应立即用2%～3%碳酸氢钠溶液或生理盐水洗胃;皮下或肌肉注射1%硫酸阿托品注射液,每千克体重0.5～1.0 mg,每隔2 h注射1次,直至口腔干燥,出汗停止,瞳孔散大,心跳加快,而后每隔4 h注射1次,以巩固疗效;配合葡萄糖氯化钠注射液静脉注射碘解磷定注射液,每千克体重15～30 mg,每2～3 h注射1次,直至症状缓解。碘解磷定使用越早效果越好,与阿托品同时应用效果会更好。

八、氟乙酰胺农药中毒

氟乙酰胺为无味、无嗅、白色或淡黄色针状结晶,是一种高效、内吸性含氟杀虫剂,对人、畜剧毒,国家早已明令禁止生产,但一些单位仍用此制造杀鼠药。当猪只误食后就会引起中毒。

(一)病因

目前,在防治农作物害虫方面已基本不用此药,大多作为灭鼠的诱饵被猪误食引起中毒。氟乙酰胺进入机体,能引起实质器官的变性,特别是毒害神经系统和心肌而发生神经机能紊乱和突发心力衰竭而死亡。

(二)临床症状

中毒后多在4～8 h发病,之前无明显症状。发病突然,病猪呕吐,口渴,体温下降,心跳过速,节律不齐,往往出现阵发性痉挛,肌肉震颤,步态不稳,共计失调,分泌物增多,呼吸困难,大小便失禁,肠麻痹。病程较长的往往反复发作,症状逐渐加剧。

(三)防治措施

注意此药的保管,禁止购买和使用此药灭鼠。因氟乙酰胺可引起二次中毒,所以中毒死亡的猪肉不能出售和食用。发现中毒,应首先催吐、缓泻,肌肉注射50%解氟灵注射液,每千克体重0.1 g,每日2～4次,连用5～7 d;肌肉注射2%盐酸普鲁卡因注射液10～40 mL,每日2～3次,静脉注射10%葡萄糖注射液300～500 mL。

第七节　普通外科病及产科病

一、创伤

因各种锐利的或钝的外力作用,使皮肤或黏膜的完整性发生破坏或组织形成损伤,当受伤部位为开放状态时称为创伤。

(一)病因

多由于猪只咬伤、患疥螨病或其他皮肤病发痒磨蹭致伤、刀具锐物刺割,以及抽打、捆绑等原因造成。

(二)临床症状

病猪创口具有不同程度的出血和肿胀。因创伤的部位或皮肤、肌肉受伤的程度不同,其疼痛感和机能障碍的影响也有所不同。如果创伤得不到及时治疗,受到细菌感染,就可导致体温上升、食欲减退、机能障碍、肿胀化脓等。

(三)防治措施

加强猪群的管理,防止猪只打架,及时治疗皮肤病和寄生虫病。禁止用锐利的物体抽打猪,捆绑时要用粗而软的绳索。轻度创伤用5%碘酊涂抹创口及在周围皮毛消毒即可。如果创口出血不止,应压迫止血或结扎血管止血;创口较深且内有污物或化脓时,要先除去污物,并用0.1%高锰酸钾溶液冲洗干净,涂上土霉素软膏;如创口过大,要进行缝合,但要留引流孔,以便排出渗出液。严重的创伤,除局部炎性肿胀外,还会出现发热和全身不适等症状,因此,不但要处理局部伤口,还要进行全身治疗,可选用抗生素类药物或磺胺类药物,必要时也可结合补液进行治疗。

二、风湿病

风湿病是机体在风、寒和湿的侵袭下,引起肌肉、肌腱、关节以及心脏等部位,常有反复发作的急性、慢性并呈现疼痛的一种疾病。

(一)病因

一般认为风湿病是一种变态反应性疾病,并与溶血性链球菌感染有关。溶血性链球菌是上呼吸道和副鼻窦经常存在的细菌,在风、寒、湿及营养不良引起机体抵抗力降低的情况下,它们就会重新侵入机体而发生感染。

(二)临床症状

往往突然发病,肌肉或关节疼痛,体温升高0.5～1.0℃,食欲正常或稍减,走路跛行,弓腰走小步,运动一段时间后,跛行减轻。背、腰和臀部被侵害时,病猪喜卧,不愿走动。走路全身痉挛,不敢弯腰,愿走直线。头颈部被侵害时,头颈活动不自然,两耳发硬,咀嚼困难。触诊患病部位常有痛感,肌肉较硬,温度增高,敏感。

(三)防治措施

注意保持圈舍的保温、干燥,防止拥挤,避免风、寒、湿的侵袭。治疗本病可静脉注射10%水杨酸钠注射液150～200 mL、40%乌洛托品注射液50 mL,连用5～7 d。

三、湿疹

（一）病因

湿疹是由于饲养管理不当、猪舍阴暗潮湿、昆虫叮咬、涂擦刺激药物、饲喂霉败饲料或有毒物质以及维生素和矿物质缺乏等引起的。此外，在慢性下痢、寄生虫病等情况下也可诱发本病。

（二）临床症状

病初多在耳根、头颈部及腹下和大腿内侧等处发生红斑、丘疹或小水疱。因局部奇痒，病猪不停地在墙壁或其他物体上磨蹭。当丘疹或小水疱被蹭破后，常附着一层黑色黏性的脂肪样物质，病变向周围扩张，逐渐干燥而结成糠麸样暗色痂皮。随着病程的延长，患部皮肤肥厚、粗糙而有皱褶，局部脱毛。病猪食欲紊乱，消化不良，日渐消瘦。

（三）防治措施

注意圈舍的清洁卫生，保持干燥，饲喂全价配合饲料；适当补充维生素和矿物质，防止蚊虫叮咬。患部用0.1%高锰酸钾溶液清洗，涂5%碘酊或撒布滑石粉，当有少量渗出液而痂皮较厚时，可涂土霉素软膏或碘甘油。

四、腰部损伤

腰部损伤是由于外力作用所引起的腰部椎骨或软组织的损伤。重度的腰部损伤经常伴发脊髓损伤。

（一）病因

引起本病的主要原因是受到外力打击或跳跃圈舍跌倒等。

(二)临床症状

由于外力作用的强弱、受伤组织器官的部位及程度不同,临床上表现出的症状也不一样。

(1)轻度腰部损伤　椎间关节韧带或肌肉受到剧伸,局部变化往往不明显,但后肢无力。运动时两后肢不灵活,有时打晃,后退及转弯困难。触压或叩打背腰时有疼痛发应。胸、腰椎棘突或腰椎横突骨裂时,局部肿胀,触诊时温度稍高有痛感。若发生全骨折,则症状明显,局部变形,出现肿、热、痛等炎性表现,卧地不起。

(2)重度腰部损伤　当椎间关节韧带全断裂时,就可能发生椎间关节脱位,此时顺中线检查可发现在椎骨棘突稍有变位。椎体骨折多为压缩性骨折,有时骨折和脱位同时发生,此时患部异常活动,可感到骨摩擦音。骨裂时经常伴发脊髓损伤,脊髓损伤时,后躯出现麻痹或不全麻痹,腰部及腹股沟部出汗,粪蓄积,尿失禁,公猪阴茎脱出,受损伤的后部界限非常明显,皮肤感觉丧失。

(三)防治措施

应将患病猪单独饲养,保持安静。患部涂擦抗生素软膏,针灸百会穴及腰部各穴位,一般 3～5 d 可见效。重症腰部损伤的病猪,无治疗价值,应尽早淘汰。

五、疝

疝是腹部内脏从自然孔道或病理性破裂孔道脱落至皮下腔道或临近其他腔道而形成的一种常见病。根据发生的部位可分为脐疝、腹股沟阴囊疝和腹壁疝。

(一)病因

阴囊疝和脐疝多由于先天性发育不全,如腹股沟管内环过大或其轮孔过大,当跳跃、捕捉或努责使腹内压增高时,肠管便会脱出腹腔，坠入阴囊或腹部皮下而形成。

腹壁疝多见于公猪阉割不当，或阉割后 3～4 d 内吃食过多，或被捕捉，致使肠管坠出未愈合的腹肌缝隙所造成，另外，猪只受到外物撞击，造成腹肌破裂时，也能形成腹壁疝。

（二）临床症状

阴囊、脐部或腹壁形成局限性囊肿，肿胀常随腹压而增减。阴囊疝时，倒提猪只，疝往往消失。患脐疝或腹壁疝时，当猪只仰卧或侧卧疝囊在上方时，疝可消失，听诊疝囊可听到肠蠕动音。如果形成钳闭性疝，肠管则不能回归腹腔，病猪食欲废绝、呕吐、不排粪便，并发生剧烈腹痛，听诊时听不到肠蠕动音。

（三）防治措施

加强管理，捕捉猪只时动作要轻，公猪阉割时要缝合好，阉割后注意不要喂得太饱，避免剧烈活动。发现病猪应立即进行手术治疗。

六、脓肿

在猪的组织或器官内的化脓性感染，由于炎症反应的局限性，形成外面被脓肿膜包裹，内有脓汁积聚的局限性脓腔，称为脓肿。

（一）病因

主要由于葡萄球菌、链球菌、绿脓杆菌和大肠杆菌等病原菌，通过损伤的皮肤或黏膜进入机体而引起。治疗疾病时注射部位或器具消毒不严，尖锐物体刺伤或阉割等手术时局部造成污染均可引起脓肿。另外注入或漏入组织内刺激性强的药液，也可引起无菌脓肿，其他的化脓病灶也可继发脓肿。

（二）临床症状

发生于皮下、筋膜下、肌腱间或表层肌肉组织中的脓肿，与周围组织界限明显，位置较浅者略高于体表，有红、肿、热、痛等典型症状，压之剧痛，有波动感。以后中央逐渐软化，皮肤变薄变软，皮毛脱落，以致皮肤破溃，向外排出浓稠乳汁样脓液，但多数破口过小，排脓不畅。深在的脓肿，因被较厚的组织覆盖，症状不明显。有时患部皮下组织或皮肤有轻微的炎性水肿，局部有不明显的疼痛反应，无明显的波动，触诊时有指压痕，全身症状明显。

（三）防治措施

对已确诊的脓肿，成熟前可用温热疗法，进行热敷，涂抹鱼石脂软膏等，以促进脓肿成熟，缩短病程。当触之有波动感时，即可施行手术切开，充分彻底排脓。应在波动最明显脓腔最低处切开，而且切口要大，以利于引流。排脓后用0.1%高锰酸钾溶液或3%过氧化氢溶液冲洗干净，撒布磺胺粉或抗生素粉。若脓腔较深，应填塞浸有消毒药的纱布条，以后根据肉芽生长情况隔日或隔数日更换。出现全身症状的应配合补液使用抗生素或磺胺类药物进行全身治疗，并加强饲养管理。

七、蜂窝织炎

蜂窝织炎是发生于皮下、筋膜下、肌肉间的疏松结缔组织的一种急性、化脓性、弥漫性炎症。

（一）病因

本病多由皮肤或黏膜微小创口经溶血性链球菌、金色葡萄球菌以及腐败细菌感染引起，也可继发于脓肿或化脓创。

（二）临床症状

病初体温升高，精神不振，食欲减退，局部肿胀、增温、疼痛等。外伤性的蜂窝织炎可见有渗出。症状随病情的发展逐渐加剧，渗出物由混浊变为脓性，有时可在渗出物中发现坏死组织。常有全身症状，如不及时治疗，病情发展可引起败血症。

(三)防治措施

加强饲养管理,发现病猪及时治疗。应采取局部治疗和全身治疗相结合的原则,局部剪毛消毒,涂5%碘酊;在未化脓之前,为制止渗出,可用碱性醋酸铅液(醋酸铅5.0份,明矾2.5份,水100份)冷敷。急性炎症缓和后,为促进吸收,可用0.5%普鲁卡因青霉素进行病灶封闭,外部涂以樟脑、碘酊等刺激性药物。用上述方法治疗无效时,应尽早切开排脓、清创,按化脓创处理。为防止酸中毒,促进代谢,增强体力,应加强全身治疗。应尽早应用碳酸氢钠、抗生素类药物或磺胺类药物。

八、直肠脱及脱肛

直肠部分或全部脱出于肛门外称为直肠脱,直肠后段部分黏膜脱出于肛门外称为脱肛。

(一)病因

本病多发生于小猪和体弱的大猪,由于饲养管理不善,伤及脾胃,致使气血亏损,中气不足,元气虚弱。初期,大便时肠头脱出,便后收回,进而气虚下陷,提举无力,肛门括约肌松弛,直肠脱出肛门而不能收回。此外,便秘时过度努责或长期下泻,伤及脾胃,过耗中气,导致中气下陷,而发生脱肛。小猪维生素缺乏也容易发生本病。

(二)临床症状

病初直肠脱出于肛门外,多呈红色,继而发生充血,水肿,逐步变为暗红色和紫黑色。脱出部分常沾有泥土,甚至发生龟裂坏死。病猪精神沉郁,食欲减退或废绝,排粪困难,频繁努责。重症可因直肠脱出并发结肠套叠或肠管破裂,发生败血症而死亡。

(三)防治措施

加强饲养管理,保持圈舍的清洁卫生,多喂易消化的饲料,防止便秘或下痢。本病初期可将脱出的部分用 0.1% 高锰酸钾溶液清洗，除去污物或坏死黏膜后，推回肛门内。若脱出较久，应彻底清洗，捏破肿胀、坏死的黏膜，挤出水肿液，剪去坏死的黏膜碎片，再用温生理盐水冲洗后，把脱出部分送回肛门内。为防止再脱，可在肛门周围行烟包缝合，缝合时留排粪口，一般经 7～10 d 即可拆线。

九、母猪难产

母猪临产时，仔猪不能顺利产出，或产出一部分后，间隔时间很长，不能连续产出其他仔猪，就称为难产。

(一)病因

多因营养不良，运动不足，体质虚弱，在产仔时无力排出；或母猪发育不全，骨盆及阴道狭窄；或仔猪胎位不正以及羊水排出过早等。此外，配种过早、母猪体形过小或胎儿过大均能引起难产。

(二)临床症状

母猪预产期已到，虽出现努责，但不能顺利产出仔猪，或产出部分仔猪后，不能继续产出全部仔猪，母猪烦躁不安，疼痛呻吟。时间过久，母猪衰弱无力，卧地不起，心跳微弱，呻吟停止，二三天内可死亡。

(三)防治措施

避免母猪早配，防止近亲交配；妊娠期饲料要多样化，营养充足；圈舍要清洁卫生，干燥通风，日光充足；母猪产前要适当运动。母猪分娩力量不足时，可肌肉注射脑垂体后叶素或催产素 30～50 IU；如胎位不正，可将手消毒后伸入产道整复助产；如阴道狭窄，可实行手术切开；如产道干燥，可灌入适量的石蜡油或温水。如果以上方法无效，可进行手术剖腹取胎。

十、母猪胎衣不下

猪的胎衣通常在全部仔猪产出后 10～60 min 内分 2 次排出，如在产后 3 h 还没有排出，称为胎衣不下。

（一）病因

母猪胎衣不下，常由于饲养管理不善，如运动不足，缺乏维生素、矿物质，或母猪过肥、过瘦等所致。另外，猪只流产、难产或感染布氏杆菌病等也可引起本病。

（二）临床症状

仔猪全部产出后，胎衣全部或部分滞留在子宫内，也有部分脱出于阴门外的，此时，母猪常表现为不安，不断努责，食欲减退或废绝，精神不振，喜喝水，体温升高。有的从阴门流出红褐色带有臭味的液体。本病常引起化脓性子宫内膜炎或因脓毒败血症而死亡。

（三）防治措施

加强妊娠母猪的饲养管理，饲喂全价配合饲料，让猪只多运动，防止母猪过肥或过瘦。出现母猪胎衣不下，可皮下或肌肉注射催产素注射液或脑垂体后叶素注射液，每头每次 10～50 IU。为提高子宫肌的兴奋性，每头每次可静脉注射 10%氯化钙注射液 50 mL 或 10%葡萄糖酸钙注射液 150～200 mL。经以上处理无效的，可进行人工剥离胎衣。

十一、母猪乳房炎

（一）病因

多由于乳头、乳房不洁，或被摩擦、挤压、划破或被仔猪咬伤等原因引起；饲喂精料过多，猪泌乳量大，仔猪吃不完也可引起发病；也可继发于子宫炎等疾病。

（二）临床症状

病猪食欲减退，乳房红肿、发热、发硬，有疼痛感，不让仔猪吃奶；体温升高，乳汁减少而脓稠，有时带有血丝，甚至混有黄褐色脓液，有臭味，最后乳房可化脓溃烂。

（三）防治措施

母猪产前1周左右，酌情减少精料及青绿饲料，保持圈舍的清洁卫生，多铺些垫草；发现乳房外伤时，及时消毒处理。母猪患有本病时，首先应隔离仔猪，对症状较轻的乳房炎，可挤出乳汁后涂樟脑软膏或鱼石脂软膏；乳房硬结但未化脓的，可用20%硫酸镁溶液热敷或轻轻按摩，以促进炎症的消散；化脓时可切开排脓，用0.1%高锰酸钾溶液或3%过氧化氢溶液冲洗干净，若脓肿较深，可向腔内注入注射用青霉素钾20万～40万IU。可配合静脉注射10%葡萄糖注射液，使用抗生素类、喹诺酮类或磺胺类药物。

十二、母猪产后缺乳

（一）病因

母猪营养不良，体质虚弱，内分泌失调，早配早产，年老体弱，生理机能减退以及严重疾病等都可引起发病。也可继发于乳房炎、乳腺管闭锁等疾病。

（二）临床症状

病猪乳房松弛，乳头干瘪、皱缩，仔猪吃奶次数增加但吃不饱，日渐消瘦，经常出现仔猪追赶母猪而母猪躲避仔猪吃奶的现象。人工挤奶时，挤不出或只挤出少量的稀薄乳汁。

（三）防治措施

加强对妊娠母猪的饲养管理，饲喂全价的配合饲料，产前应增喂青绿多汁饲料，对老龄母猪应及时淘汰。发现病猪应针对原因进行对症治疗。对母猪乳房进行按摩，每日 2 次，每次 10 min；或用鲜鱼、鲜虾熬汤后饲喂；或用当归 60 g、木通 30 g、新鲜柳树皮 500 g，加水 1.5 kg 文火煎至 1 kg，每日 1 剂，连用 3 d；或用新鲜猪肠 1 副（大、小肠均可）煮熟切碎，分 4 次连汤喂母猪，每天早晚各 1 次，连用 2 d；或用中药方剂生乳散水煎服，每日 1 剂，连用 5～7 d，都能取得较好的治疗效果。

十三、母猪产后瘫痪

本病是母猪产后突然发生的一种急性神经障碍性疾病，其特征是知觉丧失和四肢瘫痪。

（一）病因

本病的病因目前还不十分清楚，一般认为是由于甲状腺机能衰竭，引起血钙调节机能失调，其胰腺活动增强，致使血糖降低；母猪产前营养不良，气血亏虚，产后大量泌乳，使血钙、血糖随乳汁排出，使大脑皮质抑制机能障碍；此外，母猪生产时，胎儿过大，分娩时强力助产，使骨盆神经受伤；以及代谢障碍、脑贫血、自家中毒、血液感染、过敏等原因均可引起本病的发生。

（二）临床症状

本病多发生于产后几天至几周，多数发生于产后 2～5 d。病初表现兴奋不安，紧张乱动，食欲减退或废绝，排粪和排尿停止，头和四肢震颤；泌乳量减少，后躯无力，起立困难，强迫运动则后躯摇摆。严重者，精神委顿，食欲废绝，腰背发硬，四肢瘫痪，卧地不起。

（三）防治措施

母猪妊娠期间要饲喂富含钙、磷的饲料，并使其充分运动。产后及时供给适量的盐水。试验证明，自母猪产前 7～10 d 开始，每天饲喂红糖 150～200 g，对防止本病有一定效果。发病后，应先内服硫酸镁或硫酸钠等盐类泻剂进行缓泻，同时静脉注射 10％葡萄糖酸钙注射液 100～200 mL，肌肉注射 10％安钠咖注射液 20 mL，每日 1 次，连用 5～7 d。

十四、母猪产后不食症

母猪产后不食症是多种原因引起的母猪产后哺乳期内顽固性的少吃或不吃。有产后就不吃的，也有产后经过几天体温升高不吃的，还有接近断奶时不吃的。本病在临床上较为多见，多发生于春、秋产仔季节。

（一）病因

主要是由于母猪妊娠期间饲养管理不当，饲料单一，缺乏足够的精料，不能满足其妊娠营养需要，加之分娩过程中过度疲劳，体质虚弱，致使消化机能发生紊乱所引起。产后子宫感染，发生子宫炎，引起腹痛，恶露不尽也会影响食欲；哺乳期内营养不足，使母猪缺钙也会使食欲不好。

（二）临床症状

母猪产仔后顽固性的少吃或不吃，且粪便干燥；病猪体温、心跳、呼吸及排尿等情况一般无异常变化；母猪营养不良，下痢者多；有的母猪消瘦，大便干燥，小便发黄，严重的引起跛行或瘫痪。病程一般为 20 d 左右，有的会持续更长时间。

（三）防治措施

对妊娠母猪要加强饲养管理，供给全价配合饲料，接产时做好消毒护理工作，产后喂给易消化的饲料，适当补充钙、磷、维生素、食盐等物质，增加饲料的适口性。发现病猪，可采取对症治疗。中药方剂补中益气汤对治疗本病有较好的效果。黄芪 50 g、当归 20 g、党参

20 g、茯苓 20 g、炒白术 20 g、陈皮 10 g、升麻 10 g、柴胡 10 g、炙甘草 10 g，随症加减，下痢者加黄连 20 g、白头翁 15 g；发热者加蒲公英 30 g、金银花 20 g，每日 1 剂，连用 5～7 d。

十五、子宫内膜炎

子宫内膜炎是子宫黏膜的炎症，是常见的一种母猪生殖器官疾病，也是导致母猪发情不正常、不易受孕或易发生流产的重要原因之一。

（一）病因

因配种、人工授精时消毒不严格，难产、胎衣不下、子宫脱及产道损伤之后，葡萄球菌、链球菌、大肠杆菌、布氏杆菌等细菌侵入感染而发病。阴道内存在的某些条件性病原菌，在机体抗病能力降低时，也可诱发本病。此外，布氏杆菌病、副伤寒等传染病也可并发子宫内膜炎。

（二）临床症状

临床上可分为急性子宫内膜炎和慢性子宫内膜炎两种。急性子宫内膜炎多见于产后或流产后，全身症状明显，病猪食欲减退或废绝，体温升高，时常努责。有时随从努责从阴道中排出带有臭味、污秽不洁的红褐色黏液。慢性子宫内膜炎多由急性子宫内膜炎治疗不及时转变而来，全身症状不明显，病猪可能周期性地从阴道中流出少量混浊的黏液。母猪即使能定期发情，也屡配不孕。

（三）防治措施

猪舍要保持清洁、干燥，临产时地面上应铺清洁干草，发生难产时助产应小心谨慎，取完胎儿、胎衣要用防腐消毒药液冲洗产道，并注入抗菌药物，人工授精时要严格遵守消毒规则。

对产后急性子宫内膜炎的病猪，应先清除积留在子宫内的炎性分泌物，用生理盐水、0.02%新洁尔灭溶液或0.1%高锰酸钾溶液冲洗子宫，冲洗后将残存的溶液排出，向子宫内再注入40万～80万IU青霉素。

对慢性病例，可用青霉素80万IU、链霉素100万IU，混入20 mL高压消毒的植物油中，向子宫内注入。为促使子宫收缩加强和利于子宫内炎性分泌物的排出，可皮下注射脑垂体后叶素或催产素20～40 IU。

全身疗法可使用抗生素类、磺胺类或喹诺酮类药物，按说明用量每日注射2次，连用3～5 d。使用中药益母草、夏枯草、蒲公英各50 g，水煎服，每日1剂，连服3剂；或白术、白芍、白芷、白扁豆、白糖各15 g，共为末，沸水冲调，候温灌服，每日1剂，连服3 d，均可取得较好的治疗效果。

思考题

1. 猪病有哪几类？危害最为严重的是哪类疾病？
2. 猪瘟的诊断要点是什么？如何进行防治？
3. 高致病性蓝耳病的诊断要点是什么？
4. 最近几年你们当地流行的疾病有哪些？如何进行防治？

附录一　生猪饲养允许使用的抗寄生虫药和抗菌药及使用规定

类别	名称	制剂	用法与用量	休药期/d
抗寄生虫药	硫双二氯酚	片剂	内服，一次量 75～100 mg/kg 体重	
	非班太尔	片剂	内服，一次量 5 mg/kg 体重	14
	芬苯达唑	粉片剂	内服，一次量 5～7.5 mg/kg 体重	0
	氰戊菊酯	溶液	喷雾，加水以 1：(1 000～2 000)倍稀释	
	氟苯咪唑	预混剂	混饲，每 1 000 kg 饲料 30 g，连用 5～10 d	14
	伊维菌素	注射液	皮下注射，一次量 0.3 mg/kg 体重	18
		预混剂	混饲，每 1 000 kg 饲料 330 g，连用 7 d	5
	盐酸左旋咪唑	片剂	内服，一次量 7.5 mg/kg 体重	3
		注射液	皮下、肌肉注射，一次量 7.5 mg/kg 体重	28
	奥芬达唑	片剂	内服，一次量 4 mg/kg 体重	
	丙氧苯咪唑	片剂	内服，一次量 10 mg/kg 体重	14
	枸橼酸哌嗪	片剂	内服，一次量 0.25～0.3 g/kg 体重	21
	磷酸哌嗪	片剂	内服，一次量 0.2～0.25 g/kg 体重	21
	吡喹酮	片剂	内服，一次量 10～35 mg/kg 体重	
	盐酸噻咪唑	片剂	内服，一次量 10～15 mg/kg 体重	3
抗菌药	氨苄西林钠	注射用粉针	肌肉、静脉注射，一次量 10～20 mg/kg 体重，1 d 2～3 次，连用 2～3 d	
		注射液	皮下或肌肉注射，一次量 5～7 mg/kg 体重	15
	硫酸安普（阿普拉）霉素	预混剂	混饲，每 1 000 kg 饲料 80～100 g，连用 7 d	21
		可溶性粉	混饮，每 1 L 水，12.5 mg/kg 体重，连用 7 d	21
	阿美拉霉素	预混剂	混饲，每 1 000 kg 饲料 0～4 月龄 20～40 g；4～6 月龄 10～20 g	0
	杆菌肽锌	预混剂	混饲，每 1 000 kg 饲料，4 月龄以下 4～40 g	0
	杆菌肽锌、硫酸粘杆菌素	预混剂	混饲，每 1 000 kg 饲料，4 月龄以下 2～20 g，2 月龄以下 2～20 g	7

续表

类别	名称	制剂	用法与用量	休药期/d
抗菌药	苄星青霉素	注射用粉针	肌肉注射，一次量，每1 kg体重，3万～4万IU	
	青霉素钠(钾)	注射用	肌肉注射，一次量，每1 kg体重，2万～3万IU	
	硫酸小檗碱	注射液	肌肉注射，一次量50～100 mg	
	头孢噻呋钠	注射用粉针	肌肉注射，一次量3～5 mg/kg体重，每日1次，连用3 d	
	硫酸粘杆菌素	预混剂	混饲，每1 000 kg饲料，仔猪2～20 g	7
		可溶性粉	混饮，每1 L水，40～200 mg	7
	甲磺酸达氟沙星	注射液	肌肉注射，一次量1.25～2.5 mg/kg体重，1 d 1次，连用3 d	25
	越霉素A	预混剂	混饲，每1 000 kg饲料5～10 g	15
	盐酸二氟沙星	注射液	肌肉注射，一次量5 mg/kg体重，1 d 2次，连用3～5 d	45
	盐酸多西环素	片剂	内服，一次量3～5 mg/kg，1 d 1次，连用3～5 d	
	恩诺沙星	注射液	肌肉注射，一次量2.5 mg/kg体重，1 d 1～2次，连用2～3 d	10
	恩拉霉素	预混剂	混饲，每1 000 kg饲料，2.5～20 g	7
	乳糖酸红霉素	注射用粉针	静脉注射，一次量3～5 mg，1 d 2次，连用2～3 d	
	黄霉素	预混剂	混饲，每1 000 kg饲料，生长、育肥猪5 g，仔猪10～25 g	0
	氟苯尼考	注射液	肌肉注射，一次量20 mg/kg体重，每隔48 h 1次，连用2次	30
		粉剂	内服，20～30 mg/kg体重，1 d 2次，连用3～5 d	30
	氟甲喹	可溶性粉剂	内服，一次量5～10 mg/kg体重，首次量加倍，1 d 2次，连用3～4 d	
	硫酸庆大霉素	注射液	肌肉注射，一次量2～4 mg/kg体重	40
	硫酸庆大、小诺霉素	注射液	肌肉注射，一次量1～2 mg/kg体重，1 d 2次	
	潮霉素B	预混剂	混饲，每1 000 kg饲料10～13 g，连用8周	15

续表

类别	名称	制剂	用法与用量	休药期/d
	硫酸卡那霉素	注射用粉针	肌肉注射,一次量10～15 mg,1 d 2次,连用2～3 d	
	北里霉素	片剂	内服,一次量20～30 mg/kg体重,1 d 1～2次	
		预混剂	混饲,每1 000 kg饲料,防治80～330 g;促生长5～55 g	7
	酒石酸北里霉素	可溶性粉剂	混饮,每1 L水,100～200 mg,连用1～5 d	7
	盐酸林可霉素	片剂	内服,一次量10～15 mg/kg体重,1 d 1～2次,连用3～5 d	1
		注射液	肌肉注射,一次量10 mg/kg体重,1 d 2次,连用3～5 d	2
		预混剂	混饲,每1 000 kg饲料44～77 g,连用7～21 d	5
	盐酸林可霉素、硫酸壮观霉素	可溶性粉剂	混饮,每1 L水10 mg/kg体重	5
		预混剂	混饲,每1 000 kg饲料44 g,连用7～21 d	5
	博落回	注射液	肌肉注射,一次量,体重10 kg以下,10～25 mg;体重10～50 kg,25～50 mg,1 d 2～3次	
	乙酰甲喹	片剂	内服,一次量5～10 mg/kg体重	
	硫酸新霉素	预混剂	混饲,每1 000 kg饲料77～154 g,连用3～5 d	3
	硫酸新菌素、甲溴东莨菪碱	注射液	内服,一次量,体重7 kg以下,1 mL(按泵1次),体重7～10 kg,2 mL(按泵2次)	
	复方磺胺对甲氧嘧啶纳注射液	注射液	肌肉注射,一次量15～20 mg/kg体重(以磺胺对甲氧嘧啶钠计),1 d 1～2次,连用2～3 d	
	磺胺间甲氧嘧啶	片剂	内服,首次量50～100 mg,维持量25～50 mg,1 d 1～2次,连用3～5 d	
	磺胺间甲氧嘧啶钠	注射液	静脉注射,一次量50 mg/kg体重,1 d 1～2次,连用2～3 d	
	磺胺脒	片剂	内服,一次量0.1～0.2 g/kg体重,1 d 2次,连用3～5 d	

续表

类别	名称	制剂	用法与用量	休药期/d
	磺胺嘧啶	片剂	内服,一次量,首次量0.14～0.2 g/kg体重,维持量0.07～0.1 g/kg体重,1 d 2次,连用3～5 d	
		注射液	静脉注射,一次量0.05～0.1 g/kg体重,1 d 1～2次,连用3～5 d	
	复方磺胺嘧钠注射液	注射液	肌肉注射,一次量20～30 mg/kg体重(以磺胺嘧啶计),1 d 1～2次,连用2～3 d	
	复方磺胺嘧啶预混剂	预混剂	混饲,一次量15～30 mg/kg体重,连用5 d	5
	磺胺噻唑	片剂	内服,一次量,首次量0.14～0.2 g/kg体重,维持量0.07～0.1 g/kg体重,1 d 1～2次,连用3～5 d	
	磺胺噻唑钠	注射剂	静脉注射,一次量0.05～0.1 g/kg体重,1 d 2次,连2～3 d	
	复方磺胺氯哒嗪钠粉	粉剂	内服,一次量20 mg/kg体重(以磺胺氯哒嗪钠计),连用5～10 d	3
	盐酸四环素	注射用粉针	静脉注射,一次量5～10 mg/kg体重,1 d 2次,连用2～3 d	
	延胡索酸泰妙菌素	可溶性粉剂	混饮,每1 L水45～60 mg,连用5 d	7
		预混剂	混饲,每1 000 kg饲料40～100 g,连用5～10 d	5
	磷酸替米考星	预混剂	混饲,每1 000 kg饲料400 g,连用15 d	14
	泰乐菌素	注射液	肌肉注射,一次量5～13 mg/kg体重,1 d 2次,连用7 d	14
	磷酸泰乐菌素	预混剂	混饲,每1 000 kg饲料10～100 g,连用5～7 d	5
	磷酸泰乐菌素、磺胺二甲嘧啶预混剂	预混剂	混饲,每1 000 kg饲料200 g(100 g泰乐菌素+100 g磺胺二甲嘧啶),连用5～7 d	15
	维吉尼亚霉素	预混剂	混饲,每1 000 kg饲料10～25 g	1

附录二　常用药物的配伍禁忌表

药物名称	禁忌药物	混合使用发生的变化
青霉素	碱类、磺胺类药物钠盐注射液等	分解失效
	无机酸、有机酸、有些药物的盐酸盐（如盐酸土霉素、盐酸四环素、盐酸金霉素等）	混浊失效
	浓度高于1%的盐酸普鲁卡因注射液	混浊（可肌注）
硫酸链霉素	碱类、磺胺类药物钠盐注射液等	破坏失效
	维生素 C、维生素 B_1、维生素 K_3、合霉素	影响药效
红霉素	硫酸镁、碳酸氢钠、生理盐水、复方氯化钠注射液等	混浊
四环素类	青霉素	混浊失效
	维生素 C、氨茶碱、葡萄糖、酸钙等注射液	混浊失效
磺胺类药物	酸性药物	增加泌尿系统副作用
	普鲁卡因、维生素 C	降低药效
	碘胺类药物的钠盐注射液与复方氨基比林、5%碳酸氢钠等注射液以及酚类化合物混合	沉淀
碳酸氢钠	稀盐酸	中和失效
	胃蛋白酶	降低酶的活性
	硫酸镁、氯化钙、葡萄糖酸钙、葡萄糖氯化钙、复方氯化钠、维生素 C 注射液和红霉素	混浊
	生物碱的盐	生物碱被析出
	含鞣酸药物	分解
	重金属盐	重金属游离、变色
	利尿素	柯碱游离
	乌洛托品	降低药效
人工盐	稀盐酸	中和失效
	胃蛋白酶	降低酶的活性
	硫酸镁	沉淀

续表

药物名称	禁忌药物	混合使用发生的变化
稀盐酸	碱性药物如人工盐、碳酸氢钠等 有机酸盐类如安钠咖、利尿素、水杨酸钠等	中和失效 沉淀
胃蛋白酶	碱性药物或用100℃水冲药	降低药效
氯化铵	磺胺类药物 重金属盐 碱类	增加泌尿系统的副作用 分解 分解
氨茶碱	盐酸氯丙嗪、盐酸异丙嗪 金霉素、维生素C注射液等	混浊 降低药效
安钠咖	含鞣酸物质 酸类药物	白色混浊或沉淀 沉淀
洋地黄	钙剂、麻黄素	增加洋地黄对心脏的毒性作用
普鲁卡因	磺胺类药物 碱类药物 鞣酸 氧化剂	降低药效 水解失效 失效 分解降效
水杨酸钠	酸类药物 重金属类药物 安替比林	水杨酸游离 生成不溶性盐 生成水杨酸安替比林
氯化钠	稀释促肾上腺皮质激素、红霉素 溴化物	混浊 降低药效
硼酸	碱性物质 鞣酸	生成硼酸盐 降低药效
碘及其制剂	碱类 红汞 重金属盐 龙胆紫	生成碘酸盐 生成毒物 沉淀 降低药效

附录三 中华人民共和国农业部公告第193号

为保证动物源性食品安全，维护人民身体健康，根据《兽药管理条例》的规定，我部制定了《食品动物禁用的兽药及其他化合物清单》（以下简称《禁用清单》），现公告如下：

一、《禁用清单》序号1至18所列品种的原料药及其单方、复方制剂产品停止生产，已在兽药国家标准、农业部专业标准及兽药地方标准中收载的品种，废止其质量标准，撤销其产品批准文号；已在我国注册登记的进口兽药，废止其进口兽药质量标准，注销其《进口兽药登记许可证》。

二、截至2002年5月15日，《禁用清单》序号1至18所列品种的原料药及其单方、复方制剂产品停止经营和使用。

三、《禁用清单》序号19至21所列品种的原料药及其单方、复方制剂产品不准以抗应激、提高饲料报酬、促进动物生长为目的在食品动物饲养过程中使用。

食品动物禁用的兽药及其他化合物清单序号

序号	名称	禁用用途	禁用动物
1	β-兴奋剂类：克仑特罗 Clenbuterol、沙丁胺醇 Salbutamol、西马特罗 Cimaterol 及其盐、酯及制剂	所有用途	所有食品动物
2	性激素类：己烯雌酚 Diethylstilbestrol 及其盐、酯及制剂	所有用途	所有食品动物
3	具有雌激素样作用的物质：玉米赤霉醇 Zeranol、去甲雄三烯醇酮 Trenbolone、醋酸甲孕酮 Mengestrol Acetate 及制剂	所有用途	所有食品动物
4	氯霉素 Chloramphenicol 及其盐、酯（包括琥珀氯霉素 Chloramphenicol Succinate）及制剂	所有用途	所有食品动物
5	氨苯砜 Dapsone 及制剂	所有用途	所有食品动物
6	硝基呋喃类：呋喃唑酮 Furazolidone 呋喃它酮 Furaltadone、呋喃苯烯酸钠 Nifurstyrenate sodium 及制剂	所有用途	所有食品动物

续表

序号	名称	禁用用途	禁用动物
7	硝基化合物：硝基酚钠 Sodium nitrophenolate、硝呋烯腙 Nitrovin 及制剂	所有用途	所有食品动物
8	催眠、镇静类：安眠酮 Methaqualone 及制剂	所有用途	所有食品动物
9	林丹(丙体六六六)Lindane	杀虫剂	所有食品动物
10	毒杀芬(氯化烯)Camahechlor	杀虫剂、清塘剂	所有食品动物
11	呋喃丹(克百威)Carbofuran	杀虫剂	所有食品动物
12	杀虫脒(克死螨)Chlordimeform	杀虫剂	所有食品动物
13	双甲脒 Amitraz	杀虫剂	水生食品动物
14	酒石酸锑钾 Antimony potassium tartrate	杀虫剂	所有食品动物
15	锥虫胂胺 Tryparsamide	杀虫剂	所有食品动物
16	孔雀石绿 Malachite green	抗菌、杀虫剂	所有食品动物
17	五氯酚酸钠 Pentachlorophenol sodium	杀螺剂	所有食品动物
18	各种汞制剂包括：氯化亚汞(甘汞)Calomel、硝酸亚汞 Mercurous nitrate、醋酸汞 Mercurous acetate、吡啶基醋酸汞 Pyridyl mercurous acetate	杀虫剂	所有食品动物
19	性激素类：甲基睾丸酮 Methyltestosterone、丙酸睾酮 Phenylpropionate、Testosterone Propionate、苯丙酸诺龙 Nandrolone、苯甲酸雌二醇 Estradiol Benzoate 及其盐、酯及其制剂	促生长	所有食品动物
20	催眠、镇静类：氯丙嗪 Chlorpromazine、地西泮(安定)Diazepam 及其盐、酯及制剂	促生长	所有食品动物
21	硝基咪唑类：甲硝唑 Metronidazole、地美硝唑 Dimetronidazole 及其盐、酯及其制剂	促生长	所有食品动物

参考文献

[1] 许家骐.实用动物育种学.北京:中国农业出版社,1995.

[2] 辽宁省锦州畜牧兽医学校.畜牧学各论.北京:中国农业出版社.

[3] 山西农业大学,江苏农学院.养猪学.

[4] 洛阳农业高等专科学校.家畜生产学.成都:四川科学技术出版社,1993.

[5] 北京中农源科技信息中心.当代养猪.2000—2002.

[6] 刘红林,吕艳丽.现代养猪大全.北京:中国农业出版社,2001.

[7] 刘安典.养猪技术手册.北京:中国农业出版社,2000.

[8] 张英杰.怎样养猪多赚钱.石家庄:河北科学技术出版社,2002.

[9] 覃能斌,杜宗亮.仔猪科学饲养新技术.北京:中国农业出版社,2001.

[10] 李文英.猪饲料配方700例.北京:金盾出版社,2002.

[11] 吴树兰,钱大方,张玉前.养猪用药指南.北京:中国农业出版社,2001.

[12] 苏振环,科学养猪.北京:金盾出版社,2000.

[13] 罗安治,杨风.养猪全书.成都:四川科学技术出版社,2002.

[14] 李佑民.猪病防治手册.北京:金盾出版社,2002.

[15] 曲万文.生猪标准化生产实用手册.山东省畜牧办公室,2002.